农业美学系列丛书

U0209621

乡村景观的多功能视野

陈顺和 著

中国农业出版社

北　京

图书在版编目（CIP）数据

乡村景观的多功能视野 / 陈顺和著. —北京：中
国农业出版社，2024.7
ISBN 978-7-109-31942-4

Ⅰ.①乡… Ⅱ.①陈… Ⅲ.①乡村—景观设计—研究
Ⅳ.①TU986.2

中国国家版本馆 CIP 数据核字（2024）第 088429 号

中国农业出版社出版

地址：北京市朝阳区麦子店街 18 号楼
邮编：100125
责任编辑：国　圆
版式设计：杨　婧　责任校对：吴丽婷
印刷：北京印刷集团有限责任公司
版次：2024 年 7 月第 1 版
印次：2024 年 7 月北京第 1 次印刷
发行：新华书店北京发行所
开本：700mm×1000mm　1/16
印张：15.25
字数：300 千字
定价：78.00 元

前 言

FOREWORD

　　纵观世界发展史，在快速工业化、城镇化进程中出现的乡村衰退问题已成为全球性趋势（Liu，2017），可能对全球可持续发展造成一定影响，如土地管理不善、教育失败、乡村基础设施不完善等。根据世界银行的统计数据，世界乡村人口占总人口比重由1960年的66.44%下降到46.16%，降幅达20.28%。以代表世界新兴市场的金砖国家（BRICS）为例，1960—2015年，俄罗斯乡村人口占比减少了44%，中国47%，印度18%，南非34%，而巴西乡村人口占比减少幅度更大，达到73%。20世纪50年代以来，美国、瑞典、日本、韩国等国相继出现了乡村人口过快减少、产业岗位缺失、农村传统文化及秩序受到冲击等问题（Wood，2008）。据统计，2022年中国城镇人口占全国人口比重（城镇化率）为65.22%，再如意大利，到2050年城市人口将达到总人口的70.4%，而农村地区面积占整个领土的90%以上。这种从乡村到城市的迁移，世界各地都在发生，导致乡村劳动力流失，土地作业技能和知识文化失传。例如，菲律宾的梯田景观由于人口的迁移，灌溉系统部分荒废，并导致20%以上的梯田废弃，这已经严重威胁到了梯田景观的可持续性，以致2001年被列入濒危世界遗产名录（周年兴等，2006）。如此，人口迁移导致景观变化成为当今乡村遗产保护的重要议题（珍妮·列依等，2012）。如何在这样变迁的过程中，既继承先民知识，又促进地方发展，是自乡村景观概念诞生以来的一个关键问题。

　　乡村景观保护的哲学议题，深刻地要求我们通过多元论述与社会实践的透镜，精心构筑文化遗产保护的边界界定、价值评估、身份认同、专业体系及典范树立。在当今时代，乡村景观及其自然环境日益被视为快速发展城市的宝贵互补资源，扮演着至关重要的角色，不仅作为食物、淡水、清新空气及休闲空间的蓄水池，更是维系生态平衡与人类福祉的关键所在。联合国教科文组织正积极推行一项名为"耕种"的倡议，该计划荣幸地获得了欧洲共同体的资助，旨在将文化与自然遗产转化为驱动乡村复兴的创新引擎。此计划致力于探索并提炼出一套经验与指标体系，旨在强化文化作为可持续发展战略中不可或缺的第四支柱地位，同时，为农村地区的经济繁荣与环境可持续性发展注入新的活力与贡献。通过这一全球性的努力，我们不仅能够守护那些承载着历史记忆与自然之美的乡村景观，还能为未来的可持续发展铺就一条充满希望的绿色之路。

就乡村景观的研究而言，进入 21 世纪以来，越来越多新的价值观被引入到乡村景观的方法论研究中，如景观可持续概念、人性化空间理念、绿色社区等新的生态观。世界各国遗产实践与纲领性文件围绕发展新的遗产方法和技术，将"自然-人工""景观-文化"的二元关系概念逐渐引入遗产保护领域，为解读乡村景观、思考其多功能与可持续的未来提供了可操作的框架、方法与工具。目前乡村景观发展研究的趋势有以下几种：①世界农业政策的转变，景观保护概念的扩展，以及对公众参与的强调，本质上反映了多功能、综合整体的景观范式在乡村区域的扩散与应用（鲍梓婷，2020）。②欧美发达国家的乡村发展关键议程已显著转向景观议题，这一转变得益于景观方法与工具的不断发展，它们凭借整体性、多尺度、多功能、多主体等特点，成功地从"专注于景观本身的规划"转变为将景观作为空间规划和其他领域应用的综合框架（Selmanp，2010）。欧盟及英国、美国、日本等国家和地区在乡村景观创新方面探索了许多成功的模式，以促进乡村振兴。③随着乡村景观中"场景消费"的升级，社会学家提出"场景理论"，认为场景不但是一种情势，也是美学特征，人们会根据场景来协调自身的行为；场景也会影响经济增长、社会组织形态、择居偏好、资产估值，以及人们如何在本土真实性中进行自我表达（丹尼尔·西尔等，2019）。所以需要重视氛围的"生产力",它不只属于景观美学,也属于社会生产景观(李耕,2019)。例如,瑞典的 Overtornea 小镇,鉴于"环境问题与经济发展"之间经常因为过度单一化而陷入冲突困境,于是自 1983 年起,小镇积极推动结合生态、社会、经济的社群发展模式;日本大力开展多层次的城乡交流活动,充分活用城市居民的视角重新评估和发掘乡村价值,其实施的"地方创生战略"致力于吸引人才进入乡村、创造新的就业机会,并形成三者的良性循环。因此,这些国家的成功经验可为中国乡村景观可持续的规划管理提供可借鉴、可操作的方法与途径。

就乡村的地方文化发展而言,在全球化文化均质的危机中,在地文化的特殊性逐渐扮演重要的角色,可通过文化艺术突显世界各国的特殊性来作为全球化下辨识的符码,随着对文化相关性的认识不断增强,乡村成为人们文化身份认同的关键表现。联合国在 2015 年发布《变革我们的世界——2030 年可持续发展议程》,希望各国政府从全球永续发展的高度和视野来制定相关对策。这份文件包含 17 项可持续发展目标(sustainable development goals,SDGs)及 169 个具体目标。这些目标围绕着人类(people)、地球(earth)、繁荣(prosperity)、和平(peace)与伙伴关系(partnership)五大主题,为全球可持续发展提供了明确的行动指南和共同愿景。1992 年联合国环境与发展社会通过的《21 世纪议程》,强调了文化对区域发展的重要性。根据该文件,文化被指定为可持续发展的第四大支柱。联合国强调文化多样性对人类社会的重要性,以及促进文化多样性与经济、社会和环境可持续发展的关系。因此,文化可作为重要的工具促进提高社会凝聚力和稳定性、环境可持续性和复原力。

中国乡村拥有大量与自然环境相协调、富有地方特色的历史街区,形成了独具特色的地域景观文化,经历了几百上千年的历史变迁,受到了外来文化的影响,在空间结构与建筑群体组织上往往呈现出某种规律性的景观特质,形成了具有人情味的民俗文化。目前,乡村景观是近几十年来中国文化政策发展上一个重要的保存议题,关于乡村遗产的论述,主要引用了《保护世界文化和自然遗产公约》和《中华人民共和国非物质文化遗产法》，强调了当地资源、传统文化和对区域特色的保护传承的重要性。尤其在开始评选中国历史文化名镇名村与中国传统村落之后，乡村遗产的概念一直被各学界热烈地探讨与关注，并且各县市也纷纷着手进行调查，将具有传统村落的景观内涵之场所，依程序评估、办理登录并公告，使人们认可乡村遗产的概念，然后从有形的价值扩展到无形的价值，从单一的对象扩展到集合和景观、知识和信仰。由此可见，乡村景观的概念在文化遗产保护领域占据着举足轻重的地位。从景观的文化规划及多功能角度出发，深入诠释那些蕴含丰富文化价值的场所，已成为地方发展过程中亟待探讨的问题之一。

中国有自身的特征，为观察全球现象提供了一个有利视角。在过去漫长的农业时代，农业对中国 GDP 的贡献将近 90%，而今天，农业占 GDP 的比重已不到 10%。新乡村将成为文化艺术、生态系统服务（ecosystem service）或景观服务（landscape service）的消费场所（俞孔坚，2017）。其一，随着文化气候的普遍变迁，中国社会已涌现出对有益于人们身心健康与福祉的环境和生活方式的新需求。更深层次地，这种需求还蕴含着对身份认同、文化根源追溯、精神价值追求、社会关系真实性的深切渴望。其二，在这些错综复杂的社会背景交织影响之下，文化艺术的经济价值逐渐突显。当前，乡村地区的文化多功能性愈发丰富，涵盖了地方传统工艺、观光旅游、聚落古迹保护、媒体艺术传播、生活艺术、农渔业文化的发展等。其三，与世界其他地方一样，在中国，旅游业作为一种现代化推动力量，在乡村地区发挥着促进经济繁荣和文化发展的重要作用（Cornet，2015）。在"十三五"期间（2016—2020年），乡村游客的数量以每年 15% 的速度增长，有 15 万个村庄被确认为乡村旅游胜地。"十四五"期间，实施乡村振兴，要深入挖掘乡村蕴含的传统文化元素，彰显乡村多元文化特色和创新价值，为乡村建设注入连绵不绝的发展势能。因此，善用已有文化艺术条件发展乡村旅游也被认为是在更广泛的农村发展战略中广泛推广的一种方法，也成为中国乡村景观努力的方向。

党的十八大以来，以习近平同志为核心的党中央坚持把解决好"三农"问题作为全党工作的重中之重，全面打赢脱贫攻坚战，实施乡村振兴战略，推动农业农村取得历史性成就、发生历史性变革。党的二十大报告提出，全面推进乡村振兴，坚持农业农村优先发展，坚持城乡融合发展，畅通城乡要素流动，扎实推动乡村产业、人才、文化、生态、组织振兴。以上这些论述清楚地突出了乡村发展在三个关键方面的作用：增强国家的文化意识和文化信心；保护各族裔的不同文化，维护文化的完整性和多样性；乡村地区的经济改善和可持续发展。今天，乡村正在发生巨大的变化，其周围的景观见证了农业、基础设施和能源生产的革命。中国乡村振兴不仅可以提供高质量的环境服务和休闲服务，而且可以推动中国和世界可持续发展。

　　在福建，那些小规模的定居点生动地展现了人类与自然环境之间随着时间推移而形成的清晰且细腻的互动关系，这种互动不仅塑造了独特的景观，还孕育了多元的文化和信仰体系，深刻影响了当地的社会结构和空间布局。值得一提的是，一些族群在长久发展中形成了具有浓厚在地文化特质的聚落。这些聚落中，除了供居民生活居住的建筑外，还广泛存在着与自然环境紧密互动的生产场所，共同构成了聚落丰富的生活图景。在实施乡村振兴战略的推动下，福建在乡村面貌改善方面取得了显著成效。然而，自上而下的建设执行模式在一定程度上与地方实际相脱离，规划与设计往往未能充分贴合在地居民的实际需求，导致实施效果不尽如人意。同时，长期以来的城乡二元结构使得农村与城市之间的差距日益显著（段进等，2015）。部分乡村在面对现代化进程的冲击时，逐渐放弃了原有的生活方式、社会秩序和传统文化，这导致了一些乡土建筑，作为传统文化的代表，甚至无法被本土居民认同（卢峰等，2016）。在乡村文化遗产保存中，常将聚落视为"建造物及附属设施群"，却尚未将村落与其生活和生产的范围、在地文化与民俗视为一个完整综合体纳入乡村景观遗产。

　　本书将福建划分为闽东、闽西、闽南、闽北与闽中五大区，并主要聚焦于闽东、闽南、闽西等地：霞浦、连城姑田与培田、安溪西坪、屏南（闽浙木拱廊桥地带）、永泰庄寨、嵩口古镇、泉州蟳埔、平潭东美村。这些地区不仅存在着鲜明的地域特色，聚落空间形态保存相对完整，而且在历史发展过程中积淀了丰富的人文底蕴，至今仍保留着完整的宗族体系与民俗活动。尽管这些地区被视作地方主导下以文化活动为基石的多功能发展典范，但关于乡村景观在重塑社区进程中产生的社会效益，却鲜有研究进行深入挖掘。

本书着重于从乡村景观的文化、社会与产业维度展开讨论，紧密契合当前景观研究所需的全面性和动态性分析方法。内容在对乡村景观探讨之前，深入探讨了景观、乡村景观、乡村遗产以及文化景观等基本概念，系统梳理了与景观相关的学术发展脉络和定义，旨在构建一个清晰、具体的乡村景观概念框架，以及能够象征乡村景观独特魅力的载体。这部分内容主要集中在第一章至第三章，部分在第四章、第五章。同时，针对福建9个乡村地区的自然条件、人文历史、在地文化与产业特色等进行深入的案例分析，旨在探讨人、社会与文化之间的互动关系，以及这些互动如何推动乡村景观的演变。具体内容见第四章、第五章。此外，第六章则进一步探讨乡村景观的活化策略，从多个层面出发，如多元且异质化的乡村景观如何不断累积文化意义，以及经济与政治力量在空间竞争和策略分析中的作用。这一章旨在为我们理解乡村景观的活化提供全面的视角和深入的洞见。本书旨在解决以下关键问题：乡村景观的本质与特征是什么？乡村景观对社会的深远影响体现在哪些方面？如何活化乡村景观资源？因此，通过定性的案例研究，旨在更深入地探索乡村景观的多元视野，为未来可持续乡村景观的发展提供有价值的参考和启示。在编写过程中，福建农林大学卢珊、邱超、郑芝琳、卢泽坤4人参与本书的制图、核对修改工作，在此表示感谢。

陈顺和

2024 年 3 月

目 录
CONTENTS

前言

第一章　景观与乡村景观价值

第一节　景观的认知

一、景观的意涵

景观（landscape）一词来源于古英语词汇"landskip"或古德语词汇"landskaap"，后来被古德语词"landschaft"替代。16世纪末，"landscape"的词义开始转向艺术领域，如"被感知的土地或土地图画"，其中"景观"中的"景"不等同于自然，而是经过人为改造的自然；"观"则涉及对世界特殊的"观看之道"即"ways of seeing"（Barnes T J，2013）。在17世纪之前，landschaft一词多用来描述一个地区的风貌（场所与习俗）。17世纪、18世纪这个词逐渐与风景绘画相联系。而在19世纪初，欧洲和美国所流行的"landscape"一词中包含自然花园和乡村建筑等要素的风景创作（徐青、韩锋，2016）。

景观（landscape）被引入学术界是在19世纪下半叶的德国（Johnston，2004），其中李特尔（Carl Ritter）讨论了地表的形态（Dickinson，1980）。德国学者亚历山大·冯·洪堡（Alexander von Humboldt，1769—1859）首次将景观定义为"能被人感知的综合"，包括自然的、文化的、地理的、生物的、艺术的等方面。2000年的《欧洲景观公约》（简称ELC）对"景观"的定义是"一片可被人们感知的区域"，强调了将领域视为整体，不区分城市和乡村，这也标志着"景观"概念在空间尺度中的拓展，从专业领域转向公共参与-协作式规划。

尽管"景观"一词在文学中被广泛应用，但人们对其仍有不同的理解。与"景观"相关的"原风景"概念研究起源于日本，指的是人们在幼年时期（7～8岁）至青少年时期（10～20岁）对生活环境的最初体验，这些体验来自地形、气候、宗教、禁忌、风俗、语言、生产方式、社会形态等各个方面（奥野健男，1972）。杰克森（Jackson）和欧卫格（Olwig）认为"景观"起源于乡村，其含义经历了从视觉空间到被赋予文化意义的转变，起初是由人类对所涉猎的乡村土地产生认知而形成的语言词义，随后被引入文化地理学、现象学、景观人类学等学科领域中（韩洁等，2022）。肯·泰勒和珍妮·列依将"人"视为景观的管理者、生产者，甚至是拥有者，强调基于真实性和完整性进行景观价值的公共教育，以及基于地方感和自我认同感进行文化遗产保护。从自然景观到文化景观的探索与对其价值的认知转变，使其呈现出有别于自然景观的特质，对看待和解读乡村具有重要意义。

根据文化地理学家梅尼格（1979）的说法，景观由人们的视觉定义，由人的思维诠释。其是一幅全景图，随着人们的前进而不断变化。严格地说，我们从未置身其中，它就在我们眼前，只有当我们意识到它时，它才变得真实。不同的人和文化对景观的定义也因此各不相同。Lennon 等（2006）为景观提供了新的定义，认为景观是一片由人民、制度和习俗所共同塑造的土地，重点描述了"土地"。Mottet 等认为传统景观具有独特又可识别的结构，反映了构成要素之间的明确关系，并对自然、文化和美学价值具有重要意义。

二、景观的美学概念

万物皆有其美，然非为人人所见

按照《韦氏词典》对"美"的定义，美是一种能够给予感官愉悦或精神欢愉感的品质。在中国人的日常生活中"美"主要包含两个方面的内容：一是对声、色、味、触、形之感官的抒发，如"羊大为美""夫乐不过以听耳，而美不过以观目"等；二是对实用功效和遵从道德伦理的赞誉（李自雄，2014）。20 世纪 70 年代中期至 90 年代初，人们一直探索与其生存和福祉相关的环境特征的美学反应（Appleton，1996）。

国际古迹遗址理事会（2017）的报告显示，景观的美学价值可通过深入剖析其要素的丰富性、独特性、组合方式、形态韵律等层面来阐释；此外，文学、绘画、诗歌和摄影等艺术形式也能体现景观的美学价值。景观美学偏好既涉及自然环境的生物物理特征，又涉及人类的主观感知（Tveit et al.，2006）。有学者综合前人研究基础及理论框架，提出了景观美学评价的 9 个维度，分别是管理度、连贯度、视觉干扰度、历史人文性、视觉尺度、想象度、复杂度、自然度、季相变化性，而后在此基础上逐渐发展形成景观美学评价方法体系（马彦红等，2017），其中主流公众感知景观美学评价以体验者偏好或参与度为主要考量，使用问卷调查、现场访谈、景观可视化等形式收集公众评价（张姣姣等，2018）。美学视角下的景观评价与生态学、地理信息科学视角下的景观评价最主要的区别是美学基于人本主义思想，是从生物法则、文化规则及个人策略出发来研究景观的客观形象，以及通过人的感官传导到大脑皮层而产生的感受、理解、联想与情感等问题（Bourassa，1991）。

中西方在景观审美方面所呈现的研究是不同的。对于西方文化而言，"诗性"是精神、气氛、场所感，而对"诗意"在人居环境中的体现，西方的研究逐渐走向形而上，走向场所现象学，主要体现在建筑学领域。加斯东·巴什拉认为空间是人类意识的居所，建筑学就是栖居的诗学，通过诗意地构建家屋，家屋也以灵性的方式构建人类（加斯东·巴什拉，2013）。而中国文化中的"诗意"是道家提倡的"天人合一"的哲学观念，能够让人在自然美景中感受到安静平和，获得自我认知。中国的景观审美从诞生就带有浓厚的文人意趣，将"物我"融合于生活世界中，诗里藏情，是古人的人生态度与景观审美特征，并将诗意的生活方式的追求隐含在中国传统古诗词中（李春玲、李绪刚、赵炜，2020）。中西方文化的不同发展历程塑造了不同的审美意趣，致使所呈现的审美表现也是不同的。

乡村景观是自然景观、农业景观和聚落景观的有机融合（袁敬等，2018）。而其他国际学者指出在农民与农田的关系中，文化与自然之间存在永恒的相互依存关系，如灌溉与施肥、搭架与开垦、播种与收获、循环与节约等行为包含了"新美学"的特征（Spirn，1988）。2019 年，中国陆续推出了"美丽乡村建设十大模式""美丽宜居村庄""特色景观旅游名镇名村"等，反映出美学将在乡村景观更新过程中发挥指导作用（周艳梅等，2021）。乡村景观作为独特的景观表现，其美学价值是显而易见的。

因此，在研究景观的美学概念时，学者们注意到了"景观""风景"和"自然"概念的重叠含义，与"景观"相关联的多样意义展现了其复杂性和吸引力，且景观美学在中西方研究中，产生了相同又不同的价值解读。不同的景观审美下蕴含着不同的景观审美特征。乡村景观作为独特的景观表现，研究时充分解读乡村景观美学价值，有助于营造和谐优美的乡村风貌，展现地方独特的文化魅力。

三、景观的要素与特征研究

（一）景观感知

景观感知（landscape perception）理论起源于 20 世纪 50 年代，是在环境心理学研究过程中发展起来的独立理论。景观感知理论可以划分为四个学派：

专家学派、心理物理学派、认知学派和经验主义学派（邓位，2006）。挪威学者引用图式组织原理与空间图式论，依靠"中心""方向""区域""场所""路径""领域"等空间情景要素来组合构建"存在空间"知觉图式理论。《欧洲景观公约》将景观定义为一个被人感知的区域，人们通过景观可以了解其起源、身份和所属（欧洲理事会，2000）。对于许多国家来说，除了语言和宗教方面，景观在决定一个国家的形象方面发挥重要作用。景观可以通过对社会的感知来定义一个地方的价值。美国学者欧文认为，人的景观感知是一个持续不断的且复杂的动态过程，并提出了一个景观感知过程模型，将人、景观、人与景观相互作用的结果统一到了一个闭环中（王甜甜，2020）。感知景观的内容基于先天与后天习得两种反应类型。随着研究的深入，学者们认为人的偏爱视角是一个景观研究的有力选择，可以帮助我们理解各种景观感知。

视觉感知对于研究景观的复杂文化含义尤为适用（Dee，2004）。绝大多数地理学家都认为，人与环境的互动使景观具有吸引力的重要因素，Jong（2002）认为回忆是感官的、个性化的和充满场所特色的，而 Stilgoe 在探讨美国传统景观时也提到景观的场所概念，他将景观解释成一个回忆的宝物桶"treasured wastes"，它在串联儿时的空间与场所记忆和成年后的创造力与能量方面发挥了不可或缺的作用。Jong（2002）针对维多利亚 Nepean 半岛的 Blairgowrie 地区，通过长期的不同季节与地点的景观体验和观察，提出该地区的场所意义，以地区意象、感知和再呈现的方法，找出该地区的地景、海景特色，并作为景观评估的参考。景象的感知是由人体和思维所决定的整体，进一步基于景观内涵构建，Lynch（1960）认为景观是"视觉—认知—体验"的过程。所以，景观不只是风景而已，更是一个从视觉延伸到心理的过程。

有学者通过感受和感知的方式，研究乡村研究者在乡村中的实践和表现对乡村性的影响，并以东欧移民在英国的行为为例探讨乡村的实质性（materiality）、正式的乡村表征（representations）和乡村日常生活（experiences and practices）之间的关系。Paulina 等（2018）提出乡村可持续发展的建议。地理学家安特罗普在文章中阐述了景观生态学家奥斯塔德（Austad）提出的保持文化景观价值的六种农业策略（Antrop，2005）。他指出，第一，在维护最好、最真实的文化景观中，应保护和维护半自然植被类型；第二，需要促进外场和低强度耕作制度的振兴和集约化；第三，需要提供更多的激励给保持生物历史价值的农业；第四，需要对传统的可持续农业进行更多研究，并更多地应用其成果。

（二）景观的地方感知

"地方"是人文地理学的核心词汇，曾经用来当作"区位"的替换词，"区位"是指抽象空间架构里的位置，通常由客观标记来指明，包括区位、场所、地方感等意义。《地方：记忆、想象与认同》一书中提到，地方无论外观如何，都跟空间和时间一样，是社会的产物（Tim Cresswell，2006）。由此可知，地方一词拥有许多不同的解释，可以说是一种词汇集合体，其主要是由人文、文化、地理三种要素构成，在形塑的过程牵涉了多重层面。另外，虽然在地、地方和全球是不同的分析尺度，但它们又相互构建。认识和构建全球可帮助人们塑造对在地的理解。因此，参考 Philip Crang 画的"在地、地方和全球"关系图，笔者对其进行了重绘，其过程可以分为三种，依序为镶嵌、系统、网络，三者互相影响（图 1-1）。

图 1-1 在地、地方和全球三者关系

斯蒂尔（Steele）认为地方感是人与地方相互作用的产物。地方感常伴随着聚落发展，记录下当时人民的生活场景。它透过集体记忆、共同的生活经验、持续性的土地利用方式与生活模式，显示地方生活与独特的文化景观。Jorgensen（2001）等认为地方感包括地方依恋（place attachment）、地方依赖（place dependence）和地方认同（place identity）三个维度。1974 年，段义孚提出"恋地情节"，用以表达个体在自然环境中的情感感知（段义孚等，2017）。段义孚提出的"恋地情结"和约翰·阿格纽提出的"地方感"（sense of place）都强调了人对地方的情感依附。戴维·哈维指出，政治经济权力参与"地方"构建，既带来希望，也暗藏危机。多琳·马西（Doreen Massey）提出了"全球地方感"概念，认为"地方"是一个发展的、非静止的空间；不一定非有边界；并没有一个单一的、独一无二的身份认同，而是充满了内部冲突；其特殊性是持续再生的。因此，应以动态、多元化、开放的视角来看待。由此可知，地方感不是稳固不变的，而是开放变动的。

在景观地方感知方面，地方感知的概念植根于物理空间和人类的互动，同时涉及空间和时间。例如，Tilley指出："从根本上说，名字创造了风景，因为地图上一个未命名的地方实际上是一片空白；理论上来说，景观是一个充满意义的场所，这些意义是通过人类与环境的进化和相互作用过程形成的。场所意义的概念与人们的经历和对场所的依恋密切相关。因此，形成地方意义的感知、价值观、态度和情感可以将意义联系起来，并赋予它们价值。"在国内，旅游学视角下的地方感研究关注度较高，部分研究涉及"主客"之间地方感差异（吕龙等，2019）、旅游地对游客的吸引力（孟令敏等，2018）、地方品牌的塑造、"在地人"感知和经验等。

（三）景观意象

大多数人文地理学与空间认知学者通过场所意象的概念来探讨意象。例如，Lynch（1960）把环境转化为空间意象与元素的组合，可用路径（path）、边缘（edge）、区块（districts）、节点（node）及地标（landmark）来描述环境，但并未包括环境中非实质物件现象。旅游意象的论点主要是将认知元素归因于对地域客观属性的认识，这种认识源自对环境自然特色的评价；而情感部分则是对情感特质的认识，源自对环境情感特质的评价。旅游意象被认为是由环境整体性（holistic）及单一属性（attribute）两个主要成分组成的，且此两个成分皆包括功能（function）及心理（psychological）的特征，而形成独特（unique）或一般（common）的意象。

许多学者对乡村生活形态（rural lifestyle）进行了意象组成属性的探讨，大致用了4种观点，第一种是形态学的观点，如绿意、牧场的意象组成；第二种是机能性观点，如农业、游憩；第三种是社会文化观点，如安静的乡村；第四种是地理区位观点，如荷兰北部地区等（Echtner et al.，1993）。Stilgoe（2005）在研究美国传统景观时，认为景观更像是多样化的海湾与河流，总是能经由最初的历史文件与地图而得到视觉意象感知，可以运用照片捕捉景观，并且能呈现出景观的意义，如运用特别的意象，类似海滨日落与荒芜高原等景观特质，让人产生喜爱或厌恶的心理感受。针对苏格兰高地的乡村景观体验研究，提出高地/低地、自然的/文化的、荒野的/驯化的、遥远的/邻近的意象（Lee，2007）。MacKay等（1997）认为属性可包含有形的（如位置、吸引特色、风景）和无形的（如亲切感、吸引力、冒险机会）。

此外，空间意象所研究的内容主要是场所精神，涉及城市规划学、观光旅游与地理学等。其论点包括：意象性是复杂的和动态的，主要反映观赏者的特质（Ryan et al.，2005）；意象性是人们对某一地域或目标所具有的整体信念，包括所认定的知识、印象、偏见、创造力以及情绪性的联想（Balogluand

Brinberg，1997）。例如，意象的认知过程中，熟悉度是一个重要因素（Lynch，1960），Prentice 在研究中特别强调情感因素中"熟悉感"（familiarity）的重要性，越熟悉则越能产生正面的意象。由此，对景观的了解程度、接触经验、熟悉度也会导致对景观关系的判断不同。

（四）景观的特征研究

景观特征（landscape character）理论起源于英国，是一种帮助规划师及政策决策者尽可能全面理解景观的工具。景观特征指景观中的各种特征元素（土壤、地形、土地利用、植物、建筑、聚落形态等）在一定场地内经过组合形成一致、特有的可识别格局。这些特征包含了场地中元素的自然形态及人工形态。景观特征分类体系和评价体系共同构成了景观特征体系，景观特征评价原则包括特质性、独特性、脆弱性、适宜性、信息性、意义性等六项。

关于景观的特征类型，国内外学者有不同的观点。Scott（1997）认为景观特征可分三个层面探讨，城市、乡村和地方村庄、海边和特殊地区等。Real（2000）则将乡村景观依五个景观特征区分出来，包含植物、水、山、人、工业等，利用边界、地形、地貌、植被、水体、吸引力等因子划分景观单元。Linton（1968）则是以地形、植被、水体、天空、人类活动、动物、建筑物等元素的交互作用来划分乡村景观的同质区。比利时地理学者 Antrop（2000）认为景观的自然因子构成了所有资源和生态机能的基础，而景观则是由社会所建造出来的，并反映了社会对环境变化的态度（图 1 - 2）。

近 20 年来，国内外运用景观建筑学、地理学和心理学的方法，开展了诸多关于识别乡村景观特征和构成要素等的研究和实践。班德林等（2014）结合访谈和案例研究，概述了在各个领域中已经存在的景观研究方法和工具，并介绍了将多种技术运用于研究的可能性。Lee J（2007）针对 Scottish Borders 山丘牧羊区所进行的人类学研究，提出山区偏远的景致与产量低的产业特色相对应，山区的羊群产量变成了较富有特色的符号意象，这也体现了牧羊人与农场生活的形态特色（麦琪·罗等，2007）。英国的景观特征评估体系（Landscape Character Assessment，LCA）和美国的文化遗产评估方法（US Park Service Assessment Criteria for Historic Sites）应用最为广泛。尽管美国和澳大利亚景观管理规划的方式有别于英国，但也都形成了较为成熟的景观分类和评价标准体系及标准规范，可用于指导景观设计。因此，识别乡村景观特征与进行价值评价可以分为以下两个部分。

1. 对景观的感知是规划的重要构成要素

美国景观生态学家保罗·戈比斯特（Paul Gobster）提出，在一个场地

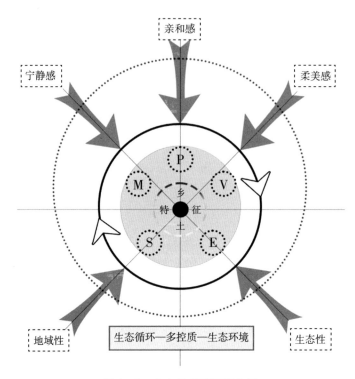

图 1-2　乡土景观特征概念图

中，人与环境相互作用的框架，其模型的核心是"可感知的世界"。对一个景观的感知能否获得预期的良好效果，不仅取决于景观的自身价值，还取决于能否被视觉感知到，以及感知过程的适宜度，包括观赏距离和方位等（林本岳，2014）。《欧洲景观公约》所定义的"景观保护"包含了所有"维持和保护景观重要性和特征的行动"（Antrop，2005）。因此，规划应从人对景物的感受和认知角度入手，主动、系统地构建并组织感知体系，在特定的空间内谋划布局景点与观赏路线，不断串联、叠加，强化人对于城市特色的感知。感知系统包括了感知动线、观赏点、观赏视线（面域）、解说导览等。以此串联景观的文化元素、历史建筑与解说系统，以便让游客方便、全面地了解地方历史文化与景观风貌。

2. 景观特征评价是景观保护的构成要素

景观特征评价（landscape character assessment）是一种基于景观特征分类、创造出特定场地感受的评价工具（凯瑞斯·司万维克，2006）。在景观评估中最常被运用和谈论的研究，主要是以 Kaplan（1987）所提出的景观偏好模式为理论基础，其包含的景观特征分为了解（understanding）与探索（exploration）两个尺度概念。Kaplan（1987）的分类与评估的目的大致上可以分为：景观美质评估、景观偏好、视觉经营管理、土地使用管理、景观或环境保护、景观与知觉的关系探讨等多元的目的（图1-3）。

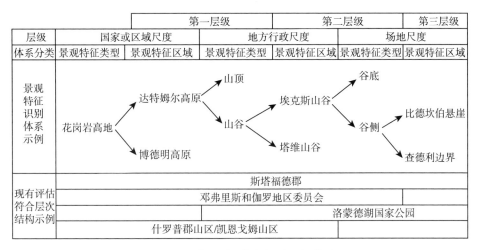

层级	第一层级		第二层级		第三层级	
	国家或区域尺度		地方行政尺度		场地尺度	
体系分类	景观特征类型	景观特征区域	景观特征类型	景观特征区域	景观特征类型	景观特征区域
景观特征识别体系示例	花岗岩高地 → 达特姆尔高原 → 山顶 / 山谷；花岗岩高地 → 博德明高原		山谷 → 埃克斯山谷 → 谷底 / 谷侧；山谷 → 塔维山谷		谷侧 → 比德坎伯悬崖 / 查德利边界	
现有评估符合层次结构示例	斯塔福德郡					
	邓弗里斯和伽罗地区委员会					
			洛蒙德湖国家公园			
	什罗普郡山区/凯恩戈姆山区					

图1-3 英国景观特征评价空间体系

欧美学者的景观美质评估理论，最为人熟知的是Litton于1968年所提出的景观评估方法，他将景观分成全景景观、特征景观、封闭景观、焦点景观、覆盖景观、细部景观与瞬间景观七种景观形态。而德国的乡村景观规划以资源质量与生态安全评估为重点，通过与土地利用规划协调的方式，有效引导景观资源保护与社会发展。该方法优先保护具有突出自然价值的景观载体，并依据资源质量制定发展与保护措施。由此可见，景观规划对土地资源发展具有引导作用，为乡村规划提供了科学的指导。

（五）景观现象学与场所精神

1. 景观现象学

20世纪初，现象学（phenomenology）由德国哲学家胡塞尔提出，经由海德格尔等的发展，形成了一个影响巨大、复杂的哲学思潮（倪梁康，2008）。在胡塞尔之后，以马丁·海德格尔（Martin Heidegger）和梅洛·庞蒂（Maurice Merleau-Ponty）为代表的哲学家进一步用现象学的方法去回答哲学的基本问题——关于存在的问题，并直接影响到环境相关的研究。受现象学哲学影响，索尔的追随者们认识到"文化景观"是符号和象征的信息库，是习俗和价值的表达。20世纪70年代，景观从一种看的方式变为特定的"存在方式"。梅洛·庞蒂在现象学中提出知觉为先，重视身体性、体验和感知，这为景观概念开拓了新视野。

景观作为一种普通日常生活世界，从景观现象学的角度来看，景观深植在人的生命中，是社会生活的一部分，却非仅眼之所见（Cosgrove，1984）。受海德格尔的"栖息"和"存在性"观点启发，英戈尔德特别指出"栖息"与"景观"两者在概念内涵上的一致性，还用"taskscape"这个词来称呼每天正在发生的景观。受瑞尔福的"场所感"、梅洛·庞蒂的身体现象学以及列斐伏尔（Lefebvre，1991）的"日常生活重要性"的启发，杰克森和梅宁格等开始关注与普通场所、景观相关的共同价值。杰克森以"乡土景观"描述人们居住和工作的普通日常生活世界（Jackson，1997）。他最突出的贡献是将景观的象征、信仰与日常生活世界的意义和价值结合起来。另外，邓肯夫妇基于解释学的哲学途径，阐明景观有助于形成社区价值和基于场所的社会认同感（Duncan et al.，2004）。在美国普通日常景观考察中增加了社会公平、政治、经济、人类关系等维度。刘易斯发展的"乡土景观"，成为美国景观研究的主要传统，表明景观因其场所的物质性、历史性、地方性和认同感，成为人们创造和构建遗产的基础。这引领了人文地理学的一个新方向，将所有普通景观作为文化价值、社会行为的象征和表达。

2. 景观的场所精神

场所精神（genius loci）这个词来源于拉丁语，原意是"一个场所的守护神"，场所精神通常是指某一地点的独特氛围，是拉丁文"地方"（loci）和"神明"（genius）两个词的组合，字面意义是古罗马神话中的地方保护神。英国设计师们用它去表示"一个地方的本质特征"。19世纪末的现象学哲学为20世纪70年代前围绕"场所感"进行的景观研究奠定了基础。段义孚和瑞尔福将现象逻辑学观点引入"场所感"概念（Tuan Yi-FuT，1974）。舒尔茨于19世纪70年代连续出版《存在·空间·建筑》与《场所精神》（诺伯·舒兹，2010）等著作，在现象学框架中对人与世界、场所、建筑等命题进行了探讨。海德格尔认为空间是通过数理关系加以确认的，而"场所"则是通过人类的经验才能得以实现的。研究还表明，形成对地方意义的感知、价值观、态度和情感取决于人们如何与这些实际和具体的地方互动（图1-4）。

20世纪30—60年代，一系列关于"场所感"的研究开始关注习俗和生活方式如何植入景观。德国哲学家伽达默尔强调体验和时间的关系，他认为当人们参与到古老仪式中，或在节日里度过一段美好时光时，所经历的则是"属己的时间"，是深刻的体验（伽达默尔，1999）。场所是由一系列的空间所构成的，景观中的建筑物和路径是人们体验景观空间的位置和路线。同一个场所，

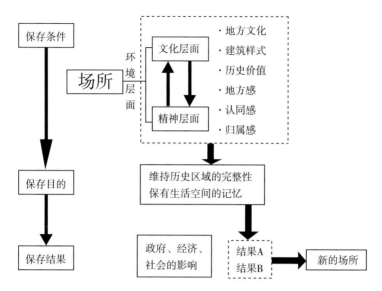

图 1-4　场所精神对于地方的保存概念

［来源：Dorren Massey，全球地方感（*A Global Sense of Place*）］

由于视点和游览路径的不同，所获得的体验也会大相径庭。此外，随着场景消费的升级，社会学家提出"场景理论"，认为场景不但是一种趋势，也是美学特征，人们会根据场景来协调自身的行为，场景也会影响经济增长、社会组织形态（丹尼尔·西尔等，2019）。因此，需要重视氛围的"社会生产力"。

在风景园林理论"场所感"的研究中有两种路径：一种是剖切式的，将景观视为可以在实验台上被深入分解的客体对象，以理性的目光将其解剖为若干信息层，提取物质空间中的某些关键性内容；另一种研究路径则倾向于将景观看成是人们可以进入、穿越和体验的场所，以亲身感知的内容来研究体验者所在的特定时间和地点（戴维·莱瑟巴罗等，2018）。具体如下：①体验是观赏者通过视觉感知和身体体验来认识并评价空间，主体是人，通过观景点和路径来实现，过程对应时间，表明空间体验是历时的（林箐等，2022）。②场地是设计的基础，是设计的源起。每一块场地都是一个客观存在的物质空间。设计的过程就是将场地转变成场所，并使其具有意义，即场所精神产生的过程。这一逻辑在景观设计中无比贴切。③景观设计的过程就是以新的线索将场地的本质具体化。阿尔伯托·佩雷兹-戈麦兹认为作为一种"事件"而非"事物"的景观设计师在场地中的"作为"，其目的在于调动场所之"魅"。由此，通过补充和调整要素，使景观结构更清晰，自然特征更明显，能够与受到广泛认同的景观原型和景观类型发生紧密的关联。

综上所述，场所精神是经由人为环境的生活空间、自然环境的自然层面相互影响形塑出的精神。人为场所建立在自然场所之上，两者相辅相成。因此，场所必须建立在自然环境之上，要理解自然环境的本质与特征以建立基础，并在其基础之上形塑出城市、村落、聚落等场所。此过程说明人类的规模发展，必须经由时间的锤炼，是人类的生活空间和自然空间相交织而产生的。场所景观的保存对于地方而言，其价值主要体现在找寻人为场所中文化层面、精神层面的本质与理解。

第二节　乡村景观的认知

一、乡村的意涵

"乡村"（rural）一词常被普遍地使用，传统上对于农村社会的定义为"以农业为生的人及其相关人士组成之社会"；或是制定一定的分类标准，如美国普查局的城市乡村之区分是以人口数为标准，设定出都市人口标准，而非都市人口即为农村人口，非都市地区即为乡村。这种乡村定义是都市主义的表现，以都市的定义来界定乡村，将所有都市以外的地区视为同质，一律称为乡村（庄淑姿，2000）。根据 Johnston 等于《人文地理学词典》（*The Dictionary of Human Geography*）中解释，所谓"乡村"是指目前或最近以大量农业或林业等密集土地，或是以低度开发土地的大型开放空间为主体的地区，包含了可说明与建筑或外围大型景观间强烈关系的小规模、低阶层聚落，并且被大部分居民视为乡村的地区（Johnston et al.，2000）。也就是说，乡村是由大片像农业或林业这种土地所构成的地区，它包含很小的聚落，展现出房舍与周遭开放景观间的强烈关系。

欧洲议会文件显示，欧洲国家如丹麦与挪威，每个聚落少于 200 个居民则称为乡村；英国则规定，不超过 10 000 人的地区是为乡村地区；爱尔兰以 100 个居民作为区分一个地区是都市地区或是乡村地区的标准；意大利和葡萄牙则认为少于 10 000 人为乡村。而澳大利亚则是人口少于 1 000 人的地区，且人口密度小于 400 人/千米² 的地区为乡村地区。欧盟农业指导纲领提出，为了满足各种乡村类型的需要，以地区类型进行划分，乡村区域基本上分为三大类型：①紧邻大城市的乡村区域；②处于衰败中的乡村区域；③特别偏远地区。美国土壤保护局（Soil Conservation Service）进行农村景观评估时，将乡村定义为一个可辨认的景观单元，包含明显的农业形式与活动，其被文化表现与实质设施两者所界定（Schauman，1988）。欧洲议会将乡村地区之特色定义为：连续的内陆或海岸乡村地区，包含小镇和村庄，大部分地区作为农耕、森林、水耕和渔业之用；村民主要经济文化活动为手工艺、工业与服务业；活动类型是以非都市化的较自然的休闲游憩活动为主。

在乡村田园诗（rural idyll）中，任何人都可以将乡村地景描述为一种社会复现（social representation）的转化。有学者将乡村的定义分为下列四种：①叙述型定义；②社会文化型定义；③乡村作为一种地域性；④乡村作为社会复现。实际上，乡村地区展现出极大的多样性。它们不仅从功能上被界定——依据土地使用和地理区位，而且那些更邻近都市中心的乡村，在社会与文化层面也更具塑造性。正因如此，关于"乡村"的定义往往充满争议，各具特色的乡村风貌比比皆是。乡村地区是指非都市区域，于此环境中拥有持续性的人文经济的活动，主要指的是农业活动（Oppermann，1996）。

国内学者就乡村地景资源进行探讨，乡村地景包括各式开放空间（如农地、河川水体、林地、山脉等）、人造环境（如聚落建筑、公共工程）以及文化活动等。乡村也可以说是聚落的一种，并且由一个或数个乡村单位联合组成一个空间领域（李琼玉，1994）。乡村是一个温馨的概念，呈现丰富变化且多色彩的景观，具有伦理、美学、文化保存与风景、产物效益及生态平衡等价值，在环境保育上，更具有提升生活环境质量普适性价值（侯锦雄，1998）。

也有多位学者用人类学观点，采取质性方式进入乡村场域中，运用非结构性的方式与地方农民交谈论说，希望通过这种方式了解隐藏在乡村背后的复杂性与不确定性。例如，Soliva 对阿尔卑斯山 Surses 河谷的乡村特色进行访谈，认为在经济衰退的状况下山区农业的定位与机能已改变。因此，Soliva（2007）以自然荒野、现代化发展与生存潜力三个主题，进行质性叙事法访谈，提出多样化的景观、多功能的农业产业和多面向的土地使用是乡村发展的方向；Mackenzie 对苏格兰北 Sutherland 乡村地区的重新想象，同样以目的团体的访谈方式，通过在地的集体意象叙事方法，探讨过去与现在及面对未来的全球化与现代化如何改变乡村土地使用的状况；Madsen、Adriansen（2004）等通过多样化的方法来探讨丹麦乡村空间的使用，包括实质土地使用以及个人的价值观对土地使用的影响。

综合以上对乡村的定义与内涵探讨，归纳出基本机能型与延伸构建型两种探讨角度，前者以区位特色、农业活动、人口密度等列举式的内容来界定，而整体特质是多样化的景观特色与诗一般的宁适感。

二、乡村景观的意涵

在 20 世纪 30～40 年代,"乡土风景"成为热门研究对象,为后续的文化景观研究奠定了基础。上原敬二等受欧美自然保护、乡土保护等运动的影响,提出"乡土造园"概念,提倡对农村地域的乡土文化进行评价、挖掘及保护(赤坂信,2005)。1984 年,国际古迹遗址理事会(ICOMOS)介绍了"乡村景观"的概念:"自新石器时代以来,人类的种植活动大规模地改造了土地,改变了原本的生态系统……创造出具有突出特色的土地利用模式。"如爪哇和菲律宾的水稻梯田。翌年,国际古迹遗址理事会、国际自然保护联盟(IUCN)和国际风景园林师联合会(IFLA)制定相应文件,建立"乡村景观"的定义和评估标准(莱奥内拉·斯卡佐西等,2018),其工作目标是将"乡村景观"列入《世界遗产委员会指南》。2011 年由国际古迹遗址理事会、国际风景园林师联合会、文化景观科学委员会发起"全球乡村景观倡议"行动,将乡村景观视作遗产,研究重点从历史古迹逐渐转移到日常、普遍的遗产价值对象。2017 年,《关于乡村景观遗产的准则》作为"倡议"的成果正式通过,为乡村景观遗产研究提供了新的研究视角和价值评估框架。2019 年,ICOMOS 将"4·18国际古迹遗址日"主题定为"乡村景观",进一步强调乡村景观遗产与公众日常生活的相关性。

乡村景观遗产的价值转变引起了地理学、文化遗产学、风景园林学等不同领域学者的广泛关注。在理论研究与实践的双重维度上,乡土景观成为地理学中景观研究领域的一颗璀璨明珠。它不仅聚焦于自然景观或人造景观的单一剖析,而且深入探索人类在环境与世界中的存在方式——即身体图式的表达,以及这种表达背后所蕴含的深远意义。西方研究者率先采用乡村性指数来进行乡村发展水平与景观特征的研究(王云才,2004)。Brooke(1994)将乡村景观描述为:山丘与山谷交相辉映,林木葱郁与草地如茵交织其间,陡峭的峻岭与平坦的沃野错落有致,共同绘制出一幅充满无限艺术灵感的自然图谱。这方天地间,每一处景致都仿佛是大自然精心雕琢的艺术品,让人叹为观止。在这片充满诗意的土地上,作家与诗人们流连忘返,他们以敏锐的目光和细腻的情感,深深鉴赏着这份质朴而纯粹的自然之美。更令人着迷的是,这些景观不仅承载着自然的韵律,还蕴含着深厚的历史底蕴,仿佛一扇扇时间之窗,缓缓打开,引领着人们穿越时空,探寻那些隐藏在风景背后的故事与传奇。Alisan(2013)提出乡村景观是审美趣味和审美享受的重要对象,审美是人们重视乡村景观的原因之一,让人在美的享受中品味社会风情与文化底蕴。对农业景观而言，根据 Meeus 等对农业景观类型因子的描述，将农业景观分为 6 大类 13 个亚类，地形是农业景观分类方法的一个重要决定因素（Meeus et al.，1990）。农业景观如田园拼图般绚烂，将自然栖息地、半自然栖息地，以及道路和沟渠等人造基础设施巧妙融合。各个组成部分都以独特的边界勾勒，既便利农耕，又添美景，让农田焕发无限生机（Alisan，2013）。

　　而在中国，关于乡村景观的研究常常在景观形态学、地理学、景观生态学、城乡规划与发展、农业遗产研究等领域进行。主要涉及乡村景观与地域习俗（李畅，2016），土地上的空间与生活方式，乡土景观的图式表达，景观生态系统的嵌块体（杨若琛等，2022），乡村类聚居形式所构成的地理综合体（肖笃宁等，1997），村落在景观分布、形态、结构和功能等方面的差异等研究内容。对研究范围和研究内容都有一定的延伸和挖掘，且在不同的领域中呈现出多学科交叉的趋势。

三、乡村景观的价值特征

（一）可持续生产性

　　涉及人的偏好研究表明，一般公众对现代工业化农业景观的评价最低，并且更喜欢"老式"的景观或具有许多"自然元素"的景观，如植被和水等（Tress，2003）。农业对乡村景观至关重要。以葡萄酒产区为例，在亚速尔群岛（葡萄牙）的皮科岛（Pico Island），人们以传统的葡萄种植为其核心区，包括村庄、房屋、农场、酒厂以及所有依赖葡萄酒生产的社会组织。同时，上杜罗地区有着 2 000 多年的葡萄酒生产历史，是其最重要的经济资源，至今仍销往世界各地（Gullino et al.，2013）。

　　Leitao 等（2002）认为，农村景观的可持续生产性应被视为一个方向。可持续生产包含新的酿酒技术、农庄旅游、酒业旅游、地方手工艺等（珍妮·列依等，2012），可以为乡村经济创造附加值。景观的经济价值是指直接或间接利用资源带来的经济效益，如农田的开垦、森林的开采等。乡村景观既是私有财产，也受到公共政策管理，其经济价值体现为各方利益相关者净收益的总和。为了保持农业景观的可持续生产性，确保环境管理和营利农业的空间兼容性是主要目标。事实上，这些景观也反映了一定的商业、社会和经济的需求和趋势。

（二）文化性与社会性

　　乡村景观中的地方文化价值结合社会性极其重要。20 世纪 80 年代，自然保护区和景观遗产根据社会需求开发消费产品。农业活动影响到原有乡村聚落性质与文化价值，开始向多功能空间转移。在亚太地区，乡村文化景观更多是由社区因生计而自发性地经营保护。《惠安协议》建议亚洲地区采用如社区在景观中所体现的自然平衡及宇宙观的理念（珍妮·列依等，2012）。而在美国，国家公园管理局（NPS）的文化景观遗产划分是由下而上的，具有乡土与自发的特征。在英国，乡村景观遗产作为开放空间的一部分，公众对其的认知度在不断提高（Stern，2010）。此外，景观价值被认为是一个综合的概念，也指非物质存在价值和符号、人们的生计、身份和信仰体系。

（三）真实性、完整性和整体性

关于如何评估完整性，或者是否可能观察到其完整性，目前没有明确的路线图（Antrop，2005）。每一种传统景观都表达了一种独特的场所精神，这种场所感或精神定义了它的身份。完整性是文化和自然景观的一种价值，有助于对其身份的认可（Phillips，2002）。大多数关于景观价值的研究涉及完整性标准，包括连贯性、和谐性、视觉平衡、未受干扰的功能实体、时间上的连续性以及土地利用与自然特征的匹配。历史分析是一个用来评估完整性的工具，通过历史研究来了解景观变化的动态，为未来的规划提供信息。虽然真实性、完整性和整体性经常被作为评估项，但问题不仅限于定义，它还涉及不同层次的理论、方法和试验工作（Scazzosi，2004）。科学界普遍认为评估完整性需要采取多学科融合的方法，而不是基于纯粹的历史解释。此外，生态系统完整性与恢复力的概念有关。

由上述的定义，可以整理出景观有几个重要的特性：可持续生产性、文化性与社会性、真实性、完整性和整体性。相较于载体本身，人们经常忽略要素在整体景观系统中的重要作用，从而产生人地矛盾。因此，乡村景观的价值认知应整合各个要素，融合多学科视角和研究方式，建立动态连续的思考方式，以加深人类对周边环境的理解。

第三节 欧亚乡村景观的保护

一、《欧洲风景公约》

随着景观在国际社会上受到越来越多的关注，欧洲各国决策者意识到由于自然生境的连续性和不同国家及地区对景观认识和需求的复杂性及差异性，必须将欧洲作为一个整体，采取国际合作的方式来保护景观（张丹，2011）。在欧洲，立法保护的地景常具有下列特征：①具有杰出的风景质量；②保留了文化与自然的密切联结；③有永续利用的自然资源；④地景的完整性未遭受工业化、都市化或基础建设等的破坏。

2000 年，欧盟制定了首部针对景观的国际法律文书《欧洲风景公约》，2004 年 3 月 1 日生效。至 2007 年，在 47 个欧洲议会的会员国中，有 34 国签署，27 国经核准加入。其宗旨为促进景观的保护、管理与规划，并在景观议题上组织欧洲的跨国合作。

该公约要求所有签署国做到：

（1）在国家相关法令中定位景观。

（2）制定景观保护、经营管理和规划的政策。

（3）制定景观相关事务的公众参与程序。

（4）将景观整合到区域和都市计划等会影响景观的相关政策中。

（5）实施具体政策，如增进公众对景观的认识、培训与教育、辨识和评估景观、制定景观质量目标、引进景观保护、经营管理和规划的政策。

（6）进行欧洲范围的区域性合作，包括制定政策和计划、互相协助、交换信息、跨国界景观保护、评发欧洲议会景观奖项、监督公约的实施等。

虽然《欧洲风景公约》有其地域上的限制，但是它为世界其他地区在未来进行区域性景观议题合作提供了范例。欧洲以外的一些国家也可以依据自身的国情参考该公约的一般性原则。该公约的内容主要包括以下几点。

（一）景观价值的认知维度的拓展

《欧洲风景公约》将景观定义为一个被人感知的区域，会随着时间的推移而演变，一个景观形成一个整体（欧洲理事会，2000）。通过景观，人们可以了解其起源、身份和属性。对于许多国家来说，景观对一个国家的形象有重要影响。景观作为价值标尺，通过社会感知来定义一个地方的价值，景观的文化价值成为定义和解释的工具。此外，景观概念已经影响了公众对景观保护的看法（郭晓彤等，2021）。由此，"景观"被视为环境保护中最重要的场所之一。

（二）健康、生命质量与可持续议题

《欧洲风景公约》指出所有景观都是关乎个体生命质量和社会健康发展的重要因素，它拓宽了乡村景观价值的认知维度，并将其与社会发展紧密联系起来（麦琪·罗等，2007），这些认识使《欧洲风景公约》成为一个里程碑。《欧洲空间发展展望》（*European Spatial Development Perspective*）也积极尝试将景观规划纳入空间规划体系。Antrop（2000）声称景观具有动态和变化的特性，他研究欧洲景观变迁趋势，认为欧洲大部分人口都集中在 1% 的土地上，农业生产的发展引发了人们对乡村与自然景观评价的根本深刻转变。在欧洲，《多布日什评估》（*Dobris Assessment*）及《泛欧生态和景观多样性策略》

（*Pan-European Biological and Landscape Diversity Strategy*）认同可持续景观促进了经济、社会、文化和生态发展。

《欧洲风景公约》是体现景观价值的重要工具。重要的是使公众、机构、地方和区域当局认识到景观的价值和重要性，并参与决策。《欧洲风景公约》关注的是文化遗产保护，因为这些自然景观元素对地区识别具有内在重要性，并具有增加价值的潜力。《欧洲风景公约》适用于所有的景观，包括人造景观和自然景观。景观承担着可能起源于其他地方而其影响不受国界限制的过程的后果（Karoline Daugstad et al.，2006）。

（三）超越国家层面的平台

《欧洲风景公约》强调景观"无处不在"，鼓励各国制定国家景观政策，开展景观保护、管理和规划工作。在其主导下，目前已经建立起一个超越国家层面的平台，并面向欧盟成员国和非成员国。考虑到各国自然资源、文化传统等的巨大差异，各缔约国可根据自己的需求对景观进行立法保护，并遵守欧盟的基础条约。截至 2020 年底，已有 40 个国家签署《欧洲风景公约》。

二、英国乡村景观保护实践

英国的乡村景观认知在英国经过了 1 000 多年的发展，在近 200 年间其对乡村景观价值的认知发生了 3 次重要转变。

第一次在 18—19 世纪，乡村景观被视作如画风景和国家象征。"如画"（picturesque）一词源于法语"pittoresque"，起初指某种景色或者人类活动适合入画（安德鲁斯，2014）。早在 18 世纪和 19 世纪，英国受到"如画风景"美学的影响，英国贵族和精英关注于风景的"审美价值"（米切尔，2014），从而影响到英国文学、建筑、园林、绘画等多个方面，构建了田园风光美学，英国乡村景观因其独特的审美价值成为了英国民族文化的象征（Darby，2020）。1926 年，Sir Patrick Abercrombie 出版的《英国的乡村保护》（*The Preservation of Rural England*）对城市到郊区街道两侧出现的建筑群蔓延现象提出公开批评（李建军，2017）。因此，英国政府在 1932 年颁布了《城乡规划法》，将乡村规划和村落保护纳入了政府的管理范畴。

第二次在第二次世界大战结束后，乡村景观被视作生产空间和休闲商品。20 世纪 40 年代至 70 年代中期，英国政府在乡村地区推行"生产主义"政策，包括实施扩大化、集约化的农业生产以及推广使用农业化学药剂、机械化和专业化的农场等。第二次世界大战结束后，城市化和工业化造成的系列问题促使乡村景观意识逐渐崛起，英国乡村政策转变为"友好"地开发（鲍梓婷等，

2020）。20 世纪 50～60 年代，英国乡村景观与生活方式被包装成符合社会流行文化的田园风光，乡村景观被打造成著名的旅游目的地。在立法方面，1938年颁布的《绿带法案》（*Green Belt Act*）吸收了霍华德（Howard）提出的田园城市理论，试图通过绿带的规划建设以达到限制城市过度扩张的目的。1949年通过的《国家公园与乡村进入权法案》（*National Parksand Access to the Countryside ACT of 1949*）（盖伦特等，2015），所采取的基于特殊价值和杰出风景的场地划定的保护方式，基于文化、生态、美学多元价值感知的景观评估开始在地方开展。1967 年，设立乡村发展局（Rural Development Boards）（龙花楼等，2010）。1968 年，《英格兰和威尔士农村保护法》将农村地区的娱乐休闲利用作为乡村发展和保护政策的主要考虑因素（于立，2016）。无论是政策的颁布还是相关法律的制定，都将所关注的乡村景观的价值转向了旅游、生产和休闲经济效益。

第三次从 20 世纪 70 年代开始，乡村景观被视作多功能体和独特文化。在可持续发展视角下，英国鼓励对乡村空间的多样化利用，认为乡村空间应兼具生产、生活、消费等多种功能（彼得·丹尼尔斯等，2014）。到 20 世纪 80 年代后，受后现代主义、后结构主义、女性主义、存在主义、新马克思主义等哲学思潮的影响，人们认识到乡村景观具有多样化特征，不同的景观特征源于自然要素和文化要素的特定组合（安德鲁斯，2014），如克拉克（Cloke）将乡村性（rurality）定义为乡村的社会文化构建、自然环境和现实生活体验（盖伦特等，2015）。乡村居民才是创造和管理乡村景观的最主要角色（闫琳，2010）。1993 年，在英国政府机构——乡村委员会（The Countryside Commission）的推动下，景观特征评估（landscape character assessment，LCA）作为景观评价和管理的新工具得以推广。1996 年，乡村委员会和英国自然保护署共同完成了《英格兰特征地图》（*The character of England map*）。1999年，乡村管理局（The Countryside Agency）通过与地方政府、土地所有者和其他公共机构的合作，为乡村景观保护和休闲功能的开发提供咨询服务（李建军，2017）。2002 年，英国政府建立了环境、粮食和乡村事务部（DEFRA），其职权涉及气候变化与能源、可持续消费与生产、可持续乡村社区以及可持续耕地与食品等乡村事务。乡村事务局可以通过制定景观特征评估导则，借助照片、地图以及定性描述，为乡村景观的规划与设计提供坚实而全面的依据（陈倩，2009）。英国学者采用历史景观特征评估方法（historic landscape characterisation，HLC）分析景观演进的时空变化（图 1-5）。依据景观形成或存在时期划分区域，评估价值状态并提出保护策略（Fairclough et al.，2016）。康沃尔县的历史景观特征解读就是该方法的早期实践，通过识别每个区域重要元素的历史信息，归纳和重组形成景观特征分布，用以指导乡村历史景观保护（Herring，1998）。但该方法也受到历史资料和遥感影像的限制，其评估因子也需要结合实际情况进行调整（郭晓彤等，2021）。

景观评价	景观评估	景观特征评估
20世纪70年代早期	20世纪80年代中期	20世纪90年代中期
注重景观价值 要求客观流程 与其他地区比较景观价值 测量景观元素的量化特性	兼具客观与主观流程看 重景观调查、分类及评 价采纳不同团体的识别	注重景观特征区分特征描述 与决策制定依照不同尺度制 定潜力结合过去的景观描述 关注权益关系人的参与

图 1-5　景观特征评估的演进过程

英国的景观特征评估方法是目前较为完善的景观特征解读方法，采用主客结合的方式，依据自然环境、文化社会和美学感知等因子划分景观单元，该方法能够综合描述景观特征及价值关联。2011年，英国各类乡村机构竞相引入"可持续性""治理""后生产主义"（post-productivism）和"乡村重建"（rural reconstruction）等政策话语，旨在为乡村自然景观和文化遗产的保护提供合法性论证（Scott et al.，2011）。此外，维多利亚学会、英国文化遗产基金会、村落遗产和修复运动盟友广泛支持的博物学家、考古学家和历史学家等建立起了强大的区域性、全国性乃至国际性的保护体系（图1-6）。以上这些政策举措注定会对乡村生活形塑和景观特征保护产生深刻影响。

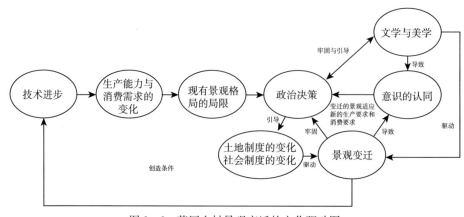

图 1-6　英国乡村景观变迁的文化驱动图

三、法国乡村景观保护

第二次世界大战后法国经历了"辉煌三十年"（1946—1975 年），即快速城镇化，造成了乡村的衰败和人口的流失。然而，经历了半个世纪的发展，法国政府通过遗产保护体系、乡村振兴政策的实施，使得法国乡村又得以复兴。法国工具方法的多样性是景观策略实施的保障。乡村遗产首次在法国法律文件中被提及是在 1930 年修订的《景观地保护法》中。而对乡村遗产的重视始于 20 世纪 60 年代，当时法国政府开始关注地方的发展。《马尔罗法》推动了 1964 年《遗产清单》的制定，地方政府获得了包括《地方城市规划》和《遗产保护规划》的规划权。历史建筑物的内涵也向乡村遗产拓展，为乡村遗产的保护奠定了基础（万婷婷，2019）。1994 年，法国文化部将乡村文化遗产拓展为乡村景观、风土建筑、特色物产与知识技术四个部分，奠定了乡村遗产保护的基调。

乡村遗产的保护框架与城市遗产隶属同一系统，通过不同遗产类型分类管理，除纳入历史纪念物保护体系的建筑遗产外，被称为"小乡村遗产"（petit patrimoine rural）的非保护类建筑（如马厩、洗衣房等），它的保护和修缮，主要通过地方政府的政策引导和多方支持来实现。如南部-比利牛斯大区（Midi-Pyrénées）以遗产旅游为依托的农宅更新资助项目，获选项目除获得资金和技术支持以外，达到既定标准还能获"法国会所"（Gîtesde France）称号，这有助于此类小乡村遗产的保护和更新。地方政府还负责地方乡土遗产保护文件的起草（如《乡土建筑维修设计导则》），同时推动当地居民参与打造生态博物馆，发挥居民的积极性（万婷婷，2019）。

在国家层面上，"艺术与历史村落"标签具有广泛影响力。标签最早在 1985 年由法国文化部设立，目标是以国家和地方政府合作的方式促进地方历史和传统生活方式的传承（万婷婷，2019）。此外还有一些专门针对乡村遗产设立的标签。例如，经济部的"活态遗产传承企业"标签、环境与生态部的"景观复兴"标签和以旅游为目的的"大景观地"标签等。这些标签在维护和提升乡村历史文化遗产的品质基础上，旨在发展旅游经济和提高知名度。例如，"最美乡村协会""手工艺小镇协会"等，致力于促进传统手工业和旅游业发展。因此，这类标签的重要性主要体现在其以网络的形式促进遗产保护，并且相比"保护区"这种远离民众日常语境的精英化概念，其更加亲民和贴近生活。

四、日本文化与景观保护

(一)日本的乡村振兴

第二次世界大战以后,随着工业化的发展,日本农村年轻劳动力急剧流向城市,地区差距不断扩大,农村人口数量急剧下降,部分村落濒临消失。在严峻的现实之下,日本政府开始将农村发展纳入国家战略视野。日本的乡村振兴大致分为三个阶段,分别是 1956—1962 年、1963—1970 年末、1970 年末至今。

日本的乡村振兴战略尊重当地的自然环境,根据自身的现实情况有针对性地进行保护活动,并引导当地村民和外来游客共同加入保护的行列中。如 1979 年,平松守彦担任日本大分县知事之后,倡议实施 OVOP 战略,积极培育具有鲜明地域特色的农产品(如香菇等),形成了振兴农村经济的"大分模式"(平松守彦,1982)。"一村一品"运动使乡村获得发展活力,如 1981 年的《三岛町振兴计划》,倡导村民参与"生活工艺运动",改善村民关系,通过乡村文化活动保持乡村发展的独特性和延续性(松平彦,1985)。1980 年,日本政府依据"产地振兴法"拟定地方产业综合振兴对策,以促进地方产业发展。日本乡村振兴的成功经验给不同的国家提供了新的典范。2003 年,马拉维成为第一个引进"一村一品"项目的撒哈拉以南非洲国家。与此同时,2005 年,日本国际协力机构(JICA)开展了"基于项目制度建设和人力资源开发的一村一品马拉维"运动,派遣日本专家和青年志愿者(日本海外合作志愿者),积极帮助马拉维实施 OVOP 战略。此外,美国洛杉矶市在实施 OVOP 战略的同时,还专门设立了"一村一品"节。

(二)日本的文化景观

1. 日本文化景观发展脉络

20 世纪 50 年代,日本经历了战后复兴与经济增长,导致无序开发国土资源的现象随之产生。日本学者开始意识到调查现存民宅、街道、村落的必要性,并且遗迹保存成为当时学术界主流话题。1963 年开展的庄园遗迹保存运动可看作是文化景观保护制度制定之前的一项重要工作,同时也是农村地域景观保护运动的开端。1981—1986 年,历史学、考古学、地理学、民俗学等相关学科专家团队,针对宇佐八幡宫在丰后国时期所属的田染庄,展开了对大分县国东半岛村落遗迹详细分布的综合调查(惠谷浩子,2012),其中田染庄的小崎地区的农村景观于 2010 年被选定为重要文化的景观。

2. 文化景观实施和管理

《文部科学省组织令》明确指出,文化景观保存与活用由文化厅文化财部纪念物课进行管理。同时，日本国土交通省、农林水产省、环境省或水产厅、林野厅等有关部门也会与文化厅联合举办或推进相关项目。2006 年 7 月成立"全国文化景观地域联络协议会"，以担任理事的市町街的领导为中心进行信息交流，每年举行全国大会，以提出与保护制度相关的意见并提交文化厅。此外，部分文化景观所在的地区还成立了当地居民组织、NPO 团体、协议会、同好会等（汪民，2013）。

文化景观遗产应如何充分"活用"，是世界各国普遍关注的一个议题。日本 1992 年加入《保护世界文化和自然遗产国际公约》，2004 年加入《保护非物质文化遗产公约》，成为世界遗产公约缔结国。推行文化立国战略，着力培养全体国民的"文化自觉"意识，将文化振兴作为促进社会发展的切入点，充分发挥文化的独特性和创造性。除了在立法层面确定文化遗产"活用"制度之外，日本政府还积极制订并推出一系列与文化遗产"活用"有关的国家战略规划（贾金玺，2017）。在开发利用文化遗产时，日本各地政府还注重对地方生活形态的全方位复苏，以此激活人们的文化归属感与认同感。建立了以《文化财保护法》为核心的法规体系，形成政府主导、地方公共团体负责、公众积极参与和监督的实施管理机制（汪民，2013）。日本对历史街区的保护和调查形成了规范的程序和方法。这些历史街区多为乡村社区，反映了日本乡村建设的历史和演变特征。

3. 日本文化的景观保护的实施和文化景观的研究

1950 年，《文化财保护法》修订，文化厅文化财纪念物课设立了文化的景观部门。该法对于文化景观的定义为历经长久岁月，在特定地域内，人们为适应独特气候条件与土地利用方式，于日常生活中自然形成并延续至今的一种具有鲜明地域特色的景象。这种景象不仅深刻反映了人们的生活方式与作息习惯，还巧妙融入了当地的风土人情与自然特质，构成了一种独一无二的人文风貌。更为重要的是，这种文化景观具有世代传承的价值，是连接过去与未来的宝贵文化遗产。文化景观的保护有利于促进对地区文化的理解、文化深度评价、社区魅力的发掘与资源的活化（黄明泰，2009）。

在行政体制上，日本"重要文化景观保护制度"需由地方政府完成文化景观指定程序，再报给文化厅进行重要文化景观指定。由于涉及《景观法》和《文化财保护法》，在行政方面也随业务权责采取中央与地方分工执行的方式。被选定的重要文化景观主要由都道府县地方公共团体负责管理，或结合当地居民组织，如 NPO 团体等；但国家相关机构仍具有一定程度的管理权，主要有解除权、知情权、劝告权（汪民，2013）。

文化景观的研究方面，日本将未能延续的相关景观归入有形文化财或者纪念物。注重景观在现今时代的延续性，并突出了因与农林水产等产业有关联而形成的景观类型，如结合岛国特点，细化了港口、养殖筏、海苔网等景观地（汪民，2013）。20 世纪 30 年代，《都市计划法》中关于风致地区的规定在日本实行，乡土风景保护越来越受到关注（赤坂信，2005）。20 世纪 30~40 年代，"乡土风景"成为热门研究对象。上原敬二先生等受欧美自然保护、乡土保护等运动影响，提出"乡土造园"概念。

2012 年，在文化的景观研究集会上提出城市建筑史学不仅仅只是去证明和评价文化的景观，而且还要了解地域的文化景观何时、为何、怎样形成固有的文化景观。

（三）日本文化遗产"活用"

《文化财保护法》这项立法对世界范围内的非物质文化遗产保护产生了重大影响（巴莫曲布嫫，2008）。1954 年，"民俗资料"从原来的有形文化财中分离出来（孙洁，2014）。1975 年，"民俗资料"改名为"民俗文化财"，并对"有形民俗文化财"及"无形民俗文化财"实行国家级指定。有形文化财包括在日本历史上、艺术上以及学术上具有很高价值的建造物、工艺品、墨迹、典籍、考古资料等有形的文化产出物。而无形文化财的主要载体为人，因此两者的保护措施有很大差别。人权是日本国宪法规定的国民基本权利，对于人权的尊重就不可避免地被纳入了无形文化遗产的保护制度中，并与有形文化遗产的保护方式逐渐产生了一些区别。

日本人的"民俗宗教"生活具有多元、复合的特点。20 世纪 50 年代，日本在构建其文化遗产保护法治体系的过程中，对民间信仰或民俗宗教没有设定任何限制或障碍。在日本《文化遗产保护法》的"民俗资料"（1954 年）、"民俗文化遗产"（1975 年）等文化遗产的分类范畴中，先后设置了若干和民间信仰有关的细目（周超，2008）。如 1954 年，日本政府公示的《应该采取措施予以记录的无形民俗资料的指定基准》里，"信仰方面"包括了祭祀、祖先信仰、天神信仰等，"民俗艺能"范畴内包括了"祭祀仪式"。

在对有形文化财的调查、记录与传承方面，《文化财保护法》第 55 条规定，在一些特殊情况下还可以进行实地调查。对于重要的无形文化财，在调查之外，还特别强调了记录的重要性和传承者培养的重要性。国家对于重要无形文化财的保持者、保持团体或者地方公共团体的保存活动也给予部分经济支持。此外，无形文化财的数据化和国立剧场的传承人培养研修计划也是日本政府推动的项目，通过积极给传承人创造练习和展示技艺的场所和机会来助力无形文化财的继承（濑田史彦，2013）。而对于单次无形文化遗产的展示，在其一次呈现结束后，只要传承人还在世，并且健康状况与技艺水平等没有太大变化，是有可能再次呈现的，甚至有可能反复呈现（赵润，2022）（图1-7）。

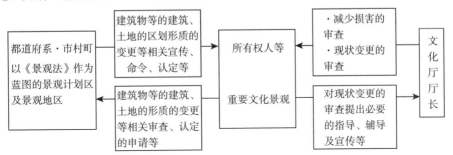

图1-7 日本《文化财保护法》及《景观法》在重要文化景观保护方面的相关机制

日本政府将文化遗产作为重要的地区观光资源，并灵活运用。2013年，日本政府推出"日本遗产（Japan heritage）"，相比过去文化遗产行政工作重视"保存"，"日本遗产"制度将零散的遗产有效融合成"面"进行"活用"，注重对捆绑化的文化遗产群进行统一宣传。2016年4月，日本政府制定了《文化财活用·理解促进战略计划2020》，为文化遗产的"活用"提供了制度保障和政策依据（贾金玺，2017）。日本在历史的长河中保存了大量文化遗产，通过旅游观光的方式保护文化遗产，间接解决日本地域活力问题。

综上所述，日本政府是将有形、无形、民俗、史迹等文化遗产串联，实现文化遗产的"活用"。一方面无形文化遗产保有者团体在"活用"上积极努力，另一方面经国家认定成为"人间国宝"的非物质文化遗产传承人，负有保护和传承该无形文化遗产的责任，且应把自己的手艺传授于人（贾金玺，2017）。日本是亚洲地区开展乡村旅游较早的国家，一开始借鉴欧洲国家的先进经验，制定一系列景观规划法案。后为实现观光立国的长远目标，日本政府广泛收集和听取使用者的实际反馈，捕捉游客需求的变化，顺应其期待，为实现文化遗产"活化"的长远目标而努力。

本章小结

景观起源于乡村，其含义发生了从视觉空间到具有文化意义的转变，"景观"起初是由人类对所涉猎的乡村土地的认知而产生的语言词义，随后被引入文化地理学、现象学、景观人类学等学科领域中。关于景象的感知方面，视觉感知对于研究景观的复杂文化含义尤为适用，地方感是人以地方为中介产生的一种特殊的情感体验。通过利用感受和感知乡村经验的方式，研究乡村行动者在乡村中的实践和表现对乡村性的影响。在中西方景观审美方面，对于西方文化，"诗性"是精神、气氛、场所感，中国道家提倡的"天人合一"的哲学观念能够让人在自然美景中感受到安静平和与自我认知，即中国文化所认为的"诗意"。

景观特征的定义不仅要基于现有的配置，包括其构成因素，还要调查驱动其变化的力量，这些力量可能对人们的福祉有利或不利，认识到这取决于地方的质量和感知方式。欧洲国家乡村景观价值解读可归纳为：①完善资源价值认知维度，为空间规划提供辅助视角；②文化景观视角下的资源认知将人类社群视为自然系统中的一环，更加关注人地关系的形成过程与演进方向，强调认知的整体性与关联性，建立动态连续的思考方式。此外，"全球乡村景观倡议"提出的将乡村景观作为遗产已在国际上形成共识，其价值特性包括以下几点：第一是可持续生产性，第二是文化性与社会性，第三是真实性、完整性和整体性。

从本章节案例中可以得出以下结论：全球对可持续发展的关切与对保护乡村景观的关切重叠，乡村景观的价值进入世界遗产领域，肯定了其中乡土的人与自然互动和隐含的文化含义，对景观的文化价值提炼和研究具有重要意义。景观的感知能否获得预期的良好效果，不仅取决于景观的自身价值，还取决于能否被视觉感知到和感知过程的适宜度，包括观赏距离和方位等。

第二章 乡村景观遗产发展与演变

第一节 乡村景观遗产发展趋势

一、整体保护的转向

（一）遗产保护运动正呈现整体保护趋势

遗产（heritage）一词最早主要是指父母传给子女的财物。到 20 世纪下半叶，官方文件、媒体和学术论著中开始使用世界遗产、文化遗产、自然遗产等词，拓展了遗产的内涵和外延，其中最著名的是 1972 年颁布的《保护世界文化和自然遗产公约》(*Convention Concerning the Protection of the World Cultural and Natural Heritage*)（陶伟，2001）。1975 年的《建筑遗产欧洲宪章》中提到："任何都市规划与区域规划首要考虑的是整合性保存。"其重点亦拓展为"生态-经济-社会-文化"的整体生境维护（李畅，2016）。2005 年的《西安宣言》针对环境的复杂层次性提出了"整体环境"的概念，将"环境"的外延扩展到社会的维度（肯·泰勒等，2007）。区域化整体保护在遗产保护运动发展过程中，经历了从点（文物保护）到面状（历史街区的保护）与线状（廊道的保护）等的变化（周年兴等，2006）。此外，乡土景观保护的范围目标和方法向多元化发展，呈现区域化整体保护的趋势。

（二）遗产的视角：全球乡村景观倡议

联合国教育、科学及文化组织（以下称"联合国教科文组织"）承认全球许多乡村景观为文化遗产，并认为它们具有突出的普遍价值（Plieninger et al.，2006）。1962 年，联合国教科文组织确定了指导《世界遗产名录》（WHL）提名的两个概念，即保护景观的美丽和特征以及保护自然和乡村景观。这份被定义为社会福利来源的国际文件强调了农村景观和农业生产之间的联系。2002 年，联合国教科文组织确定了可持续性的重要性和管理计划对保护文化遗产的必要性，但没有为此目的提供任何模式、规则或具体定义。2005 年，联合国教科文组织世界遗产委员会，引入了完整性作为场地限定条件，负责评估遗产对文化遗产的适宜性（Stovel，2007）。

2011年，国际古迹遗址理事会国际风景园林师联合会、文化景观科学委员会发起"全球乡村景观倡议"（World Rural Landscape Initiative，WRLI），旨在对研究乡村文化遗产问题采取系统的方法指引，并对乡村景观研究方法、保护知识和操作路径等进行深入研究（莱奥内拉·斯卡佐西等，2018）。到2014年，联合国教科文组织已经承认16处乡村景观为文化遗产。2017年，批准通过了《关于乡村景观遗产的准则》（*Principles Concerning Rural Landscape as Heritage*，以下简称《准则》），《准则》把"乡村景观遗产"定义为包括乡土建筑、聚落、生产性景观、植被、文化知识、传统、习俗、当地社区身份及归属感的表达等内容（中国古迹遗址保护协会，2019）。从这一定义可以看出，乡村景观的形成演化深受聚落社群组织方式、信仰与农业生产内容等多要素的影响。从制定《关于古迹遗址保护和修复的威尼斯宪章（1964）》开始，到提出将乡村景观认定为遗产的倡议，国际上通过的多个文件都与乡村景观的文化价值相关。

（三）乡村景观的乡村性与整体的发展方式

乡村景观的乡村性与整体的发展方式在世界各地应用，如在20世纪初，伴随着工业化的快速发展，人们开始探索新的城镇体系与生活方式。英国社会活动家E.霍华德（E. Howard）第一次提出了"田园城市"的设想。1932年，美国建筑师F.L.赖特（F. L. Wright），于《正在消失的城市》一书中提出了"广亩城市"的纲要，认为城市应与周围的乡村结合在一起。20世纪40年代，法国乡村主义学派、地方主义运动等认为农村是最接近人与自然的和谐存在，是"最理想的人居环境"，并致力于捍卫农村的景观和生活方式。英国也从20世纪80年代开始进行保护乡村、建设乡村、享受乡村的行动。各地农村利用自身的乡村本色，结合整体的发展观念，对村落景观进行整体性规划，从而促进当地的可持续发展。

（四）国际社会关注历史文化村镇和乡土建筑遗产

20世纪60年代，国际社会开始对历史文化村镇和乡土建筑遗产的保护给予关注。1964年，第二届历史古迹建筑师及技师国际会议在威尼斯通过了《关于古迹遗址保护与修复的国际宪章》，其中的"乡村环境"使得人们将保护的目光投向了乡土建筑遗产（单霁翔，2008）。1975—1982年，国际古迹遗址理事会通过了一系列文件，包括《关于历史性小城镇保护的国际研讨会的决议》（1975）、《关于乡土建筑遗产的宪章》（1999）等，旨在促进乡土建筑的识别、研究、保存、维护等方面的国际合作，分享世界各国乡土建筑遗产的保护经验。这些反映了乡村遗产地方性与现代化、保护与发展之间的均衡程度。

与此相关的是，乡村遗产被认为是综合遗产的一部分，其中自然资源和文化资源被认为有利于促进"生态发展"而被保护（Pola，2019）。乡村遗产的概念已获得了新的关联，整合了它的多个组成部分：地貌（由居住在陆地上并利用其可用自然资源的人们雕琢了几个世纪），定居点（按照传统技术、材料和信念构建），产品（适应当地条件和需求），技术、工具和专有技术，设计逻辑和美学。因此，乡村遗产的概念扩展到了建筑遗产，将其从纪念碑和历史建筑扩展到了更丰富的价值范围。

二、无形文化遗产的延展

（一）无形文化遗产的发展

肯·泰勒在其研究中探讨了非物质文化遗产体现的对遗产无形价值态度的转变，而亚洲是表现最为突出的例子。1950年，日本在《文化财保护法》中将"遗产"的概念延伸到了无形的范围，在国际社会得到响应（杨志刚，2001）。1977年，教科文组织首次将文化遗产分为有形文化遗产和无形文化遗产（张军，2005）。1979—1989年，联合国教科文组织通过《保护民间创作建议案》等文件，认为文化和社会特性的表达形式包括语言、文学、音乐、舞蹈、游戏、神话、礼仪、手工艺及其他艺术。与此同时，联合国教科文组织从20世纪70年代开始开展了大量的工作。为了收集、记录、研究非洲地区口头传承文化，在西非、南非、东非和中非各设置了研究中心，进一步展示了人类对正在逐渐消失的传统文化、语言和生活方式的重视。以上这些概念的细化与行动表明了对无形文化遗产的研究和保护不断深入。

（二）遗产"保存"到消费的"遗产"的延展

从早期的"保存"古迹，发展到结合商品化与消费的"遗产"概念的演进，呈现出历史"正确性"的过程。彼得·拉克汉姆认为，遗产是通过神话、意识形态、地方荣耀或市场营销手段而成的一种历史商品。遗产不再仅仅被理解为保护、修复和展示过去的选定古迹，还可进行遗产实践，如研究、评估、记录和唤醒过去或村庄传统，帮助个人、群体、国家和跨国社区发展和加强社会认同。而且遗产仍然与历史、艺术史、民族学、民俗学和其他（如知识、技能、记忆、经验等）相关联。

综上所述，世界遗产保护运动正呈现区域化整体保护的趋势，乡村遗产的概念已获得了新的关联，整合了它的多个组成部分，全球乡村景观倡议保护或守护应从经济、社会、文化和生态等进行整合性考虑，在保存理论方面，西方乡土建筑保存理论实现了从文物保护到整体保护的转变，同时在乡土建筑领域通过实践形成了一套适合当地的保存策略，包括它们的使用和升级。

第二节　乡村景观遗产相关类型

一、文化景观

（一）文化景观的内涵

文化景观（cultural landscape）一词最早是由德国地理学家 Ratzel 在其《人类地理学》《民族学》等著作中提出，但当时他更多的是倾向于历史景观。1925 年，Sauer 首次将 Ritter 的 Cultur land schaft 转入地理研究中，并将文化景观定义为被一个文化群体改变的自然景观。在 20 世纪波兰的学术研究中，文化景观并不等同于一个地区，还出现了一些与这一现象有关的其他术语，如文化环境或文化空间（Nowicka，2022）。北欧地区的文化景观一词主要用于指农业景观（Jones，2003）。文化景观形式的文化遗产对于捍卫国家政策和自由贸易协定等全球治理而言，正变得越来越重要。Sauer 从因子、媒介和形式角度来构建文化景观的概念，可见文化景观具有多个影响因子，是通过媒介结合形式所形成的。文化作为底蕴部分，经历了长时间的孕育，与自然景观结合，经过人为性的形式表达，从而促生出文化景观（图 2 - 1）。

（二）发展演变过程

1. 萌芽时期（1984—1987 年）

乡村景观作为世界遗产中的文化景观被提名和讨论，最初是于 1984 年在第八届世界遗产大会上。当时的《操作指南》并不能为以自然与文化结合为特点的乡村景观遗产提供一个合理的框架。1985 年，来自 ICOMOS 和 IUCN 以及世界遗产委员会的专家组建议在《操作指南》中新增对乡村景观的评判、管理、保护的段落，为成员国提供参考。该提议打破了 ICOMOS 和 IUCN 单独评判遗产的传统。1987 年，提出了一个乡村景观的提名地，以供对当时的《操作指南》进行讨论。

2. 检验阶段（1988—1991 年）

1986 和 1989 年，英国提名的湖区（Lake District）国家公园在世界文化遗产的评选过程中失败，这引发了世界遗产委员会对如何将有人类影响的地景纳进世界遗产中的思考（Aplin，2007）。1988 年，世界遗产委员会提出将乡村景观融入全球性研究中考察，明确这一特殊景观具有重要意义。1991 年修改后的《操作指南》将文化景观作为文化遗产中的亚类，参照文化遗产的 6 条标准。至此，文化景观作为一种世界遗产的亚类最终确立。

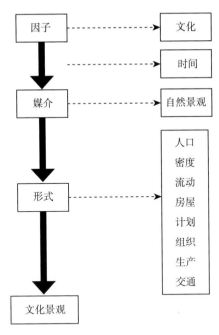

图 2-1　Sauer 文化景观构建概念

3. 完善时期（1992 年至今）

1992 年 10 月，在法国 Alsace 镇举行的世界遗产中心国际专家会议探讨如何将文化景观放进世界遗产的架构中。同年 12 月在美国 Santa Fe 所举行的世界遗产委员会第 16 届会议将文化景观定位为全球性策略，并且新增在《世界遗产公约》作业准则当中。

依据《世界遗产公约》和作业准则等相关规范，世界遗产文化景观的定义为：文化景观展现了人类社会在同时受到自然条件约束以及自然环境提供的机会影响下的长期演变过程，以及在连续不断的、内在与外在的社会、经济、文化力量影响下的长期演变过程。其形态包括：由人类有意设计和建筑的景观、有机演化的景观以及联想的文化景观等（图 2-2）。

（三）文化景观的研究

"文化景观"这一概念在景观生态学、文化地理学、人文生态学等学科中被广泛应用（周年兴等，2006）。作为世界遗产文化遗产亚类的一种，文化景观涵盖了多样性的物质景观和非物质景观，也包含了地域性、真实性与完整性等多个方面。其变化主要表现在聚落形式、土地利用类型和建筑等方面。莫妮卡·卢思戈（Mónica Luengo）从人地关系的视角概述了文化景观在当时及可见未来的热点议题（珍妮·列依等，2012）。肯·泰勒（Ken Taylor）和珍

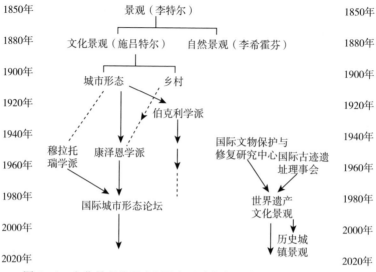

图 2-2 文化景观的学术领域发展脉络与遗产领域保护实践历程

妮·列依（Jane Lennon）进一步指出文化景观如何提高了人们对遗产地完整性的认识，强调了遗产地不再是孤立的岛屿，人、社会结构、景观和生态系统是相互依存的。人类是自然的一部分，凸显了紧密联系传统社区和自然遗址、保护文化和生物多样性的必要性（Taylork et al.，2011）。近几十年来，乡村的文化景观在提供服务功能的重要性上，相对于初级景观有了很大提高，涉及粮食和非粮食生产。此外，农业和林业系统不仅生产商品，而且提供环境和社会文化服务，这些都被称为生态系统服务。

人类学家、考古学家和文化地理学家通过探索替代的跨文化概念，越来越多地挑战西方对景观主观的、以人类为中心的理解，由此将景观视为"独特的文化理念"，这是一个与地点、身份和遗产概念密切相关的分析概念，Taylor在评价世界遗产的亚洲文化景观时，强调了中国在此应发挥主导作用。

综上所述，文化景观不仅展现了人类在自然条件约束下的长期演变过程，而且作为世界遗产文化遗产亚类，文化景观提高了人们对遗产完整性的认识。乡村景观体现了人、社会结构、景观和生态系统的相互依存关系，这是演进类文化景观的一部分，承载着丰富的生态文化智慧。应将乡村景观融入全球性研究中考察，明确这一特殊景观具有的重要意义。

二、全球重要农业文化遗产

1993 年，英国学者 Richard Prentice 在对遗产进行分类时，将农业文化遗产定义为"历史悠久、结构复杂的传统农业景观和农业耕作方式"（Prentice，1993）。2002 年，联合国粮食及农业组织（Food and Agriculture Organization of the United Nations，简称"FAO"）推出全球重要农业文化遗产系统（简称 GIAHS），旨在确保重要的传统农业做法得以继承。全球重要农业文化遗产系统最早源自欧洲学者对遗产地的分类，主要是指历史悠久、结构复杂的传统农业景观和独特的土地利用系统（Prentice，1993）。截至 2022 年 3 月底，全球共有 22 个国家的 62 个传统食物生产系统被 FAO 列入 GIAHS 保护名录（何思源等，2022）。全球重要农业文化遗产系统主要包括以下内容：粮食和生计安全，生物多样性和生态系统功能，知识系统和适应技术，文化、价值体系和社会组织，壮丽的景观与突出的土地、水资源管理等。

全球重要农业文化遗产系统的特征主要体现在以下三个方面。

（一）强调综合保护

GIAHS 强调对农业生物多样性、传统农业知识、农业技术和农业景观的综合保护，保护 GIAHS 不仅仅是保护一种传统，更重要的是为未来人类生存和发展提供机会。

（二）具有文化、价值体系和社会性

GIAHS 的传统农业、生态知识和衍生的传统技术是当地社会通过体验发展的，充分考虑了当地生产与公平性，可持续提供多种产品和服务，确保数百万穷人和小农户的粮食和生计安全。因此，GIAHS 承认农民为社区发展带来契机，并且见证劳动阶级在工作与生活环境中的努力脉络。它不仅是传统价值的体现，也联结着主流文化的历史、美学和艺术。

（三）实行动态性保护

GIAHS 一直面临着许多挑战，必须适应快速变化的环境和社会经济，适应脆弱的农业、环境政策、气候变化、经济和文化变迁的压力。动态保护与适应性管理是目前积极采取的方法。通过动态保护，可以维系生计架构和农业生态方法，探索和建立新的政治、社会和经济激励机制，加强家庭农业管理等，将农民定位为农业遗产的缔造者和守护者。

由此，许多国家面对农业文化遗产被破坏的危机，除了通过产销机制奖励农民持续使用原有生产模式，并将农民定位为生态和文化服务的供应者，还需着手从事各种农业生态的改善，包括使农产品多样化、提高当地资源的利用率、提高人力资本、对农村社区和农民家庭进行培训与赋能、提供进入公平市场的机会、提供信贷和增加收入的活动等。

三、GIAHS 与文化景观遗产

关于世界遗产的文化景观的确定和相关讨论，最初是 1984 年以乡村景观的形式被提出，如亚洲的梯田或欧洲的葡萄庄园，这些乡村景观具有重要的价值，但在世界遗产中没有相应位置。1986 年和 1989 年英国湖区两次世界遗产申报失败，显现出《欧洲风景公约》存在自然与文化割裂的问题。

农业文化遗产这一概念是更接近于国际上较为流行的"文化景观"或"乡村景观"的概念（孙业红等，2006）。首先 GIAHS 与文化景观都强调对生物多样性的保护，以及自然对与人类生活协同进化的适应性。事实上，已有被列为文化景观并同时被列入 GIAHS 保护名录，如菲律宾的伊富高稻作梯田系统、中国青田稻鱼共生系统。然而，GIAHS 和文化景观存在本质上的区别。文化景观强调遗产的地域性，将遗产项目所在地划定区域，控制或迁出影响和有损遗产的建设项目。而 GIAHS 则强调保护的是一种生产方式，对这些知识和技术的地域要求并不十分严格（闵庆文等，2009）。并且 GIAHS 比文化景观更具动态性，因为整个农业系统中必须有农民的参与才能构成农业文化遗产，而同时农业系统又是社会经济生活的一部分。GIAHS 从某种意义上体现了自然遗产、文化遗产和文化景观的特点，属于复合性遗产的类别（闵庆文等，2009）。无论是文化和自然，还是有形的和无形的遗产，均在世界各地出现不断融合的趋势。因此，维护与提倡 GIAHS 的概念有助于扩大遗产的范畴。

目前，已经被列入《世界遗产名录》的与农业文化有关的遗产项目包括菲律宾科迪勒拉山的水稻梯田（1995）、法国圣艾米利永的葡萄园（1999）、瑞典厄兰岛南部的农业景观（2000）、匈牙利托考伊葡萄酒产区的历史文化景观（2002）等。根据 Farina（2000）的研究，文化景观的很大一部分是异质农业区，其中的农作物种植和管理决策的制定主要基于土壤特征、小气候和经济便利性的相互作用。将农业用地视为文化景观，能够深刻阐释人类与土地之间的互动与塑造关系。人类社会和自然是塑造景观结构和驱动景观过程的两个主要动力，所有这些因素显然在创造景观方面发挥着重要作用。

"文化景观"和"全球重要农业文化遗产"的关联在学术研究范围内被广泛讨论。珍妮·列依将乡村景观并入文化景观，并提出乡村景观的保护需要社区居民的积极参与。特别是在世界范围内，各组织进行了一些国际研究，以分析"文化景观""全球重要农业文化遗产"与乡村景观之间的联系（Kwon，2001）。

文化景观概念应用于每一个乡村景观。乡村景观作为遗产的性质关系到所有乡村景观，无论是管理良好的、退化的，还是废弃的。在某些方面，提议的方法遵循了《欧洲风景公约》设想的景观理念，将其基本原则扩展到全世界，并将联合国教科文组织的文化景观概念应用于每一个农村景观。从土地资源可持续管理的角度来看，这种方法是有远见的遗产政策的一个创新和良好范例（Salerno，2018）。

此外，《欧洲风景公约》所包含的革命性思想与"文化景观"这个术语的内涵有关（麦琪·罗等，2007），在欧洲地区，与自然资源的智慧利用相关联的演进类景观，具有突出地位，占到其文化景观遗产总数的一半之多，充分体现了这一地区与自然地域和文化紧密关联的景观特征。其代表是分布于地中海、莱茵河、多瑙河沿岸具有典型欧洲风情的乡村、城镇聚落景观，山谷、河流、教堂、葡萄园往往是这些景观的欧洲符号。农场、牧场、渔场体现了欧洲多种农业经济景观（韩锋，2013）。

第三节　中国乡村景观的现状

一、社会学中的乡村空间

（一）乡土社会中的社会结构

自 20 世纪以来，以社会学方法为主的乡土调研开启了乡土中国的研究之路。自美国传教士明恩溥（Arthur H. Smith）的《中国乡村生活》（1899 年）一书肇始，众多中外学者试图从社会文化框架、土地制度、产业类型等要素构成来解读乡土聚落的"社会生态"。美国传教士葛学溥（Daniel H. Kulp）在《华南的乡村生活》（1925 年）一书中利用"家族主义"（familism）对潮州地区乡村社会制度进行科学描述是社会学研究的开端。费孝通先生在《乡土中国》（1947 年）中对"差序格局"的乡土政治伦理进行了阐述（费孝通，2012）。在社会结构与人际关系的研究方面，Alfred Radcliffe Brown（1999）在《论社会结构中》表述："社会关系网络的绵延构成了社会结构。"美国学者费正清从社会角度提出，中国乡村主要还是按家族组织起来的，其次才组成同一地区的邻里社会。对文化与伦理关系的研究，梁漱溟先生在《中国文化之要义》中指出，中国是"关系本位"的社会（梁淑漠，2005）。

1949 年以来，中国乡村社会结构发生了广泛而深刻的变化，至 2000 年前后乡村社会各领域均发生了显著的变化，有学者将其称为"千年未有之大变局"（张青，2019）。在社会结构与乡村景观结构关联方面，中国农村从 1949

年发展至今，乡村地域的聚落景观、产业结构、社会组织、文化意象等都发生了急剧变化（Long et al.，2016）。其大概经历了三个阶段：第一阶段是1949—1979年，农村支援城市发展，大量利用乡村资源、人才以及户籍二元制度来发展城市；第二阶段是1980—2000年，通过农村人才、土地、拆迁农村家园等支撑城市发展；第三阶段是2000年至今，城市开始反哺农村，通过取消农业税、土地确权等措施发展乡村。如今，中国正迈入经济社会深刻转型、城乡空间加速重构的新时期（杨忍等，2015）。因此，促进乡村和小城镇发展的举措反映了人类与自然环境之间随着时间推移而发展的关系，这种关系塑造了独特的文化、信仰体系、社会和空间组织等。

（二）乡村景观与宗教信仰特征

1. "内卷化"与"外舒化"文化特征

乡土文化萌生于传统的自给自足的自然经济土壤上，然而这种自然经济模式致使生计狭仄、生存浓缩、形成惯性思维等问题，进而导致"物质贫困—贫困文化—文化贫困"的循环"内卷化"发展。因此，反贫困及其发展干预使得"发展"成为一个格外被关注的问题（周怡，2002）。中国乡村文化跟随社会经济和政治形态的变迁，历史地演变成一种"内卷化"的文化。"内卷化"（involution）用来描述某一类文化模式时，也译为"过密化"，起源于1963年美国人类学家克利福德·格尔茨编著的《农业内卷化》一书。

克利福德·格尔茨提出"内卷化"模式并不排除发展，它仍按既定的方式在内部复杂精细地变化着，是一种"渐进的复杂性，即统一性内部的多样性"（刘世定等，2004）。新范式就是"内卷—外舒"机制框架，即"乡村政治精英的内部循环与普通村民的外部流动、乡村公共利益的内向配置与村民的外部收益、乡村社会的内生文化秩序与现代政治意识形态的外在强制"（蒋英州，2018）。为了破解乡村文化存续理论思考的困境，学术界对乡村文化建设尝试提出了不同的观点。丁成际（2014）阐述了在城市文化、现代文化的冲击下，乡村文化如何存续的问题。基于乡村文化本位思考，考察其现实特点，提出了"外舒化"的新概念。"外舒化"可描述为在主体自发状态下，由中心向边缘舒展，缓慢扩张而不断超越自我的一种方式，这是与"内卷化"完全相反的概念。

2. 宗族文化与民间信俗特征

宗族作为一种社会组织形态，在中国传统文化中占据着重要地位（徐晓佩，2017），其向来是理解中国传统社会的基本范式（朱霞等，2015）。血缘关系是宗族建立的条件和维系纽带（徐娜娜，2014）。同时宗族作为一种文化存在，围绕宗族观念，塑造了传统乡民关于家庭价值和行为方式的基本逻辑。例如，桂林毛氏宗亲召开宗亲会议，系统修订毛村族谱等事项，倡导恢复每年回村走亲访友、拜祀先祖的老传统，并以此入选第二批中国传统村落名录（孙程程，2020）。由此表明，宗族作为村落空间的文化内塑内容，集中于血缘、地缘、业缘的多样本土基因及文化内核。

对无形文化遗产的认识和保护在中国具有较早的历史和传统。近代，人类学、民族学、民俗学等新学科兴起，在记录口头及无形文化遗产方面作出了很大的贡献，客观上也对其传承起到了积极的作用。目前，国家已经构建起了非物质文化遗产保护传承体系，公布了《国家级非物质文化遗产代表性项目名录》，共1 372项，其中40项已被列入联合国教科文组织的《人类非物质文化遗产代表作名录》（孙华，2020）。例如，中国剪纸，作为无形文化遗产的重要保护对象，2000年已被中国文化部列为首批向联合国教科文组织申报的人类口头及无形遗产代表作。文化遗产保护中的非物质文化遗产，包括传统表演艺术、民俗活动和礼仪与节庆、传统手工艺技能、口头传统等。

民间信俗在中国传统文化中占有重要地位。其中，传统仪式可以规范农耕秩序，同时也可以形成凝聚力、感召力和向心力。罗伯特·芮德菲尔德的《农民社会与文化：人类学对文明的一种诠释》提出将社会文化区分为大小两个传统，民间信仰即宣告进入了代表乡民社会的小传统中，与作为大传统的儒、道、释文化有着本质上的区别。信仰是行为主体的高阶需求，是其价值方向及精神寄托（陈德峰，2004）。民间信俗是以无形为有形的活动，传统仪式在传承手工技艺方面，同样发挥着重要作用。出于娱神敬神的需要，许多传统仪式都伴随丰富的表演。如在江浙一带流传至今的仙居龙灯、板凳龙、卷地龙等，均与祀龙祈雨有关；流传在西南侗族地区的侗族傩戏，均与跳神驱鬼、避疫驱瘟有关。除祭神舞蹈外，许多传统仪式还伴有内容丰富的史诗、古歌等演唱活动。在纳西族东巴文化中，自然神又被称为"署神"，祭祀署神是东巴教祭祀仪式中最重要的一种（张军，2005）。以传统农耕信仰为例，在汉族地区有劝人农耕的"喊春"仪式、"鞭打春牛"仪式，哈尼族有"神山"祭祀仪式、"苦扎扎节"仪式，壮族、侗族等有预祝农业丰收的"开秧门"仪式，这些传统农耕信仰及其外在表现形式——传统节日与传统仪式，有助于规范农耕秩序（苑利等，2016）。

近年来，将传统仪式作为"地方名片"利用，地方政府通常的做法有两种：一是将已经纳入《国家级非物质文化遗产代表性项目名录》的遗产项目收归己有，作为地方文化品牌对外推广（苑利等，2022）。二是利用传统仪式对自然环境进行保护。如藏族、摩梭人的转山并非直接以保护自然环境或是保护神山阿尼玛卿或狮子山为目标，只是出于对这些神山背后的神灵的敬畏，不敢对自然环境做出造次举动，久而久之在客观上也就保护了当地的自然环境。

综上所述，在过去的两个世纪里，中国乡土景观发生的主要变化可以通过城乡辩证法与社会学方法来观察描述。宗族是一种传统社会组织形态，宗族文化作为中国乡土景观的文化内塑内容，也集中于基于血缘、地缘、业缘的多样本土基因。信仰文化经久沿袭形成了代际循从的传统与风俗，而信仰文化可以形成凝聚力、感召力和向心力，有助于乡土社会整合。

二、国内乡村景观的发展与转型

（一）乡村景观遗产发展历程

按照中华人民共和国成立以来乡村景观实践的独立性建设侧重、深度差异以及景观实践层次，可以将乡村景观实践发展大致划分为以下三个阶段。

1. 早期萌芽阶段（1949—1992 年）从"基础生产"到"规划意识"

1949—1952 年，中共中央和政务院采取了一系列鼓励乡村发展的措施，包含鼓励植树造林和兴修水利（瞿振元等，2006）。《一九五六年至一九六七年全国农业发展纲要（修正草案）》内容涉及兴修水利，绿化一切可能绿化的荒地荒山，改善居住条件等发展愿景。（杨惠雅，2022）。1979 年，国家多部委联合提出农村房屋建设是改善村容村貌的大事，还要搞好县、社的总体规划，把山、水、田、林、路、村统一安排，综合治理。大力提倡植树，保护居住环境（何兴华，2019）。这一时期乡村实践的典型特点：一是乡村景观实践未以独立的建设形式存在。二是建设内容以满足农业生产、基础设施建设以及乡村整体规划为目标和要求（杨惠雅，2022）。

2. 发轫推广阶段（1993—2015 年）"景观意识"的形成

20 世纪 90 年代以来，国家先后颁布了一系列村镇规划法规和技术标准，如《村庄和集镇规划建设管理条例》（1993）与《村镇规划编制办法（试行）》（2000）等，初步建立了我国村镇规划的技术标准体系（刘滨谊等，2005）。2005 年，《中共中央关于制定国民经济和社会发展第十一个五年规划的建议》提出按照生产发展、生活富裕、乡风文明、村容整洁、管理民主 5 个方面的目标要求，推进新农村建设（杨惠雅，2022）。在文化遗产保护方面，2005 年《国务院关于加强文化遗产保护的通知》明确了把保护优秀的乡土建筑等文化遗产作为城镇化发展战略的重要内容。同时，乡土建筑遗产如"皖南古村落""开平碉楼及村落""福建土楼"等相继被列入《世界遗产名录》。

进行多功能的"美丽乡村"景观实践是应对新型的城市化的一种方式。2013 年，"美丽乡村"创建活动在农业部的启动下正式开始，确立 1 100 个乡村为全国美丽乡村创建试点单位。《美丽乡村建设指南》（GB/T 32000—2015）制定了美丽乡村建设的量化评定标准，主要集中在村庄建设、生态环境、公共服务等领域。这一阶段都在"美丽乡村"政策指引下进行乡村景观实践（杨惠雅，2022）。2012 年，"生态文明"已变得越来越重要，成为当代中国环境政策的主要意识形态框架。该政策整合了环境保护、中国的农业传统和农村文化，以应对新型的城市化模式，2000 年海南省首先创建生态文明村。这一时期乡村实践的典型特点：一是乡村景观实践以独立的建设形式存在；二是国家和各级政府的重视使得乡村景观实践发轫（杨惠雅，2022）。

3. 深化阶段（2016—2022 年）**品质乡村景观实践**

这一阶段，人们开始关注原生态的村庄风貌和景观特色维护。2018 年《关于实施乡村振兴战略的意见》达成乡村人居环境显著改善，生态宜居的美丽乡村建设扎实推进的发展目标。相继出台了《农村人居环境整治三年行动方案》（2018 年）、《关于加强村庄规划促进乡村振兴的通知》（2019 年）。2021 年，《中共中央　国务院关于全面推进乡村振兴加快农业农村现代化的意见》明确了村庄规划要"保留乡村特色风貌""加强村庄风貌引导"。随后《中华人民共和国乡村振兴促进法》颁布。这一系列举措涉及乡村生产生活、自然生态和历史文化等方面，丰富了乡村景观的内涵（乔丹等，2019），并为农村地区的经济增长，提高社会包容性和环境可持续性做出贡献（王紫雯，2008）。在乡村景观研究方面，大批文化景观生态学家、地理学家、社会心理学家、哲学家等一起参与乡村景观研究，呈现出跨学科景观研究的新趋势（图 2-3）。

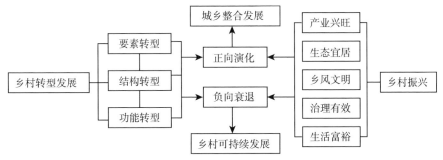

图 2-3　乡村转型发展与乡村振兴的逻辑关系

（资料来源：郭远智，刘彦随. 中国乡村发展进程与乡村振兴路径［J］. 地理学报，2021，76（06）：1408-1421.；图表制作：本研究整理制作）

在这个过程中，选址的科学性、文化性以及与农业景观的一致性至关重要（Pola，2019），其广泛地考虑了村庄与其特定自然环境之间的"共生"关系。如"美丽乡村""特色小镇"和"田园综合体"。强调了对当地仪式和活动的依赖，以及与村庄及其周围特定自然环境的联系。党的十九大召开之后，随着乡村振兴工作的展开，社群参与文化遗产保护的"自下而上"保护模式的优势日益突出，进一步肯定了社群对遗产地价值持续重构对乡村发展的重要作用，营造社区已经成为乡村振兴的重要手段。

这一时期乡村实践的典型特点：一是乡村景观实践以独立的建设形式存在。二是该阶段建设范围由原来的重"点"推进转为"由点及面"的片区开发，多从乡村本底的发展现状、区位条件、资源禀赋着手，建设内容不仅包括对空间格局、环境要素等进行优化升级，还包含了对特色文化（民风民俗、传统技艺）的挖掘和景观利用（杨惠雅，2022）。由此通过分类别、分层次的分析对乡村景观实践进行精准化和体系化的改造升级。

（二）乡土建筑遗产价值的认识

1. 乡土建筑研究

"乡土"这个词语来源于拉丁语，其意义为本土的或地域的。乡土建筑本身不仅仅是物质的实体，更是当地文化的一种载体，其中包含了自发性的建造以及设计，且与气候、文化、生活生产方式紧密相关（弗兰姆普敦，2004）。尽管过去乡土建筑的营造与现代生活以及生产之间存在错位，但其营造模式以及背后所反映出来的智慧仍具有强大的生命力（许建和等，2015）。根据国际古迹遗址理事会的说法，乡土建筑遗产在所有民族的情感和骄傲中占据着中心位置。它已经被认为是社会的一种特色和有吸引力的产品，看似非正式，但却井然有序。

乡土建筑研究早在18世纪就已开始。19世纪末，乡土建筑正式进入了学术视野。20世纪前后，乡土建筑作为一个学术门类，研究范式才真正被确定下来，总结起来大致可分为两种学术话语：第一种话语主要是对历史和乡土建筑遗产的文献编辑和整理；第二种话语强调在历史文脉中对乡土建造传统的研究（汪原，2008）。20世纪60年代末，许多开创性乡土建筑研究著作出版，极大地推动了乡土建筑的研究。西方乡土建筑研究中比较典型的方法为文化人类学、历史学、社会学等方法。1969年，拉波彼得的著作《文化与建筑形式》的出版，正式标志着乡土建筑研究在西方学问中成为一门学科（罗琳，1998）。因此，研究乡土建筑，结合建筑当地的自然与人文（仇粲华，2022），以及对形式特征的影响因素进行提炼，对于重新认识与阐释具有地方特色的乡土建筑具有重要意义。

欧洲的一些国家，尤其是一些意大利地区，历史乡村景观与乡村乡土建筑遗产的描绘工作是成功的。几个世纪以来，传统的知识和能力传递方式（非正式的、共享的、边做边学）已经巩固了一些标准的建筑解决方案，这些解决方案本身具有功能性，同时又与景观相协调。一方面，乡村乡土建筑遗产的文化价值，如同乡村景观一样，得到了充分认可，保护它与地方复兴相关联（Riguccio et al.，2015）。另一方面，如果农业和农村空间的多功能性得到充分解释，农业企业就拥有了赋予旧建筑新生命的可能性，如农场商店、旅游设施、农场博物馆等。历史悠久的乡土建筑在传达一个特定地区农业问题的根源、历史意义以及形成特殊的营销形象中发挥着重要作用。因此，应尽一切努力延长仍在使用的建筑遗产的功能寿命（通过使用强化、充分或转换），释放、解释和重新理解其所包含的文化内容，以启发和指导新建筑的设计。

2. 乡土建筑的完整性和真实性

原真性的概念最早起源于欧洲遗产保护领域。在其发展初期，主要受到欧洲三大保护流派的影响——法国学派、英国学派以及意大利学派。法国学派强调遗产的最佳状态是"原初"的状态，英国学派则认为"原真性"是对历史见证完整性的量化评价，意大利学派认为"原真性"是由客观决定的。这三种观念之间的争论与分歧，最终导致了"宪章"的诞生。1931 年，《关于历史性纪念物修复的雅典宪章》（*The Athens Charter for the Restoration of Historic Monuments*）颁布，正式确定了建筑遗产保护的国际基本原则，此后的国际保护理论研究、争论与共识均以"宪章""宣言""文件""建议""指南""公约"等国际文件的形式呈现。

在判断文化遗产的价值时，关于历史街区的"integrity"（完整性）和"authenticity"（真实性）是两个最重要的原则。文化遗产保护的国际宪章中最早使用这两个词语的是 1964 年的《威尼斯宪章》（国家文物局，2007），而国际宪章第一次对历史街区使用"authenticity"（真实性）一词则是在 20 余年后的 1987 年（国家文物局，2007），此后这两个词语反复出现在国际宪章中。

目前，国际上传统村落保护工作，已由建筑物、构筑物范畴转变为涵盖全部人居环境，即乡村景观（rural landscape）及其蕴含的多元景观文化范畴，如法国的 AVAP 体系、ICOMOS 的《关于历史城镇和城区维护与管理的瓦莱塔原则》等。基于乡村景观视角，国内外开展传统村落保护的最新研究主要集中于探索在村域内外生态、生产、生活系统演变进程中，如何持续维持地方性的土地利用格局（景观格局）、物质群体特征、景观视觉感知与综合文化价值，并借助三维数字模拟评价、景观格局指数计算、乡土原真性指标体系比对等技术手段（吴雷等，2022），来实现长期的、动态的保护与监管。

3. 乡土建筑遗产价值认识的发展与演变

（1）20世纪30—80年代，从民居研究到乡土建筑研究。

这一阶段，中国的乡土建筑研究伴随着营造学社的古建筑研究起步。学社创立之初以"整理国故，发扬民族建筑传统"为宗旨，其任务是"资料征集"，除了收集实物、图样、摄影、金石拓本、记载图志等资料以外，还需进行"远征搜集"，即田野考察。梁思成加入后，又进一步提出必须开展田野考察和古建筑测绘的建议（王贵祥，2016）。基于这样的工作任务，文献研究与田野调查二重印证法成为营造学社成员的主要研究方法。营造学社的研究工作也促进了古建筑的保护。此阶段，乡土建筑的保护工作也得到了推进。1935年颁布的《暂定古物之范围及种类大纲》已将书院、宅第等乡土建筑列为建筑物类古物保护的对象，这一时期古建筑的研究重点和修缮工作仅限于殿堂、坛庙、陵墓等规模宏大、历史久远的建筑，尚未涉及民居（李晶晶，2022）。1950年7月，中央人民政府政务院颁布了《中央人民政府政务院关于保护古文物建筑的指示》，文件显示了乡土建筑的历史价值，1961年公布"第一批全国重点文物保护单位"（李晶晶，2022）。1982年，国务院批准了《关于保护我国历史文化名城的请示》并公布了第一批历史文化名城，标志着保护界的关注点从文物建筑本体拓展到其周边的历史环境和风貌，同时建设和规划部门开始成为保护管理的执行主体（张伟明，2011）。学术界对民居保护的关注，从单体建筑向街区、片区、城镇、村落形式的乡土建筑群扩展，这标志着乡土建筑研究的深化。

（2）20世纪90年代，从乡土建筑保护到古村落保护。

20世纪90年代，随着关于乡土建筑、小聚落、历史性村镇的研究理论、保护思想不断涌入，更多学者开始关注乡土建筑。不同学者从自身的学术背景出发，使用多元的研究方法，拓展乡土建筑研究的深度和广度。清华大学的陈志华与楼庆西、李秋香引入社会学视角，组成了"乡土建筑研究组"。他们将乡土建筑当作一种动态的文化过程，主要关注乡土建筑与乡土社会中各类要素的相互关系，在一定历史发展阶段如何建造出了它的建筑，反过来建筑又如何影响了社会。这一研究视角，包含了建筑文化与建筑本体，以社会深层因素定义乡土建筑，给乡土建筑的社会价值带来了前所未有的关注。

此外，华南理工大学陆元鼎倡导运用"民系"的观念和方法研究民居（陆元鼎，2005），东南大学的朱光亚提出通过划分"地理文化圈"研究建筑谱系的方法。前者从移民路线、方言、习俗的角度切入，研究分布于各个地区的同一民系的居住模式；后者研究不同地域环境、文化影响下，各文化圈独特的建筑风貌和发展谱系。在两者的基础上，同济大学的常青（2013）进一步提出"以语言作为文化纽带"的风土建筑谱系。这些研究方法拓展了对乡土建筑社会价值的认知。由于对乡土建筑及与其伴生的有生命的文化形态的重视，以村落（聚落）为单元的整体保护逐渐被更多人接受（吕舟，1999）。尤其是1997年、2000年丽江古城、平遥古城和皖南古村落（西递村、宏村）先后被列入《世界遗产名录》，更加促使人们以整体的眼光看待乡土聚落。古城镇的申遗成功，推动了我国的乡土建筑保护开始以古村镇保护的形式展开（李晶晶，2022）。这一阶段，为乡土建筑保护从静态"文物"保护向"活态遗产"保护转变奠定了基础，实现了我国文物保护界对乡土建筑价值认识的一次全面提升。

（3）21世纪至今，从古村落保护到传统村落保护。

1999年，国际古迹遗址理事会在墨西哥通过《关于乡土建筑遗产的宪章》，后被引入中国。2002年新修订的《中华人民共和国文物保护法》中，突出了古村镇作为文物的历史价值。2003年，中华人民共和国住房和城乡建设部、国家文物局开始评选"中国历史文化名镇（村）"，评选的重要标准是乡土建筑数量、年代及文化价值（李晶晶，2022）。为更好地保护乡村遗产，住房和城乡建设部、国家文物局、文化和旅游部等部委相继推出了《中国历史文化名镇名村》、《中国传统村落》等保护名单。

比较名镇名村评价体系和传统村落评价体系（曹昌智等，2015）可以看出，两套评价体系具有一定的关联性。2006年，国务院公布了第六批全国重点文物保护单位，将127项历史文化村镇和乡土建筑遗产列为国家保护对象。2007年，《国务院关于开展第三次全国文物普查的通知》，要求各省、自治区、直辖市文物部门在第三次全国文物普查中做好乡土建筑遗产调查（单霁翔，2009）。2012年，我国发布了《关于加强传统村落保护和发展工作的指导意见》，突出了乡村遗产对国家的文化意识和增强文化信心，维护"中国文化的完整性和多样性"的关键作用。学者大多侧重于研究传统文化名镇名村的地域风貌、旅游开发利用、遗产价值以及保护政策，但在特征、类型、分布及驱动因素等方面的研究还不深入（赵勇等，2005；刘大均，2014；吴必虎等，2012；孙枫等，2017）。

综上所述，从20世纪90年代开始以聚落为单元整体研究乡土建筑，到

21世纪在文化遗产保护视野下研究乡土建筑价值的成果，都是我国文化遗产保护在国家政策的支持下取得了成果（李晶晶，2022）。研究应进一步在宏观尺度、空间分布、驱动因素等遗产价值以及保护政策等方面进行深度挖掘，广泛考虑乡土建筑与其特定自然环境之间的"共生"关系。此外，人们认可了乡村遗产的概念，从有形的价值扩展到无形的价值，从单一的对象扩展到多个，保证了研究对象的多样性。

本章小结

　　纵观西方乡土景观保护理论，可以发现其从文物保护到整体保护的转变。从乡村景观的角度解释文化景观、农业文化遗产概念，都强调对文化多样性、生物多样性的保护。对国内外研究和文件中出现的"文化景观""乡村文化遗产"及"全球重要农业文化遗产"等概念进行分析，各地区利用自身不同的条件和特点，确定具有可持续性的景观管理战略。从中国乡村发展来看，中国乡村社会结构发生了广泛而深刻的变化，如社会层级、文化框架、土地制度、产业类型等。作为本研究重要内容的宗族文化与信仰文化经久沿袭形成了代际循从的传统与风俗，传统仪式纳入非物质文化遗产，作为地方文化品牌对外推广，信仰文化可以形成凝聚力、感召力和向心力，有助于乡土社会整合。从中国来看，乡村遗产的概念已获得了新的关联，整合了它的多个组成部分：地貌定居点、产品、技术、工具，符合"建筑物-环境-景观"的建筑设计逻辑和美学。

　　从本章节案例中可以得出以下结论：世界遗产保护运动正呈现区域化整体保护的趋势，乡村景观遗产研究以人类在创造文化的过程中与环境的相互关系为对象，是研究文化与自然环境关系的学科。乡村遗产的研究应从有形的价值扩展到无形的价值，从单一的对象扩展到集合和景观、知识和信仰。面对乡村快速发展过程中日益突出的乡村环境问题，产生并逐步发展出了乡村景观遗产保存与发展。乡村景观遗产实践逐步实现由初期无景观意识的行为萌芽、有意识的景观行为发轫到体系化发展演进过程。研究中国乡村景观遗产应从中国社会、文化、环境与经济方面入手，开启对传统乡土聚落的保护与研究，这对于乡村振兴具有重要的借鉴意义。

第三章　多功能性的景观服务

第一节　遗产视野下的景观价值

一、景观的多功能性

（一）多功能农业景观的内涵

多功能性理念的引入为乡村景观重构提供了新的规划设计思路。该理念最早来源于1992年在里约召开的"环境与发展"地球峰会，之后被率先引入农业研究领域。1988年，欧盟公布的《农村社会的未来》（*The Future of Rural Society*）的文件中，"农业多功能"作为专业术语首次出现。它用于积极应对欧洲转型期农业生态环境发展面临的需求增长（卓友庆，2020）。而"多功能景观"在2000年丹麦罗斯基勒召开的多功能景观国际会议上首次被提出（Brandt，2003）。国外学者Sarah等（2010）认为多功能景观是将生态、生产与文化等功能共同整合到一个土地单元中，突出了多功能景观对于景观规划与管理的重要作用。Brandt（2003）从空间的角度将多功能景观定义为三个常见的类型：①具有不同功能的独立土地单元的空间组合；②同一土地单元在不同时间段上的不同功能；③同一土地在同一时间段上不同功能的组合。由此可见，在日益发展的人类社会生活中，景观的多功能性开发是必然趋势，多功能景观的研究也涉及各种类型景观，研究较多的比如农业景观等。

多功能农业景观的本质属性是景观尺度上农业多功能性的空间表征，与多功能农业在使用过程中经常容易出现混淆。然而，二者在概念内涵、研究内容、关注的焦点问题等方面均存在本质区别：多功能农业是一种农业经营模式，强调发展农业的多种功能性（彭建等，2014）；而多功能农业景观并非是一种新型的景观，它更侧重关注空间地域、人类历史文化活动、生产生活行为、景观格局及生态学过程等对农业多功能性的影响。例如，被列为世界重要农业文化遗产的云南红河哈尼梯田，具有保持水土、调节气候、保持生物多样性等多种景观功能（角媛梅等，2011），提供了多种农产品、资源、文化遗产等，因此它是我国西南地区具有代表性的、重要的多功能农业景观。

对农业景观进行跨学科的多功能评价研究是进入 21 世纪以来的一个重要研究热点（刘道玉，2020）。有关多功能农业景观的议题兼具研究的广度与深度，具有丰富的研究内涵，如多功能农业景观与景观可持续发展、农户可持续生计、生态文明建设、乡村振兴以及城乡协同发展等的关系。其中，可持续生计问题是可持续发展研究的重要主题（张宸嘉等，2018），可持续生计是实现农业及农业景观可持续发展的经济保障和有力支撑（图 3-1）。

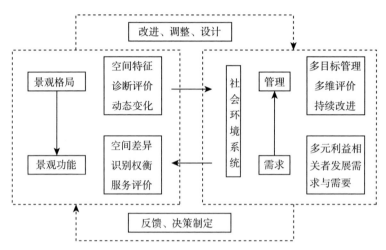

图 3-1　多功能农业景观新研究范式的概念框架图

（二）景观的可持续性特征

2000 年，在丹麦举行了主题为"多功能景观——景观研究和管理的跨学科方法"的会议，提出：可持续性所涉及的不仅仅是自然生态的，还包括文化与社会的概念（Naveh，2001）。可持续性通常与景观的多功能性相关（Selmanp，2008）。Carlo Rega 等认为多功能性作为探索景观与乡村发展相互关系的关键概念，也体现了整个乡村地区管理目标的范式转变。景观提供了一个"中介"，而好的空间规划则进一步促使相关利益群体和专家们在"景观营造"的过程中实现协作（Morrison et al.，2018）。例如，2019 年英国规划政策框架指出要认识到乡村的内在特征和美丽，以及自然资本和生态系统服务带来的更广泛利益与经济价值，从而实现自然和生活的改善与可持续。

目前，国内外学者对景观功能关系的研究主要依托于生态系统服务和农业景观多功能，从功能或服务的内涵、构成与分类等理论入手，如计算生态服务价值（肖笃宁等，2003），生产、生活和生态价值与产品服务（Willemen et al.，2010），综合表征景观结构和生态学（彭建等，2015）、景观功能空间不均衡性特征（Firbank et al.，2013）、景观功能间"权衡"和"协同"（Yang et al.，2015）。总之，景观功能的单一性向多元化转化了（Peng et al.，2015）。

综上，农业的多种功能已成为实现农业可持续发展的重要影响因素。农业景观本身兼具复杂性、多功能性和人地耦合性等多种特征，多功能农业景观是农业多功能性在景观尺度上的空间表征，多功能农业景观研究是地理学、生态学、管理学和经济学等多学科交叉的综合性研究。多功能农业景观的主要功用体现为确保在农业生产有序发展的同时，仍能提供生物多样性、田园风光、文化传承等多种非经济功能，促进农业可持续发展与人类福祉提升，这是推动农业可持续发展的必然途径。

二、农村景观作为跨部门（农业/遗产）方法

《国际古迹遗址理事会-国际风景园林师联合会文化景观科学委员会（ISCCL）乡村景观米兰宣言（2014 年）》的发布标志着国际古迹遗址理事会和国际风景园林师联合会（IFLA）认识到农村景观是遗产的重要组成部分。该文件认为农村景观是动态的生活系统，也是具有多种功能的资源，其中农业、林业和畜牧业都发挥着重要作用，并被赋予重要的文化意义（Bucaciuc et al.，2020）。就联合国教科文组织的农村遗址而言，将农村景观与食品质量和获得的产品联系起来可被视为一项战略措施。在世界范围内，经济合作与发展组织就分析农业生产与集体货物之间的联系进行了一些国家研究（Kwon，2001）。根据 Vollet 等（2008）的研究，一些象征性的景观元素可用于评估和推广用受保护原产地名称命名的产品。这一战略可应用于教科文组织的其他农业场所，以保护传统农业系统和历史生产技术。

文件指出，乡村景观的重要性植根于其历史特征。乡村景观经过数千年，成为了地球上人类和环境历史、生活方式和遗产的重要组成部分。生产活动在其中的重要作用也得到了认可。欧洲议会曾强调与旅游相关的农业景观的经济潜力，环境部门主要将此视为保护文化遗产的机会，但农业部门寻求与整个生活方式有关的文化的新合法性。1999—2003 年，这一趋势变得非常明显（Karoline Daugstad et al.，2006）。随着时间的推移，乡村的经济活动发生了变化——部分手工艺品不断演变（Bucaciuc et al.，2020）。在欧洲，多功能性明确地被描述为农业和农村空间的特征，这有助于防止许多农村历史景观逐渐过时，并为它们找到新的用途和功能，且在技术创新的帮助下更好地适应地方的独特特征。具有多功能性的农业景观为实现农村的可持续发展奠定了基础。

农村景观已经转变为跨部门管理合作（Janssen et al.，2017）。欧盟共同农业政策是通过关注其对农村景观的影响来考虑的，遗产专家对其未来实施的建议也进行了审查。该方法对应农业相对较新的多功能作用和农村景观的多维功能。事实上，乡村风景在继续支持生产活动的同时，也要提供环境和社会文化生态系统服务。反过来，乡村景观的"遗产地位"需要以一种新的方式来看待，如"历史的"或"传统的"，应该重新定义（Renes，2015）。这种遗产地位的承认旨在选择数量有限的优秀景观列入保护名单，但前沿研究倾向于将整个农村景观视为遗产"本身"，将其历史特征视为与其生活性质简单相关的一个方面。因此，所有乡村景观的管理策略应始终基于对其历史和文化层面的全面考虑，并通过跨部门方法将其与其他经济和环境层面相结合（Farina，2000）。

综上所述，乡村景观是一个具有广泛代表性的景观类别，其强调农业的功能性。与功能价值相比，目前乡村景观文化价值的重要性逐渐凸显。乡村景观的管理形式目前逐渐转为跨部门合作形式。乡村景观作为遗产，其新的价值既体现为新的历史维度，又体现为乡村空间和人们文化适应新的速度变化。

三、欧洲农业景观的影响

（一）欧盟共同农业政策与景观遗产

欧盟共同农业政策（Common Agricultural Policy，简称 CAP）出台以来，经历了多次改革，促进了欧盟农业农村的发展（刘武兵，2022）。1957 年，欧盟共同农业政策诞生于欧洲共同体签订的《罗马条约》，并于 1962 年正式确立。其主要目的是帮助欧洲共同体解决第二次世界大战后恢复生产所必需面对的粮食短缺问题（张鹏等，2022）。随着 1992 年在里约热内卢召开的"可持续发展问题世界首脑会议"对生物多样性、气候变化和荒漠化作出全球承诺，环境要素开始越来越多地进入欧盟共同农业政策体系之中。换言之，欧盟共同农业政策从最初的主要侧重于支持农业生产与收入提升逐渐发展为现阶段整合了环境保护要素的庞大政策体系。农业景观作为欧洲特色景观，其形态变迁与CAP 的推行密切相关。CAP 政策推行初期以提升农业供应能力为导向的措施，加速了农业集约化的进程，间接改变了欧洲乡村地区的经济、社会、环境格局（马红坤等，2019）。同时，社会各界对乡村景观的关注以及英国、法国、德国等主要国家针对环境和景观问题出台的政策也对欧洲景观政策的形成起到了促进作用。

欧盟共同农业政策对国家农业政策有着重要的影响。在 20 世纪 80 年代末，欧盟的农业政策转变为乡村政策，目标由提高"生产力"转为发展"可持续性"的乡村经济。2003 年，改革推动了新的多功能农业政策范式（Garnett et al.，2013），强调了农业生产的重要性（鲍梓婷，2020）。1999 年，欧洲理事会发起了主题为"欧洲，一个共同的遗产"的活动。活动形式多样，涉及摄影、音乐和欧洲传统手工业等。20 世纪 60 年代以来，欧盟定期修订的每份战略文件中都制定了一项共同农业政策。在每个农村发展方案中，至少有 30％的预算分配给了自愿有益于环境或气候的措施，包括对景观元素的修复、更新与干预，如建设田地边界、规划石墙等。此外，农村经济发展的联合行动方案还资助了各种涉及遗产、农业和旅游业的景观价值项目。

欧盟共同农业政策相关的关键目标与建议使地方遗产得以恢复。通过《欧盟共同农业政策（2023—2027）》（简称新 CAP）可以看出，新的共同农业政策深受《欧洲绿色协议》"2030 生物多样性战略"等政策的影响。在新 CAP中，共同农业政策围绕九个关键目标进行制定，其中与农业绿色发展相关的是气候变化行动、环境保护以及保护景观和生物多样性（张鹏等，2022）。2021年，·新的联合呼吁程序开始获得批准，提出了六项建议：①将 ELC 对景观的定义纳入联合呼吁程序；②向保护和管理景观的农民支付报酬；③承认农民作为农村景观主要管理者的作用；④鼓励全欧洲交流农业和文化遗产综合利用方法领域以及最佳利用联合呼吁程序等相关方案方面的最佳做法；⑤欧洲地方各级政府和机构之间的合作与对话，以制定和实现共同目标和方法，促进环境公益物的提供为目的；⑥促进各级公共政府和机构与主要利益相关方以及农业和遗产部门进一步对话。联合呼吁程序的应用已经对牧场和草地的恢复、乡土建筑遗产的恢复等产生了巨大的影响。

（二）农业与文化遗产的多功能性辩论

文化遗产和农业有什么联系？文化遗产管理者的角色如何与现行的农业系统联系起来？欧洲主要的四种景观中，有三种是农业景观（Karoline Daugstad et al.，2006）。Karoline Daugstad 等（2006）一致认为文化遗产可以被视为当地增值、贸易和农业发展的来源，《自然》杂志旨在通过关注欧洲独特的遗产，提高人们尤其是决策者对可持续发展重要性的认识。2001—2003 年，与农业景观有关的文化遗产的议题占一半内容。农业被视为一个单独影响景观的因素，且其影响被视为中性。多数文献指出，管理和保护景观遗产的重要性主要体现在两个方面：一是它们对于身份认同的显著价值，二是其蕴含的旅游经济潜力。简言之，农业景观不仅是文化遗产的重要组成部分更在塑造地方特色和促进旅游业发展方面发挥着不可忽视的作用（Karoline Daugstad et al.，

2006）。一个核心难题在于，如何恢复与再现传统建筑、手工艺以及富含历史体验的景观。按照 Palang 的说法，身份认同是文化遗产的核心，需要更多地聚焦于地域特色与风景风貌的保护和传承。由此可知，对于市场而言，由于农村非物质文化遗产资源的丰富性与复杂性，农业文化遗产可作为独特产品进入市场，从而实现销售目的，满足经济发展的需求。

农业多功能性超越了食品生产，还涵盖了农业文化景观、遗产保护、生物多样性维护、休闲活动提供以及农村社区发展和粮食安全等多方面价值。在讨论农业与文化遗产时，一个核心议题聚焦于农业对文化遗产的"主动与被动"影响。主动耕作是一种传统的农业经营模式，而商业性活动却是农村社区跳动的经济脉搏与鲜活的传统旅游名片，不仅承载着地方文化的精髓，更直接孕育出一系列共同商品。这些活动犹如一双巧手，细心呵护着古老的建筑物，让每一砖一瓦都诉说着岁月的故事；它们精心编织着农村的结构框架，确保每一道风景线都历久弥新；同时，它们还像一股温暖的春风，吹拂着农村习俗的薪火，让传统之花在社区中绚丽绽放。通过这些商业性活动，农村社区不仅实现了经济的繁荣，更让游客在体验中感受到了那份独特的乡土韵味与文化底蕴。民意调查结果显示，人们支持农民将农业作为生活方式，并建议建立类似国家公园的"农业公园"，以保护重要景观和农业结构，为公众提供休闲和体验的机会。

北欧部长理事会强调，农业的文化环境价值需通过活跃的农业文化活动来维持，并指出地方传统知识在资源利用中的不可或缺性。此外，北欧国家还认识到，文化景观和遗产是农村发展与增值的重要基石，具有吸引力的地区和景观能够提升生活质量，营造宜人的环境。因此，在传统旅游目的地之外，以乡村遗产为基础的旅游业正经历需求变化，自然和文化遗产正逐渐成为可持续旅游业发展的坚实基础。

（三）意大利农业景观表达

近两个世纪以来，意大利农业景观变化呈现连续性和差异性特点。在意大利，主要乡村景观仍然是农业景观，这是一种由人类有意识、系统地塑造的景观，如辛克特尔（利古里亚）、基安蒂酒（托斯卡纳）、朗赫（皮埃蒙特）等，这些景观被视为农业景观的最明显的表达。农业景观虽然以大量的生物成分——动物和植物为特征，但从某种意义上来说，它也被视为一种建筑景观。1845 年，经济学家卡洛·卡塔诺（Carlo Cattaneo）提到农业时，引用了德国术语中相应的"Ackerbau"（农田建筑），并指出农民是"Bauer"（建设者）。因此，意大利的农业和农业景观所表达的是一种社会结构，也是社会结构的一种产物（Stevens，2005）。

从 19 世纪末开始，意大利和欧洲其他地方的人类学家、地理学家和其他研究人员开始收集、记录和评估意大利境内的一些农业景观。如今农业景观已被世人广泛认可为极具整合价值的共同瑰宝。最近，两处意大利乡村农业景观入选联合国教科文组织发布的《世界遗产名录》。

综上所述，欧盟共同农业政策对国家农业政策产生了深远的积极影响，其重要性不容忽视。特别是联合呼吁程序措施的实施，在牧场与草地的生态恢复、乡土建筑遗产的精心保护等方面，发挥了举足轻重的巨大作用。农业多功能性超越了传统生产范畴，它被视为创造额外价值的宝库。这一理念尤其在欧洲得以彰显，这里地域虽相对有限，却蕴藏着丰富的文化多样性。通过充分利用农业多功能性，我们不仅能够塑造独具特色的景观，还能创造出珍贵的环境商品，有力推动农村地区的社会与经济可持续发展。更为可贵的是，良好的农业实践不仅孕育出优质产品，还极大地提升了环境舒适度，为旅游业的蓬勃发展注入了新活力。这一连串的积极效应，进一步吸引了当地投资，为地区的未来发展奠定了坚实基础，并开辟了广阔的重要发展机遇。

第二节　乡村景观的功能

一、乡村遗产与旅游

自 1960 年以来，遗产保护运动和规划控制之间的关联不断地增加。古迹保护组织已不仅仅是"对过去的留恋者"，而是代表了一种经济与社会发展的动力（蔡晴，2006）。到了 20 世纪 80 年代以后，随着旅游业大量兴起，文化遗产更成为世界各地区重要的生财工具。1999 年，国际古迹遗址理事会（ICOMOS）在墨西哥通过了《国际文化旅游宪章》，指出旅游纵横政治、经济、生物、物理、生态和美学的各个领域。欧盟委员会近期发布了一份关于可持续旅游业的深度报告，揭示了遗产与旅游业之间千丝万缕的联系与无限可能。报告不仅点明了这一趋势，还提出了一系列与健康、娱乐活动紧密相连的乡村文化旅游发展目标，为旅游业的未来描绘了一幅绚丽多彩的画卷。在这个全球化的时代，人们出于个人探索或商业交流的渴望，纷纷踏上前往异国他乡的旅程。而在这场全球迁徙中，文化遗产以其独特的魅力，成为了最引人注目的焦点之一，吸引着来自五湖四海的人们汇聚一堂，共同领略不同文化的独特韵味。以英国为例，查尔斯王子以其深厚的文化底蕴与前瞻性的视野，引领全国掀起了一股怀旧与复兴的热潮。在他的推动下，那些曾因经济衰退而沉寂的工厂，被巧妙地改造成了充满历史气息的旅游胜地，不仅焕发了新的生机，更成为了遗产旅游的新亮点。遗产旅游，这一特殊而富有意义的旅游形式，不仅承载着文化传承的重任，更在 19 世纪 80 年代西方世界经济结构调整的浪潮中，为那些生计发生巨变的地区提供了宝贵的就业机会，守护着每一片土地的文化特征。据统计，遗产旅游在全球范围内直接或间接地创造了数以万计的就业岗位，为当地经济注入了强劲的动力。

学术界对遗产、旅游经济及文化展开了深入讨论。乡村景观被赋予文化资产的重要地位，有重要的附加价值（Daugstad et al.，2006），遗产是一种特殊的财产，具有资源性，人们可以根据不同的需要进行开发、利用和交易。McCabe（2009）认为遗产是极具弹性的商品，其经济价值并非一成不变，而是需要运用更具延展性的经济工具来全面认知与挖掘。在讨论遗产的经济议题时，认为遗产的经济价值经常来自它的意识形态（McMorran，2008）。傅朝卿认为有效的经营管理计划是遗产能否发挥经济价值的关键。古迹的有效保存可吸引外资投入与观光客的停留（Boyer，1995）。

有学者认为，遗产提供了学习教育的机会，旅游通过叙事，将各个遗产的历史故事与传说传达给游客，增添想象的空间。例如，游客不仅能在实质环境方面获得体验，同时也可以了解历史、文化、艺术、美学等多元化知识；正如Ballesteros 等（2007）所认为的，每个社区都应该发展活跃和生活化的遗产，以提升居民的认知和文化复原力。UNESCO 通过国际政治的运作，宣传世界遗产的概念，世界遗产丰富的文化象征意义往往能让观光客迅速掌握到当地的基本特色（杨姗儒，2009）。观光专家不断试图制造新的聚焦对象，提供给从事符号搜集的游客，遗产通过国家与国际认证的符号系统，满足不同层次的观光客需求，成为观光产业的主轴（Apostolakis，2003）。由此可见，遗产不仅反映了已存在的文化结构，同时也是一种协商和表现的社会活动，通过遗产使文化的涵意更加多元与动态，使得遗产受到来自国际社会、地方政府、当地人、游客、观光业的高度重视。

旅游对当地社区的生活、生活方式和社会结构产生影响。Marks R（1996）认为旅游对古镇的影响具有正负两面性，同时也对社会文化造成冲击。李胎鸿（1986）认为旅游是相当复杂的社会现象，常对当地的环境造成相当深远的影响。因此，将旅游冲击分为经济冲击（economic impact）、实质环境或生态冲击（physicalor ecological impact）及社会文化冲击（social and cultural impact）三方面来探讨对当地环境可能产生的影响。旅游发展的正面影响是为当地带来大量外来游客，同时促进文化及生活习惯的交流，减少人口外流，维持较健全的社会结构。此外，促使文化受到重视，亦可能改变当地原有的社会制度。

学术界对如何在旅游发展和景观保护之间寻求平衡进行了讨论。根据Wager（1995）的观点，在严格保护自然、景观和农业特色，与合理开发联合国教科文组织认定的遗址以促进旅游、城市和农村发展之间实现平衡非常重要。此外，Garau（2015）总结了在农村和边缘地区的旅游发展和景观保护之间寻求平衡的重要性，还确定了战略行动，如应用新的信息通信技术，以加强文化资源的传播，促进文化资源合理规划。最近 Cerutti（2016）等，表明可持续旅游业可以支持当地经济，并有助于保护景观和文化遗产，特别是基于旅游业的农场和假日农场。因此，鼓励发展可持续的旅游活动是保护和保存农村世界遗产普遍价值的最佳实践。

观光景观的营造涉及一套复杂的生产过程。Urry（2002）在《观光客的凝视》一书中强调，观看是观光行为最核心的内容。"游客的凝视"以视觉体验作为主要形式，游客期待从观光旅游中得到异于日常生活的体验，如独一无二的地标或具有主题化的符号被用来引导观光客凝视（Crang，1998）。不过，在旅游产业快速全球化的今天，反思性的观光凝视成为重新塑造乡村与城市景观的重要力量。

农业文化遗产和旅游业之间存在增值的关系。联合国教科文组织通过"人与生物圈计划"（MAB），制定了保护生物多样性的综合办法。MAB 促进人类和自然科学在政策规划和发展中更多地发挥作用。例如，巴西的马塔大西洋生物圈保护区就鼓励生态旅游（Li et al.，2008）。正如教科文组织对世界生态旅游首脑会议的贡献所述，重视农业，将其作为增加旅游价值的资产。增值不仅限于对经济价值的贡献，例如瀑布或风景如画的农场（Karoline Daugstad et al.，2006）。文化遗产中的知识和传统是吸引人的非物质价值。以文字和插图的形式展示和谐、古老的文化遗产景观，这些是旅游产品的重要组成部分。挪威农业部门与旅游局合作，明确将农业景观遗产作为发展旅游业的基础，如参与景观管理是一个可能的增值元素。环保部门重视经济价值，但知识、历史洞察力、可持续发展等"软"价值在"附加值"概念中（Karoline Daugstad et al.，2006）。可以看出，世界各国或组织的文件明确了农业文化遗产和旅游业在增值方面的关系。

农业文化遗产为开启新的遗产经济机会提供了可能性。农业文化遗产可以满足人们对食品、传统、文化、卫生和娱乐的期望。GIAHS 的文化资源被定位为经济资源，可以在文化认同基础上产生地方的发展策略，从产品与文化身份中获取经济利益，维持传统，并在现有的农村空间继续担任 GIAHS 的管理者。这样，当地居民才能有更多意愿参与 GIAHS 保护工作，从旅游业的发展中获益，提高对 GIAHS 价值的认识及保护意识，有利于 GIAHS 的保护（闵庆文等，2009）。由于 GIAHS 的脆弱性和稀少性，GIAHS 的观光活动是一种小规模、低冲击的遗产观光形态（闵庆文等，2009）。旅游者通过消费当地食品表达对自然区域和传统生态的支持，从而达到共同维护遗产并使其成为旅游资源的策略，形成旅游产业链。此外，GIAHS 是一个多面的生活和生产遗产系统，有助于整合不同知识领域的学科，以此提升观光产品的遗产内涵。

二、乡村旅游的解决方案

（一）创意旅游

格雷·理查德指出创意旅游推动了旅游资源从有形资源（历史建筑、纪念物、海滩、山林）向无形资源（形象、符号、生活方式、故事叙事和媒介）的转变（Richards，2011）。创意旅游包括了自然景观型、观光农业型、乡村度假型、生态教育型和民俗节庆型等不同旅游形态（向勇，2019）。此外，创意旅游积极影响社区凝聚力和当地人的自信心和自豪感（Ivanova，2013）。Richards（2011）提出，在产品的全部潜力尚未开发的情况下，人们需要一个广阔的视角。创意旅游精心策划了一系列与目的地紧密相连的活动。根据Richards 所述，许多消费者厌倦了在不同的目的地遇到连续复制的文化，并正在寻找不同的体验（Richards et al.，2006）。

目前，游客越来越需要独特的体验。游客希望更积极地参与到目的地的文化活动中，并希望在度假时采用当地的某些方式生活。Ivanova（2013）认为任何与所参观的地方有关的文化活动，都需要游客积极参与，以发展其创造潜力，这被认为是一种创造性的经验。对于葡萄酒、橄榄油、面包和奶酪等产品来说，与之相关的历史文化景观、产品营销形象、传达产品身份的媒介以及基于主题的经济文化路线等都是创意旅游的重要组成部分。因此，推动创意旅游对农村社区的发展产生了积极影响。

在国际上，创意旅游的实践案例也是极其丰富的。如位于英国东北部盖特舍德（Gateshead）的北方天使雕塑，以及位于芬兰拉普兰德（Lapland）的北极圈博物馆等。此外，大型活动也往往被用于提高和巩固地区魅力，通常冠以"震撼推出""完美展示"和"引人入胜"等，如世界杯、全球文化论坛、欧洲文化主流展等（于开宁等，2004）。此外，英国的谢菲尔德通过一系列的主题活动来塑造"狂欢城市"的形象。创造性的经历不仅增强了记忆，而且增加了重游的意图。

（二）节庆旅游

1. 节庆定义

根据《牛津字典》，节庆（festival）一词源自拉丁文"festa"，是盛宴的意思，通常指一日或是一段时日的庆祝活动，特别是宗教庆典，如圣诞节。节庆也指安排的一系列文艺活动，特别是每年在相同地方所举行的音乐、戏剧、电影等活动，如维也纳新年音乐节。在我国，节庆则是融合了节日、节令与庆祝、欢乐的仪典活动。在日常用法上，节庆多半冠以节、日、周、季、会、展、祭、嘉年华、博览会等名称（吴郑重，2011）。学术界里，加拿大学者Getz归纳的节庆特性，包括：公开给大众参与、举办地点大致固定、具有特定主题和时间、经过事先计划、有组织运作与经费配合。由此，视节庆活动为一种特殊、刻意、有目的、可凸显某种社会或文化意义的典礼、展览、表演或庆典。

节庆的理念范型包含节庆的时空分布特性、多元样貌和丰富内涵。学者的研究中涉及各种节庆的分类方式。例如，国外学者O'Sullivan等（2002）依照节庆的参与人数、地理空间、主题、主办单位、经营组织和目的等，将节庆分为"乡土"（home grown）、"观光"和"大爆炸"（big bang）三大类。Smith（1998）等是将节庆分为本土民间宗教节庆、嘉年华节庆、商业节庆和生命共同体节庆四类。据统计，英国每年举办的节日在数量和价值上都在增长。1995年，英国旅游局在艺术文化节的旗帜下宣传了约1 000项文化活动，仅海外游客就额外支出1.5亿英镑。英国最大的节日之一在伦敦的诺丁山，在为期两天的活动中，接待了200多万游客。这样规模的艺术节在世界各地越来越普遍。

2. 节庆旅游的特点

节庆旅游是发展最快、人气最高的旅游分支之一。对现代社会的日常生活与节庆活动的形式和内涵进行厘清，需要了解现代社会的日常生活以及节庆与生活之间的相对关系。当代最早和最有系统地研究现代生活与节庆的学者，首推法国社会学家与马克思理论家Lefebvre，他对现代生活的探究主要是围绕现代性（modernity）和异化（alienation）所交织而成的日常生活批判。Lefebvre（1991）在《日常生活批判　卷一：导论》中指出，资本主义社会的现代生活已经变成一种由独特、优越和高度专业化的生产活动所主导，并融合了这些生产活动之余各类丰富多彩、别具特色的生活体验与追求的集合体。在多样性文化生活中，艺术家和游客作为参与者分享来自历史和传统、美食和饮料、音乐和舞蹈的特定文化观念。然而，激发存在主义的态度和创造那些独特而难忘的体验是非常重要的（Stankova et al.，2015）。节庆旅游的特征：其一，现代节庆往往混杂多种消费活动，包含旅游、民宿、餐饮等多项消费。这些节庆活动经常附带相关的销售商品，连妈祖绕境也发展出公仔、香包、T恤等多种纪念商品。其二，节庆活动中更是充满了各式各样的表演活动，包括乐团演奏、民俗技艺和各种体验示范等（吴郑重，2011）。

节庆是空间生产的一部分。Lefebvre（1991）在《空间的生产》中指出，不同的社会有不同的空间结构；空间不仅是社会关系的重要载体，更是进行资本主义生产与再生产的必要条件。可以用空间生产的三元辩证关系来加以理解，空间包括：①可感知的空间实践（the perceived spatial practice），即构成人类活动、行为和经验的空间物质形式，以及人们例行的空间行为；②构思的空间表述（the conceived representations of space），即形成空间背后的科学知识和意识形态；③表征性的生活空间（the lived spaces of representation），它是具有象征意义，能够具体展现社会生活面貌的典型空间，包含透过文学和艺术再现的空间符码。Lefebvre 深刻洞察了欧洲中世纪生活与节庆的韵律及深层含义，将其视为反思现代生活异化现象、探索节庆活动逆转力量的灵感源泉。Baudrillard 则在 1994 年以其独到的见解，将消费社会中的物我关联描绘为一个由拟仿物（simulacra）与模拟（simulation）交织而成的"超现实社会"图景——这是一个本源模糊、真实难觅的新时代，其中拟仿物本身即构成了新的真实维度。Lefebvre 在 2004 年的论述中进一步强调，节庆作为一种蕴藏着变革潜能的能量场，能够打破既有的时间与空间框架，营造出一种超越日常的非凡体验状态。而 Crang 于 1998 年提出，节庆地景（festivalscapes）作为可感知的空间实践、构思的空间表述与表征性的生活空间三者辩证互动的产物，不仅展现了节庆空间的独特魅力，更深刻映射了当代社会中节庆活动所承载的价值观念、实践模式及技术应用的丰富内涵。对于风景园林规划师而言，这些理论不仅提供了理解节庆空间深层意义的视角，也启发我们在设计中融入更多对传统文化、社会变迁及人类情感需求的考量，以创造出既连接过去又面向未来的、充满生命力的节庆空间景观。

地方节日的研究即评估其对经济发展和旅游吸引力的影响。Dwyer 等（2000）建议在评估活动时使用有形和无形指标，这些指标包括媒体影响、财政影响、社区发展、公民自豪感、活动产品和经济等。并且要考虑的经济影响是增加的游客数量、增加的游客支出及其停留时间、对政府的税收优惠、基础设施改善以及直接和间接创造的就业机会。但是没有进一步质疑这些如何促进当地经济发展。对小型地方节日的实证研究都指向经济利益，通常涉及短期影响和直接的有形结果，如增加就业机会、旅馆房间和商业收入。然而，正如Getz（2019）所指出的，研究人员应该持批评态度，应该把研究放在广泛的社会、经济和环境话语中讨论。因此，在考察节日对当地发展的贡献时，要在经济、物理环境、社会和文化等各个领域进行影响评估。

（三）社区观光

社区居民参与是理想性的观光发展模式。20 世纪 80 年代，社区旅游作为大众旅游的一种替代方式被引入。这一概念是生态旅游和扶贫旅游一起，用旅游业作为发展工具而产生的（Smith，2012）。基于社区的旅游，有利于当地社区积极参与旅游规划、保护文化和自然资源以及当地人和游客之间的互动（Goodwin et al.，2009）。Ballesteros 等（2007）认为，每个社区都应该发展活跃和生活化的遗产，以增加居民的认知和文化复原力（cultural resilience）。基于社区的旅游通常被理解为让社区参与旅游发展的规划和实施，并使当地人的利益最大化。游客期望的变化促进了社区旅游的发展，游客越来越希望能够让自己有更接近当地人的生活经历（MacCannell，1999）。

首先，社区旅游作为社会文化变迁的应变策略，伴随其出现了社区认同、族群意识与经济发展的论述角力（张育铨，2012）。居民对于旅游发展的形态与规模大小等重要议题仍无法掌控，参与式的旅游发展模式存在实务操作、社会结构以及文化规范方面的限制（Nyaupane et al.，2006）。大多数旅游的负面课题可以通过居民参与的方式来解决，参与的方式包括参与决策过程、探讨旅游冲击、分配社区利益、加强旅游教育（李素馨等，1999）。因此，随着对不同文化的摄入，以遗产与社区为主的永续旅游概念，将对社区旅游与遗产旅游进行整合。

其次，社区旅游利益是否使社区居民受惠，才是相对较能降低因旅游所产生的负面冲击的关键（张育铨，2012）。成功的社区旅游项目，游客和东道主具有平等的权利关系，但这种情况很少。创意旅游可以帮助平衡权利关系。例如，纳米比亚的工艺发展改变了游客和主人之间的权利关系。当地人不仅为游客服务，而且被视为游客的老师。

最后，Stronza（2001）认为基于社区的旅游可能会导致文化身份的丧失，"当地经济改善，主人开始像游客一样行动和思考，他们认为游客在各方面都更优越"。因此，考虑到创意旅游有助于平衡权利关系的论点，文化认同可以通过当地人将传统和文化发展成旅游产品来加强，从而增强社区感、自信心和自豪感。

综上，乡村景观被视为一种文化资产，是发展乡村旅游的基础，也是其重要的附加价值。创意旅游推动了旅游资源从有形资源向无形资源的转变。现代社会的日常生活与节庆活动要厘清现代节庆的形式与内涵。另外，节庆空间也是通过可感知的空间实践、构思的空间表述和表征性的生活空间的辩证关系所生产出来的节庆空间，并且成功的社区旅游项目使游客和东道主具有平等的权利关系。

第三节　文化规划与乡村景观的研究

一、文化规划的认知

（一）文化规划的意涵

1. 文化规划

从词源上来看，"文化"一词由"文"与"化"二字组成。《周易·贲卦·象传》中表述："观乎天文，以察时变；观乎人文，以化成天下，天下成其礼俗，乃圣人用贲之道也。"首次将"文化"作为一个概念提炼出来并做出专业解释的是英国著名人类学家爱德华·泰勒（E B Tylor）。他（1988）在《原始文化》一书中提到："文化包括知识、信仰、艺术、道德、法律、风俗以及人所具有的其他一切能力。"世界各国对文化的含义有不同的表达。在人类学领域，文化很早便成为了核心议题之一和重要概念工具。美国当代人类学学者杰里·D. 穆尔在其《人类学家的文化见解》一书中对英、法、美三国那些关注"文化的本质""个人与社会关系""文化何以交流"等问题的人类学家进行了系统梳理，从爱德华·泰勒、刘易斯·亨利·摩尔根、弗朗兹·博厄斯到阿尔弗雷德·克罗伯等，几乎囊括了 20 世纪所有重要的与文化相关的人类学家。

19 世纪 90 年代初在澳大利亚，提出一种以场所为基础的规划做法，以促进地方与区域文化的发展。文化规划被定义为在城乡及社区发展上进行策略性与整合性的文化资源规划与使用。可以是经济的，也可以是文化的。21 世纪，文化对规划领域有重要冲击，其实不只规划时需要文化要素的介入，文化本身也需要规划的支持。Williams（1965）对文化的界定强调社会历史的演化进程，文化应与社会结合起来，并先后经过几次研究扩充。文化规划不仅是对文化要素的规划，更是对人类文明进行合理性保护和传承。

2. 文化经济的转向

文化政策常被视为一个模糊的概念，有时被视为艺术政策（arts policy）。这些政策同样关注美学、感性与社会价值性的问题。澳大利亚政府（Hughson et al.，2001）于 1994 年率先提出的"创意之国"（Creative Nation）的文化政策，被认为启发了英国工党"创意产业"（Creative Industry），其中指出：文化政策就是经济政策。从澳大利亚、英国，到之后的加拿大、新西兰、美国、芬兰等，不同的国家纷纷提出类似的文化政策，经济因素俨然成为文化政策中最重要的部分。1998 年，联合国世界文化与发展委员会（UN World Commission on Culture and Development）于斯德哥尔摩的文化政策国际会议上，将文化政策视为发展策略的关键之一，鼓励创造力与促进文化生活的参与。

20 世纪人文地理学的三次转型使乡村地理学出现了明显转向，学者们也越来越意识到社会和文化因素在乡村景观中的重要性（珍妮·列依等，2012）。20 世纪 60—70 年代，文化对于资本主义变得日益重要，如"符号和景观逐渐充斥着社会生活"；"文化也逐渐意味着电影、形象、时尚、生活方式、促销、广告和通讯传媒"。20 世纪 70—80 年代，西方人文社会诸多学科领域发生了一次"文化转向"（cultural turn）。社会学家齐格蒙特·鲍曼将这次转向称为"社会科学的文化化"（culturalization）。历史学家西蒙·冈恩（2012）则认为文化转向囊括了"从意义构建到商品消费等各种形式的文化"，是一次"横扫整个人文科学领域"的更为广泛的运动。由文化理论所引发的文化转向，也为传统人文社会学科提供了新视角、新方法和新工具，产生了许多以"文化"为中心的新领域甚至新学科。这种受到流行文化符号价值和消费主义意识形态操控的消费状态被称为"消费受到官僚控制的恐怖状态"。人们由生产消费的积极主体沦为被工具操控的被动客体，日常生活变成一种高度异化的生存处境——一个零碎的生活整体。

（二）文化规划的方法

1. 作为以景观为中心的多学科方法

文化规划除了具有策略性、整合性外，还须具有回应性（responsive）与综合性的。Bianchini 等（1999）指出，规划与设计是一种艺术，它是一种文化生产的形式。文化规划与一般的艺术、媒体、古迹和休闲政策等并不相同，它从空间领域的角度对文化进行了一个较为宽泛的定义。其中的关键就是了解广泛的文化资源，如何能够对一个地方（不管是邻里、城镇还是区域）的产业经济、文化、社会及环境可持续性做出贡献。这不单单只是分析文化资源与政策的经济冲击，也要分析社会融合（social inclusion）、组织能力和创新潜力等。

英国城乡规划理论与实践的构建者 Patrick Geddes 认为城市规划的基石应根植于人类学（anthropology）、经济学与地理学的深厚土壤中，规划师不应只是个制图员。强调要把环境中复杂的历史、组成结构与记忆、价值与信仰以及人群特征等都整合到规划中。在景观方面，McHarg 是第一个倡导跨学科合作的人，引领这一领域超越了以往"狭隘视角与单一价值主导"的局限。McHarg 召集了一群来自地理、生物、社会和物理等不同学科的科学家，共同探索景观、环境与人类在自然生态过程中的相互作用，这一壮举不仅深化了我们对自然的社会性认知，更彰显了规划实践中的全面视角与深刻洞察。McHarg 和他同时代的人的社会导向视角反映了 20 世纪 60～70 年代世界范围内的社会变革。

在 McHarg 的理论基石之上，Steinitz（1968）进一步深化了环境设计领域的探索，聚焦于"物理形式与活动组织"之间的内在联系，这一洞见不仅拓宽了 McHarg 对景观的单一视角，还巧妙地将地理学、人文生态学、社会生态学以及规划与设计等多学科融入其中，为景观研究开辟了更为广阔的视野。Antrop（2005）则独树一帜地将感知评价为"自然与文化力量在环境中交织共生的动态体现"，强调了景观感知与景观偏好在景观识别中的核心地位。心理学家卡普兰对此进行了深入剖析，指出景观偏好植根于三大核心要素：一是熟悉度或经验积累，这与个体所处的地理环境、日常接触的自然环境息息相关；二是文化与种族的多样性，其中年龄差异及"亚文化"背景下的正式知识、专业技能亦扮演着重要角色；三是个人知识与经验的独特积淀。农业研究领域的学者 Deffontaines、Thenail 及 Baudry（1995）通过农场实例，生动展示了感知如何受知识与经验的影响而呈现出多样性——农场作为空间实体，在景观镶嵌中并非孤立存在，而是可能与周边农场共同构成多个景观单元的一部分。生态学家倾向于从景观的斑块镶嵌性、连通性和异质性等维度进行科学研究；而农学家则更多从农民的实际操作出发，将景观视为有序开展农业活动的场所（Alisan，2013）。综上所述，景观感知是一个高度个体化且多元的过程，它受到诸如职业背景、民族身份、年龄层次及家庭状况等多种因素的共同影响。作为风景园林规划师，我们需深刻理解这一复杂性，以更加包容和细腻的视角去设计、创造既能体现自然之美，又能与人们深层感知相契合的景观空间。

2. 作为一个迭代科学与设计过程

文化叠图（cultural mapping）是文化规划的基础，是可以界定文化规划特征的一种用于识别创意和文化资产，以及提高对文化创意资产与生态环境的认识和了解的工具。一般常利用地理信息系统（GIS）技术平台，来进行对文化资源质量现况、空间分布与群聚，以及发展课题的研析讨论（周志龙等，2013）。文化的可持续性强调通过文化叠图的方法对文化资源、记忆、意义进行识别和记录，收集有关文化资产的数据，对景观进行评估和研究，帮助公众参与表达。如西班牙的视觉评估方法则偏重景观自身特征，依据形态、质地、尺度和空间感等对乡村景观进行分类，并通过摄影记录和田野调查采集信息，识别具有强烈感知的景观要素，评估视觉景观的脆弱性。

　　在当代，土地使用、跨部门合作与规划管理工具的联结促成文化乡村的发展。文化规划就是对文化环境资源进行调查分析、"保存"与"活用"。从土地使用空间布局、分区管制到公共基础设施的完善布局，甚至乡村发展的激励机制与政策导向，都需要适应性调整乃至根本性革新。通过采取资产资源整合的优化策略，我们致力于激发并加速文化空间综合效能的释放，这一目标的实现，无疑呼唤着全新规划方案与配套工具的应运而生。Bianchini 等（1999）认为文化乡村应积极探索土地的高效集约与动态利用模式，将多元文化的融合、空间密度的优化、创新设计的融入以及原创精神的彰显，巧妙编织进邻里空间与公共领域的独特肌理之中。这一过程，实质上是通过对实体空间环境的策略性塑造，激发乡村独特意象的构想、故事叙事的编织与创意理念的涌现。作为风景园林规划师，我们深知，这不仅仅是对物理空间的塑造，更是对乡村文化灵魂的深度挖掘与生动展现，旨在通过我们的专业力量，引导并促进文化乡村走向更加繁荣、多元与可持续的未来。

　　在文化城市规划程序方面，最重要的是执行与推动对成果的追踪检讨反馈。Landry（2012）等相当重视地方发展与规划成果的检验，认为文化评估指标的建立以及对政策规划成果的检验，是文化规划必要的程序内容。特别是跨部门伙伴网络，在规划目标形成的过程中就要参与进来，不能等到执行方案推行时才来协商。文化规划的成败关键，除了以上的重点之外，另一个问题是文化网络组织的构建，以结合民间社区组织与政府力量，形成文化的伙伴关系，同时经营管理文化环境资产，发挥其应有的文化功能（周志龙等，2013）。

　　在文化规划的内容方面，乡村空间的社会生产（social production）凸显在地居民社会日常生活的乡村价值。艺术文化的发展在文化与规划融合上起到重要推动作用。文化事实上也就是指音乐、文学、绘画、雕刻、戏剧、电影等，有时候还包括哲学和历史等（Williams，1983）。而规划的目的就在于积累提升地方文化资产，也成了提升竞争力策略与产业活动的一部分。文化与社会发展的关系对社会科学产生了很大的影响，规划不能离开乡村的社会进程，必须将之整合到地方历史进程中，并对社会文化运动与价值予以支持与依循。地方文化资产存量与质量的提升，也是规划的重点所在（周志龙等，2013）。

　　在探讨生活方式的文化与规划之间的深刻联系时，Bianchini 等（2002）

指出，文化是指不同国家、社群和历史阶段所共同享有的一种生活方式、价值和意义，其核心在于对特定生活方式的珍视与持续发展。而空间的文化规划需要使平日被忽视甚至破坏的生态与文化资产与空间，重新在乡村的日常生活空间浮现出来，嵌入整合到民众日常生活空间中。规划不能离开生活，与特定生活方式的维护与发展紧密相连。即采取一种对"地方文化特殊性"极具"灵敏度（Sensitivity）"的规划手法。

二、乡村景观的多元驱动

（一）自然与文化驱动

1. 景观构成要素的文化维度

景观感知需要一个文化系统的方法。《欧洲景观公约》提出，景观本身就是一个文化的概念。学者 Alisan（2013）发现，影响文化感知的文化因素可分为以下八类：统一性、使用性、物理或非生物成分、自然性、景观随时间的发展、特殊组织、景观管理等（Kander et al.，2014）。人类是非常重要和特殊的景观组成部分。一方面，人类是景观的一部分，是一股强大的变革力量；另一方面，人类也必须被认为是感知的主体。就景观感知而言，往往强调视觉和审美两个方面。事实上，景观感知并不仅仅被认为是一种单纯的感官感知，而是一种文化感知。人类通过感官所捕捉到的每一处风景，都迅速转化为与经验、事件、类比、记忆、人等相关的文化阐述。

《关于乡村景观遗产的准则》指出，乡村景观的文化价值主要体现在演变过程中承载的历史文化信息和集体记忆上，为研究者提供了宝贵的线索。其要素既包含物质性的生产土地本身、聚落形态、传统建筑与构筑物、交通贸易网等，也包含非物质性的生活习俗、宗教信仰、神话传说、传统农业技术和实践知识等。在英国，"文化的"景观可以作为景观再生和恢复的积极因素，倡导和建立地方认同感，反映出另一种文化认同所产生的管理方式。在建筑方面尤其如此，因为建筑以一种特定的方式表现场所精神，社区的文化特征属于重要的精神领域，与生活的基本方面相关。因此，景观可以被看作是一个给定区域随着时间推移所呈现的可感知的形态，是其自然或文化环境成分相互作用的结果。这是一种与作为文化空间的物理空间的更复杂体验的关系。

2. 历史乡村景观的文化价值

现代与传统文化的链接，反映了传统文化和现代文化的融合。如位于美国南卡州阿什利河岸，占地 26.3 千米^2 的米德尔顿（middleton）种植园即属于历史设计景观，该种植园由米德尔顿家族在 1741 年建立，是美国最古老的自然种植园之一。目前，米德尔顿故居的老宅被作为历史博物馆使用，收藏了1741—1880 年米德尔顿家族的家具、绘画、图书、文档等资料（肖竞等，2018）。历史乡村景观的文化价值通过对历史构筑物的保护、恢复以及历史设计图纸资料的收集、展示来重现传统建造技术与审美价值取向。

近期在意大利的研究中，历史乡村景观的文化价值则代表着走向国家清单的第一步。它们在很大程度上是基于上述联合国教科文组织的指示和准则。一些国家和地区的历史乡村景观地图集和登记册已经制作完成，这是第一步。应该注意的是，每一个被挑选出来的景观不仅要根据其结构要素进行调查和评估，还要根据定义质量的标准进行调查和评估，如重要性、完整性和脆弱性。

（二）社会驱动

民众参与（citizen participation）蕴含着民主价值的展现以及公民权利的行使与争取（Morse，2009）。Veenstra（2002）指出，民众参与主要的功能在于展示社区发展之本质与理念，是永续社区发展的主要核心。以社区为基础的行动研究是一种指明地方产生行动取向的研究模式，具有自发性及创造性，其实行则有赖于规划者策略式与渐进式的协调。尤其是让居民成为完全参与者，融入研究的过程，协助他们了解自身情境，这能更有效地解决问题。民众参与，效果较显著的有英国社区建筑运动、美国西雅图邻里更新计划、韩国的新村运动、日本的造町运动等（王国恩等，2016）。因此，参与式设计是一个协力的冒险，从问题的界定到传播及行动，都需要研究者和参与者共享及协商。

乡土景观研究指出，延续景观的经济和社会价值有助于维持稳定的社会经济结构，增强地方认同感和归属感（黄昕珮，2008）。社区民众参与的目的在于给予民众表达意见及实际参与之机会，使社区民众能在社区营造的过程中亲身参与，并分享其成果。民众参与如果运作良好，应有下列功能：①可了解受计划影响居民的问题与需求；②通过参与过程中的责任分担与沟通协调，增加社造工作的可执行性；③由规划者与民众的互动，引发一连串社会学习的过程，进而发展具开创性的解决方案（Arnstein，1969）。由此表明乡村景观是联结地方社群关系的纽带，不仅与人们日常活动、地方社区习俗、公约法规紧密相关，而且有利于营造稳定的社会结构和经济秩序。

实行民众参与机制，进而推动形成共享治理模式。Putnam 等（1992）使用志愿服务、投票和其他公民参与方式的概念来创造"社会资本"这个词。"社会资本"已经被证明了是一种有效测量特定的地方人与人之间关系网络的方法，以及他们参与自下而上的设计和决策过程的意愿。因此，在决策过程中需全面了解利益相关者的诉求，只有当综合净收益为正时，景观经济模式才能积极演进。

在参与的层次方面，Arnstein（1969）依据公民对公共决策所能发挥影响力的程度，构建了公民参与的八个层次：①操纵式参与（manipulation），②补救式参与（therapy），③公告式参与（informing），④咨询式参与（consultation），⑤安抚式参与（placation），⑥伙伴式合作参与（partnership），⑦代表权式参与（delegated power），⑧公民控制式参与（citizen-control）。其中⑥～⑧归为"完全参与"的形式，而③～⑤可归为"象征式参与"。

在参与程度方面，Arnstein（1969）认为社区参与可以依公民影响公共决策制定的程度划分为：不参与、表面作用、公民权利；而 Hamdi 等（1999）则根据民众参与程度的不同将其分为五种类型：不参与、间接参与、咨询性参与、分控参与、全权控制性参与。构成式参与是指由社区民众自动自发组成的利益团体或社区组织，如社区发展协会或邻里组织，管控地方发展计划（Johnson，1984）。

在计划执行方面，Hamdi 等（1999）认为参与本身并不代表一切，它所强调的是发展计划的决定以及实现双方所共同期望的结果。对于保持居民参与的持续性而言，开放具有亲切感的场所无疑是最佳的方式（郑晃二，2002）。而 Hester 则认为环境设计不只是设计师的事，更应调整为多主体合伙的方式，从而协助社区居民明确自身真正的需求。

在社区参与推动经济发展方面，社区参与可让社区发展的权益相关者拥有更多的决策权，促进社区凝聚，使参与者认同发展目标，有效减少对立。社区旅游推动与发展的基础是实质性的互惠，在社区资源整合的过程中，将旅游利益与社区居民分享，才能激发社区居民参与社区事务的热情。社区培育也需社区学习机制的配合，构建"学习型社区"已成为社区营造的重要基础，学习型社区理论的发展融入了下列理念。

（1）社会学习理念中所强调的如何塑造一个具有相互学习气氛的环境，让参与者能凭借实际的社会行动来累积实用的规划知识（Friedmann，1987）。

（2）教育学理念中所强调之建置具开创性及反思性的理想学习社区，让社区营造的参与者，能有权利及能力去参与既有社区营造机制的设计与修改。

（3）参与式设计理念所强调的是环境设计专业者的角色与价值观之调整，以及让专业人员能以协力的方式，来协助社区居民明确其真正的需求。

除上述配套机制外，社区共识建立与冲突化解机制的运用也是必要的。共识建立机制强调通过社区小组会议、社区工作坊、交互式小组活动等，通过充分的沟通与协调，来凝聚对社会议题及执行方式的共识（Innes et al.，1999）。以适当的社区共识建立机制，以共同利益为基础，通过沟通、协商、调解等方式，来凝聚社区的共识。

综上所述，乡村景观作为一种复合景观，既具有自然特征，又具有文化特征。乡村景观也是联结地方社群关系的纽带。民众参与可让社区发展的权益相关者拥有更多的决策权，促进社区凝聚，使参与者认同发展目标。

三、文化系统论与可持续性视角

泰勒认为文化是"社会成员的人习得的"，可以看出文化具有整体性，包含了社会中的诸多方面。片面的认识或判断都不能准确反映出文化的价值和内涵。文化整体论认为，首先，构成社会整体的要素是综合的，既包括物质性的、有形的、可量化的资源，也包括非物质性的、无形的、难以量化的人力资源、观念、知识等；既包含人类社会环境，又包含自然生态环境；其次，要素之间是相互协调的，社会的自然生态、经济、成员结构、物质空间及生活理念都将相互影响，相互作用；最后，社会的发展是复杂而多元的，并非一蹴而就的、单一的、一元的（秦红增，2012）。越来越多的研究指出，文化是空间构成的要素，也是乡村发展的一个重要组成。场所则是由自然与人文遗产所形塑的，是民众价值与信仰的产物（黄丽坤，2015）。

（一）系统的概念

"系统"一词来源于古希腊语，通常解释为由部分构成整体。系统论作为一门科学的系统理论，是由生物学家贝塔朗菲所创立的。系统由要素或因子以某种结构在一定的边界或范围内，以一种方式或秩序构成一个整体（王诺，1994）。开放性系统与其所处环境相互影响、相互作用，无时无刻不在变化中，是开放的动态；乡村就是这样的一种开放性系统，一般情况下乡村在与周围自然、社会环境持续的互动过程中，逐渐发生变化，以稳定的、缓慢的状态进行演化。

从系统视角看，在人类社会中存在许多复杂的、不确定的、动态的、随机的现象和问题。系统论认为，一个复杂系统不能看作仅仅是很多很小的基本单元的简单组合（王诺，1994），即系统是由各单元或要素组成的，这些组成要素的变化会牵连其他相关要素协同演变，因而对系统的影响具有层级性和综合性；再者，系统由多个层次和等级构成，因而对这个系统的认识，采用不同的观察尺度将得到不同的结果（黄丽坤，2015）。用系统思维来看，乡村景观从根本上来说是由人类在自然环境中建造和组织的系统。不同的乡村之间，乡村与自然之间不断相互作用和影响，具有开放性、动态性。因而对乡村及其景观空间环境的研究和建设，需要借鉴擅长研究人类社会的人文社科理论和系统性的思维方法。

（二）文化系统的核心思维

系统思维是理解体验设计的潜在理论机制的一个有效视角。本节描述文化发展系统思维的核心概念以及它们与文化规划设计研究的关系。

1. 层次结构

层次结构理论提供了一个框架来看待和整合不同的尺度。层次结构包含三个维度，时间、空间和组织，它们通常被视为嵌套的层次结构。例如，原子组成分子，分子组成细胞，细胞组成器官，器官组成个体，个体组成种群，种群组成群落，群落组成生态系统。在村域范围内，按要素特征划分，乡村由物质空间要素、非物质要素和村民成员三部分组成。其中，物质空间要素从空间尺度上划分，可分为宏观聚落、中观组团和微观建筑三个层级。非物质要素包括社会经济关系和精神意识，其中社会经济关系是指生产方式、民间组织、人际关系、成员结构、价值理念、知识体系、文化习俗、信仰等。如在对宏村古村落空间的解析研究中，揭鸣浩（2006）总结出不同空间层级受文化意识形态影响，且呈现层级化特征，层级分别受到风水文化、宗族意识、私有观念和礼制思想的不同程度影响，即风水文化影响四个层级，宗族意识影响除整体空间外的三个层级，私有观念影响组团邻里和住宅单体，而礼制思想主要影响住宅单体。

文化景观的研究方法和技术相结合，如 Chrisman 利用 GIS 通过比较多层地图和空间数据的发展，记录了从小规模到跨尺度景观规划的历史转变。文化包括跨尺度影响和系统演化，以促进决策（Harmon，2008）。在资产界定与叠图技术分析上，文化叠图（cultural mapping）是文化规划的基础与界定文化规划特征的一种用于识别创意和文化资产，以及提高对文化创意资产与生态环境的认识和了解的工具（周志龙等，2013），一般常会利用地理信息系统（GIS）技术平台，来进行包括文化资源质量现状、空间分布与群聚和发展课题的研析讨论。

2. 适应性、弹性与互动性

Meadows 指出，弹性或适应性是衡量一个系统在面临扰动时能否存续并保持其核心结构的关键特性。在系统生态学的奠基之作中，Holling（1973）将弹性阐释为系统承受干扰而不至于陷入本质转变状态的耐受力。而当视角转向城乡系统，Deal 等（2018）强调，弹性往往是衡量城乡环境面对大规模冲击

（如灾害）或环境变化（如气候变化）时，其承受与适应能力的关键指标。深入理解所研究系统的复杂性和动态交互性，已成为在城市社会物理系统中规划并增强弹性的重大挑战之一（Norberg et al.，2008）的有力支持。

最近的学术研究提出了用各种方法来规划需要弹性的地方。为了抵消复杂性的挑战，Folke 等（2002）主张更好地"理解人与自然之间的复杂联系"。发展了一些基本原则来描述地方弹性规划的二分法：多样性和相互依赖、力量和灵活性、自主性和协作以及规划和适应性（Godschalk，2003）。为了使设计具有适应性，文化规划设计可以创造新的设计模型和变革性的学习过程来应对复杂系统的变化（Deal，et al.，2018）。

互动原是物理学概念，后社会学将其运用于解释社会学的现象，形成"社会互动论"。良性的互动是长期的、稳定的、积极的，保持此关系需要具备两个条件：①非对立的、共同或相似的价值理念；②有发生相互关系的必要性和可能性（黄丽坤，2015）。由以上可以看出，互动注重"动"，强调"发生作用或变化"，因此合作是基础，双方地位平等，具备合适的物质基础，为了同一目标而共同行动。在乡村内外之间展开良性的互动时，外部力量需要反思自身过度强势的状态和转变对乡村内部力量的理解且形成认同。

互动需要跨部门的合作介入，并且所形成的契机也是十分重要的。互动具有物质性，双方都是客观存在的。G. Baeker 和 G. Murry 在文献中指出，那些能够建立跨部门合作与决策的城乡，能不断运用文化资源来带动城乡发展。治理能力的建立必须依靠合作的制度，即一种网络的组织结构，来支持权利关系人不断参与学习，特别是跨部门的文化圆桌。文化规划的成功精髓，在诸多要素之外，尤为强调的是构建文化网络架构，这一经典理念旨在融合民间社区的活力与政府机构的支持，铸就文化合作的坚固桥梁，携手共绘乡村文化的未来蓝图，并精心管理文化环境与资产，确保其文化价值得以充分彰显。文化的空间维度，乃是特定文化社群或族群通过其组织网络与互动交织而成的，它不仅包含了文化活动所激发的集群效应与独特氛围，更是文化生命力的直观体现。对这一空间的规划策略，聚焦于通过精心设计的文化与自然环境融合，塑造文化制度的空间网络，搭建跨越界限的文化交流平台，促进文化创意的外部汲取与内部孵化，这已成为推动文化繁荣不可或缺的战略核心。以台北市的保安宫、孔庙周边历史街区为例，其成功转型为城市文化地标的关键，正是在于巧妙地编织了一张文化网络，实现了资源的有效整合与社区的广泛动员。进一步而言，文化空间的活化策略，在于不断创造参与机会，鼓励行动者之间的互动与学习，通过乡村社会的内在学习机制，培育出创作与学习的社群网络，促进创意的集群效应与身份认同的构建，从而构建出一个既富有生机又保持本土特色的创意乡村生态。风景园林规划师在此过程中，不仅是空间的设计者，更是文化生态的培育者，通过细腻的规划与巧妙的布局，让每一处文化空间都成为连接过去与未来，融合自然与人文的桥梁。

3. 自适应循环："内生因"和"外生因"

自适应循环不仅仅是理解弹性系统的动态过程的一个框架，它还阐明了贯穿所有阶段的创新机会。发展的核心动力是内部主体而非外部干预力量，因而关键要通过赋权来实现（秦红增，2012）。强调人的参与和人的发展需求，强调发展的公平性、持续性、和谐性和内源性。即这种发展是"以人为中心的"，它"从内部产生"，人是发展的动力，根据本身的特征和结构，寻找适应自己的发展方式。在乡村景观建设中，内部力量即乡村发展的内部动力，而外部力量则是其发展的推动和辅助条件（黄丽坤，2015）。

地方性文化变迁是一个自适应循环的过程。2005 年，联合国教科文组织大会通过《保护和促进文化表现形式多样性公约》，强调文化通过不断交流和互动得到滋养，尤其是少数民族和乡民的有形或无形的传统文化。部分人类学家引入新观念，进行设计发展出来介入活动，又担心其会影响部落社会而保持戒慎的态度。然而，Sahlins 认为族人以自己的文化在大环境中行动，而行动本身又与其他的文化范畴相互作用，产生新的意义，并再转到社会实践上，又成为一种文化面貌，而这种"具地方性文化的变迁"是持续不断地演变，也被认为是自发形成的，同时乡村及其整体环境具有地域适应性和本土特征（黄丽坤，2015），因而在乡村建设中，应因地制宜，有针对性地对该乡村对象采取不同的建设模式，避免一种模式的简单推广和普及。

"内生式发展"是乡村景观的自适应循环。"内生式发展"（endogenous development）这一概念最早出现在 1975 年，瑞典 Dag Hammarskjöld 财团在联合国大会关于"世界未来"的报告书中提出"发展从一个社会的内部来推动"。1975 年，在《另一种发展》的报告中，"内生发展"一词被正式提出（向延平，2013）。之后，欧洲学者们也不断丰富内生式发展的理论。一些提出者认为，内生式发展意味着能够将各种利益团体集合起来去追求符合本地意愿的战略规划以及资源分配机制。

20 世纪 80 年代，随着各学科学者研究的深入，内生发展理论的研究对象开始从"物"的发展转向"人"的发展。日本学者富永健一（1992）提出了"内生因"和"外生因"的自适应循环——代表了文化发展系统理论的弹性范式。发展的动力来自内因与外因。Cabus 构建了"全球—地方模型"，论证了内生式区域发展模式是区域经济发展的主要动力。Vander 等认为要构建一种能够平衡各方利益主体的组织，制定满足当地居民需求的规划蓝图和资源调控机制，推动当地人群参与，最终达到区域综合提升的目标。

从欧洲和日本农村的研究与实践来看，早期的研究实践过多地强调了地方的自主和权力，对外部的关联持有偏见，使得这种发展模式停留在一种"理想化"的阶段。联合国于 1977—1982 年进行了"社会文化条件、价值体系以及居民参与的动机和方式"的研究，以针对"各国社会实际和需要"开展多样化的内源式发展（鲁可荣，2009）。因此，应聚焦地方与其所在社会存在的动态联系，重视利用内部和外部市场、机构和网络。

（三）基于景观的可持续性的研究

可持续性发展就是满足当前社会需求，而不减损后代子孙满足其需求的能力（刘聪德，2008）。1992 年，《里约环境与发展宣言》（*Declaration of Rioon Environment and Development*）对可持续发展也提出了三维概念，即人类的可持续发展必须在环境保护、经济增长和社会发展这三个方面取得平衡。依此，环境保护、经济增长和社会发展三者不能各自独立规划、发展，涉及任一个方面的发展，必须考虑到其他两个方面所牵扯的问题（刘聪德，2008）。因此，为了保持农业景观的可持续性，必须确保环境管理和农业盈利的目标实现。

可持续发展理念已被普遍地用来描述人与环境之间一种长期和谐共生的理想状态。此理念揭示出，开发行为应在"人类需求""资源限制""环境承载量""跨世代公平"及"社会公平正义"之间寻求一个平衡点。随着可持续发展及生态设计等理念的推广，可持续性社区理念已成为当前重要的规划思潮。在"全球思考、地区行动"的潮流下，由于社区与居民生活息息相关，且为基层规划单位，以社区为行动单元及治理单位，来落实可持续发展理念，应为值得鼓励的做法，而可持续性社区理念的导入，也提供了一个指导国内社区营造的理论基础。目前国内外相关文献，有从可持续发展及社区规划角度切入的；有从绿色建筑及生态社区角度切入的；也有从环境共生角度切入的，如日本环境共生住宅推进协议会。值得说明的是，可持续性社区的定义应非固定不变的，其应随地区环境及社区需求的改变，不断地进行自我调整。

四、文化规划与乡村景观的系统思维相结合

以景观为中心的多学科科学强调了环境系统的空间变化。迭代设计将系统思维和创造性设计过程相结合，社区参与将社会、文化和经济维度与地质设计

的生态考虑相结合（Campagna，2014）。基于景观的可持续性将城市视为耦合的人类-环境系统，越来越强调时空异质性、多尺度的景观（Pickett et al.，1997）。Agnoletti 认为，以景观为基础的方法整合了环境、社会和经济因素，形成了一个地方可持续发展模式的新范式。这反映了在可持续发展研究中被广泛采用的人类-环境系统视角。Forman（2008）强调，景观是规划者、设计师、地理学家、生态学家、社会科学家和工程师的合作平台，以塑造土地，使自然和人类都能长期繁荣。Zonneveld（2000）使用这种方法将景观描述为生态、社会和经济因素之间的一套综合的动态关系。Cerreta 等（2016）指出，一个景观应该被认为基于社会和生态实践而不断变化。

在景观学的研究范畴内，诸多景观构成要素间错综复杂的相互作用，往往借助感知这一维度得以深入探讨。景观感知被视为一个融合个体体验与社会共识的多元层面，它不仅触及感官体验的直观领域，更是一个深植于文化脉络中的持续演进过程（Shama，1995）。这一过程在某种程度上成为揭示地域特色与地方身份认同的钥匙。故而，每一片景观的独特性，不仅体现在其土地使用功能上的实用性，更蕴含于历史积淀与文化内涵之中，这些特质从根本上源自景观所承载的生活方式本身（Steiner，2012）。人类社群在塑造环境、开发利用自然资源的过程中扮演着核心角色，这一事实凸显了社会文化观念在景观形成与发展中的不可或缺性。

文化发展的系统思维是探索人类与环境耦合系统中体验设计和景观建筑的潜在理论结构的一个有用的视角。综上所述，文化规划是一种程序性方法，通过研究不同系统在时间和空间上的相互关系，系统地分析、评估和改变景观。新的启发式框架不断发展，可以帮助我们理解复杂的、耦合的人类-环境系统中的景观文化学。

因此，提出了文化规划的关键方面，并将其与生态系统理论的适应性循环相结合，以发展一个概念框架。本研究基于农业景观的复杂性与本质属性、多学科理论与原理，以及当前我国农业发展背景与政策导向，针对多功能农业景观提出了"格局—功能—需求—管理"这一研究范式，并绘制了概念框架图。"格局—功能—需求—管理"的多功能农业景观研究范式具有四大模块，各模块相互影响、相互作用，连接景观生态系统与社会环境系统，形成了一个紧密联系的闭合体系（汤茜等，2020）。

综上所述，回顾现有的文献，以探索当前基于文化规划的研究如何定义和利用这个概念。更具体地说，如何系统地识别有影响力的文章，搜索基于文化规划的研究的理论起源和演变，并分析跨多个学科的文化规划的思想。确定了主题如：文化规划作为以景观为中心的多学科科学，并且是迭代设计过程；文化规划作为社区参与式规划工具，是基于以景观的可持续性为核心的思想探索过程。利用这些观点来帮助揭示乡村景观与文化规划的系统整体的基本理论结构，以建立一个新的乡村景观启发式框架。

本章小结

多功能性理念的引入为乡村景观重构提供了新的规划设计思路，多功能农业景观是农业多功能性在景观尺度上的空间表征，对其的研究是地理学、生态学、管理学和经济学等多学科交叉的综合性研究。乡村景观作为遗产的战略和政策必须与农业部门政策相结合。欧盟共同农业政策是通过关注其对农村景观的影响来考虑的，遗产专家对其未来实施的建议也进行了审查。其方法对应农业相对较新的多功能作用和农村景观的多维功能。乡村景观已经转变为跨部门管理。遗产价值是相对较新的，它既与对其历史维度的新强调密切相关，又与现代背景相连接。

农业景观是欧洲最具特色的景观特征。共同农业政策推行初期，以提升农业供应能力为导向的措施加速了农业集约化的进程，间接改变了欧洲乡村地区的经济、社会、环境格局。共同农业政策对国家农业政策有着重要的影响，联合呼吁程序措施的应用已经对牧场和草地的恢复、乡土建筑遗产的恢复等产生了巨大的影响。此外，农业文化遗产开启全球重要农业遗产 GIAHS 新的经济机会。

遗产旅游作为一种特殊类型的旅游活动，游客体验被"遗产化"为促进周边经济发展的一种手段，遗产提供了学习教育的机会，旅游通过叙事性，将各个遗产的历史故事与传说传达给游客，增添想象的空间；创意旅游推动了旅游资源从有形资源向无形资源的转换。节庆旅游经常附带相关的商品销售，更是充满了各式各样的表演活动，包括乐团演奏、民俗技艺和各种体验示范等。

从本章节案例中可以得出以下结论：联合国教科文组织的传统农业和农林景观的特点是低密度系统和土地管理活动，在系统服务方面提供高度的多功能性。农业景观同时也被当成是文化资产，被认为是发展乡村旅游的基本内容，乡村景观被认为是重要的附加价值，遗产不仅反映了已存在的文化结构，同时也可使文化的意涵更加多元与动态。这些因素使遗产受到来自国际社会、地方政府、当地人、观光客、观光业的高度重视。节庆旅游是发展最快、人气最高的旅游分支之一。节庆作为景观反映出当代社会中节庆的价值、实践和技术内涵。因此，在考察节日对当地发展的贡献时，要求在经济、物理环境、社会和文化等各个领域进行影响评估。

第四章 乡村景观的价值

第一节 研究设计

一、福建的五个地区

在进入乡村景观探讨之前，必须对乡村的空间转变与居民对空间的认知进行深入分析，以便构建具体的概念与象征载体，从而形成当地乡村文化景观的完整体系。在调查研究过程中，发现本研究案例的传统村落除阡陌交错的农田外，几乎都有历史性的传统民居、庙宇、在地深耕的历史文化与族群长期发展下的特殊民俗和文化活动。研究一般村落建筑，着重从聚落纹理或民居空间形式、营建技术、装饰艺术等角度去探讨，这样可能无法突显该族群的特殊空间价值，在具有强烈人文色彩故事性的背景下，以时间轴历史的横切面来看该区域的人与土地发展下的变迁，更能深入地了解福建地区乡村的景观特色与乡村遗产价值。

本研究所描述的乡村景观，蕴含非物质文化遗产的价值。非物质文化遗产依照联合国教科文组织的解释为"被各群体、团体，有时被个人视为其文化遗产的各种实践、表演、表现形式、知识和技能及其有关的工具、实物、工艺品和文化场所，而存在于口传、表演艺术、社会习俗、祭典、节庆活动、有关自然宇宙的知识与习俗、传统工艺等"。因此，在研究对象的选择上，既要选择一个地方文化与产业结合较为典型的村，又要选取一个文化遗产在重塑社区进程中社会生态效益较好的地方。

虽然假设了一个更广阔的视角，但本研究主要是以霞浦沙江、连城姑田与培田、安溪西坪与宁德屏南（闽浙木拱廊桥地带）等福建地区五个聚落为空间范围。在福建五个聚落我们可以看到：历史和传统农业形式的标志和长期影响。这也是观察国家和地方层面对农业景观和文化遗产影响的一个很好的角度。此外，研究架构在现今行政划分区域下，以现时的时空背景及环境的构成区域来探讨。

本研究中的乡村有以下传统村落共同点：地处边远山区，有独特的地域文化和多样社会形态，保存了原始的自然景观、传统知识与习俗；不同点：分别选取不同空间尺度的个案（单一建筑、街区、聚落、园区），借以讨论分析在不同的地理空间尺度下，如何通过乡村的私部门力量或公部门的文化空间政策，结合在地的历史环境脉络，发挥在地社区或社群的力量，善用当代社会的（空间）行为等，产生空间"综效"结果。

二、研究方法

文献回顾是一种间接观察社会现象的方法，可以有效地研究社会脉络及其变迁过程。本阶段搜集的文献资料内容主要包含两大类别：乡村景观相关文献、乡村文化遗产相关文献。乡村景观方面主要是搜集国际的期刊、国家或组织对乡村景观资产登记的相关资料、乡村景观相关出版物，以及从网络上搜集到的世界遗产文化景观相关资料、国内目前针对乡村景观或乡村文化遗产的调查报告等，以探讨国内外学者对乡村景观与乡村文化遗产的定义及相关论述，经由文献找出乡村景观与乡村文化遗产的脉络因子，作为第二阶段研究基础。在进行整理与吸取他人不同研究方向与论述下，建立本研究更全面的认知。

乡村文化遗产方面则搜集和传统村落相关的文献及村落脉络资料，主要是论文、国内聚落相关出版物、研究报告等，以探讨国内外学者对传统村落的定义及相关论述。并且搜集霞浦沙江、连城姑田与培田、安溪西坪与屏南（闽浙木拱廊桥地带）等五个区的地图、老照片等，以了解当时的景观环境与建筑物或构造物的特色，通过对不同年代照片进行比对，了解传统村落景观之变化。还可对国内现有传统村落保存相关研究背景进行研究，并将理论研究转换为实际可用的方法用于国内传统村落保存。

田野调查是一项实地进行调查的研究工作，为搜集原始第一手资料的主要方法，到现场观察与记录，并转换成研究分析之内容。本研究运用人类学的田野调查法，对福建乡村景观发展过程与现况做一全观式记录。基于文献引导观察的主题列表，白天，草草记下的笔记由图片支撑，当写笔记不合适或不可行时，用图片来表达——被用来在写野外笔记时触发记忆（Konu，2015）。2014—2021 年，我们搜集相关文献，包括媒体报道、规划书与成果报告、社区社团的会议记录等，整理出福建乡村景观发展关键人物与相关人员，逐一进行深度访谈，以了解他们对乡村景观的理解与想象，以及形塑过程之中的实际行为。此外，在连城培田、安溪西坪，参与者的观察是公开的，我以游客的身份向当地人和游客介绍自己是一名研究人员。因此，我有时会得到比"典型"游客更多的折扣或关注。同时，参加了逗留期间提供的所有活动，并与当地人进行了非正式的互动。

第二节　霞浦三沙滩涂文化景观的跨界复兴

一、概况

"文化景观"这一术语已经成为地理学中的一个基本概念。19世纪90年代由德国地理学家弗里德里希·拉采尔（F. Ratzel）正式定义为"被人类活动改变的景观"（Jones，2003）。随后，Sauer在1925年提出"文化景观是附加在自然景观上的人类活动形态，自然环境是人类文化活动的媒介。在此背景下，1992年，联合国教科文组织旗舰项目世界遗产文化景观诞生（韩锋，2010）。目前，亚洲文化景观已占总数的约1/4，具有巨大的发展潜力（韩锋，2013）。在世界遗产文化景观中，欧洲对自然资源的利用也有突出反映。奥地利的盐矿聚落与法国北部加来海峡的采矿盆地都记录和反映了在欧洲社会发展进程中利用自然资源的智慧和历史（韩锋，2013）。此外，社会生态生产景观（socio-ecological production landscapes）作为一种文化景观，其主要表现在农业生物多样性的保护、传统文化的保存以及乡村社区发展等相关议题中。

有学者认为，文化景观的发展与人类生活方式和机遇的改善可能带来的好处有关。景观通过媒体（如电影、电视、杂志、旅游书籍和广告）不断生产和再造旅游消费的目标，是一种"专业化的景观凝视"，并且影响大众前往旅游目的地旅行的方式（威廉斯等，2018）。景观的文化意义是"凝视"的景象（Elkins，1994），索尔的文化景观概念包含了文化作为促成景观结果生成的动因，对当地经济产生积极影响，有理论称住所不仅仅是一个存在的地方，而且是一个任务场景，一个相互关联的任务的集合，这些任务"通过运动而产生"。

（一）国内外滩涂分布现状与研究

从滩涂分布来看，海滩涂是海岸带的重要组成部分，呈环行连续分布于大陆边缘。目前，发达国家的滩涂利用主要有以下几种方式：①进行农用，建立规模化的农场，如荷兰围垦发展畜牧业；②在浅海滩涂自然保护区形成旅游景观，世界遗产中心网站这样介绍韩国滩涂：展示了地质多样性和生物多样性之间的联系，并证明了文化多样性和人类活动对自然环境的依赖。国外研究滩涂的文献主要集中在海岸带综合管理、海岸带海陆交互作用、滩涂生物技术、浅海滩涂自然保护及保护区建设、滩涂生态及生态开发模式和滩涂围垦水利工程（陈明宝，2011）上。滩涂海水养殖是渔业的产业之一，世界主要沿海国家也多有滩涂（湿地）海水养殖（陈明宝，2011）。我国有关沿海滩涂的研究并不少见，但是大部分研究是从生态学、工程学等自然科学的角度对其进行微观分析，而从人文社科的角度对沿海滩涂进行研究并不多见（王刚，2013）。学者研究表明，滩涂资源在我国荒山地、荒碱地、荒草地、荒坡地、荒滩地和荒沙地等六大后备土地资源开发利用中，经济价值最合理、投资最可行（刘贵杰等，2015）。整体而言，国外在沿海滩涂的研究上具有和国内相同的特点，其有关文化景观的研究尚不多见。

霞浦滩涂在 20 多年的发展中，以丰富的历史文化资源、山海交汇的地景形貌，在不同历史阶段的文化治理过程中，扮演不同的角色。本书从"文化景观"的角度切入，思考霞浦滩涂不同作用者各自扮演的角色、功能。在社会情境变动脉络下，霞浦固然已经开创了某个突破既有滩涂保存与活化再生的情景，颠覆了对滩涂的自然想象，但似乎也实现了在文化治理过程中，对在地文化的持续活化与发展，也试图思索如何以"文化景观"的概念来探究在地文化发展变迁中政府部门、在地居民、游客与民间团体等多元主体参与构建的景观（图 4 - 1）。

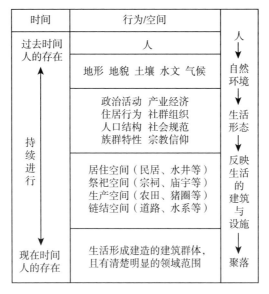

图 4 - 1 霞浦文化景观

（二）霞浦滩涂景观发展现状

我国沿海滩涂自然资源丰富，主要分布在辽宁、山东、江苏、浙江、福建、台湾、广东、广西和海南的滨海地带，海洋滩涂总面积超过 200 万千米^2（孙芝婷等，2021）。霞浦县是全国拥有海域面积最大的沿海县，沿海滩涂面积为 693 千米²。滩涂是陆地和大海之间的潮浸地带，对渔民来说既是海域也是土地，俗话说靠山吃山，靠海吃海，滩涂也是他们世代耕耘、赖以生存的家园。滩涂不但盛产海带、紫菜、虾、蟹、牡蛎、蛏、蛤等，有着异常丰富的物产资源，而且近年更因独特的地理环境和海耕文化有了独特的滩涂拍摄视角（陶思斯，2020）。在滩涂海产养殖方面，2020 年，农业农村部印发《农业农村部关于进一步加快推进水域滩涂养殖发证登记工作的通知》，全面完成已颁布规划的水域滩涂养殖发证登记（孙芝婷等，2021）。霞浦县的发展也是有目共睹的，如被评为"中国紫菜之乡""中国海带之乡"等。据统计，霞浦县2020 年海带产量为 159 051 吨，产值近 20 亿元，从事海带养殖、育苗、加工与流通的人员约 10 万人，海带养殖已成为沿海群众经济收入的主要来源之一。

在文化旅游方面，滩涂旅游产业正逐步成为带动和提升霞浦经济发展的重要力量（陈莹盈等，2018）。霞浦按照全域旅游发展理念，大力发展休闲度假、滩涂摄影等文化旅游产业，推动旅游产品从传统的观光游览模式向参与式、体验式及互动式"旅游＋文化"的新模式转变（陈莹盈等，2018）。滩涂旅游的收入占据了当地旅游收入的 80%。据霞浦县政府旅游主管部门统计，在 2020年，霞浦全年接待游客达到 483.5 万人次，收入近 45 亿元（孙芝婷等，2021）。根据霞浦县旅游局统计，目前已发展出以县城为中心的东线、西线、南线、北线以及东冲半岛风景区五大滩涂摄影路线，共计 9 个摄影点。滩涂旅游的发展带动了当地旅游相关产业的发展（图 4 - 2）。

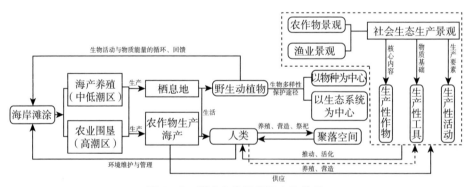

图 4 - 2　霞浦文化景观的人地关系

虽然霞浦滩涂景观被广泛认为是"中国最美滩涂"与"国际滩涂摄影胜地"，成为霞浦旅游形象的一张名片（孙芝婷等，2021），但鲜有研究将滩涂作为文化景观遗产进行深入探索。在努力培育滩涂文化景观方面，霞浦取得了良好进展，不足之处：①霞浦滩涂文化旅游开发尚不充分，参与性与互动性项目仍然不足，产业链延伸不够，综合效益仍然较低。主要体现在滩涂发展的模式，如渔业与养殖业结合生产、渔业和旅游业融合发展以及海水入侵综合整治模式等。②滩涂已被用于娱乐（如公园）和商业（如渔业）领域，在基础设施上缺乏能与旅游资源系统结合发展且行之有效的统一规划和布局模式（阮翠冰等，2014）。这表明，开发霞浦滩涂是一个日益重要的问题，本书试图以文化景观作为一种新型的景观遗产载体，开拓乡村景观演进过程的价值视野与制定发展对策。下面将侧重于具体案例，探索重新开发三沙传统滩涂文化景观资源的成功经验，该案例不仅拉近了人与人之间的距离，还建立了人与土地及传统渔耕作间的联系（图 4-3）。

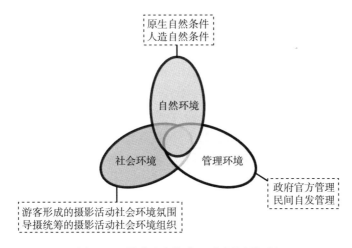

图 4-3　霞浦地方构建三元素作用机制

二、研究区域与数据收集

霞浦县地势由西北向东南呈三级阶梯状下降，海岸线长度为 510 千米，居全省首位。沙江镇，隶属福建省宁德市霞浦县，地处霞浦县中南部，沙江镇境内为丘陵地形，低丘广布，河谷与山间盆地错综，中为南屏小平原。区域总面积 143.38 千米^2。沙江镇户籍人口为 41 044 人。沙江镇共有 76.67 千米^2 浅海滩涂面积，水产养殖资源丰富。

作为独特案例，其重要性如下：首先，霞浦以其建立的渔耕作产业（如紫菜种植和人工养殖海带）、生态多样性（包含贝类、虾蟹和水鸟等）构建出区域特色人文景观。滩涂是自然与人类互动的地方，渔民用他的祖先或老渔民传授的传统方法收获海产品。其次，霞浦沙江滩涂景观是一个典型的渔村聚居区。随着城市化和社会经济发展，这个真实的例子展示了一个渔业地景被当地人重新开发后，呈现出"社会生态生产景观"。沙江镇竹江村以其健康的文化模式（妈祖信仰和多种生活方式）而闻名。它已成为以滩涂为基础的环保教育基地，借助摄影把当地的优质自然景观、人文历史、民俗风情打造成可以拍照打卡的旅游胜地，走出了"旅游＋摄影"的发展路径。

数据收集的结果分为三大核心主题：对滩涂价值观的认识、生态生产景观功能的探讨、信仰的景观文化解析。由于采访的主观特点，值得强调的是，个人提供的信息对于更好地探索滩涂式人文景观这一现象至关重要。事实上，受访者们纷纷尝试揭示那些不应被轻视的独特属性，他们各自以多样化的方式阐述了对滩涂价值重要性的深刻理解。这些见解既源自对保护价值的深刻认识，也反映了特定群体——如渔民与自然环境间建立的那种独特而深厚的联系。值得注意的是，这些观点在很大程度上与当前以大众旅游为代表的新自由主义活动对待文化景观重要价值的方式形成了鲜明对比，为我们从规划师的角度出发，提供了更为丰富和多元的思考维度。

这项研究涉及沙江镇竹江村（岛）的四类人群：政府人员、当地渔民、旅游者、商业活动者（如民宿、旅行社、网店从业者）。当地渔民和商业活动者从事海鲜销售、船舶修理和建造、捕鱼（捕鱼、捕捞牡蛎和捕虾）、加工和包装等工作，以及开设网店。除了少数人，大多数人很小就从事捕鱼生意，已经高中毕业，还有一些人上过大学。

2021年12月至2022年3月进行了参与者观察和深度半结构化访谈。值得注意的是，这几个月，笔者在沙江镇竹江村（岛）进行某种深度的人类学研究，在那里笔者收集了文献资料，并在滩涂进行了大部分有用的观察。

下面我们结合代表人物（分别以XP1、XP2、XP3等代表）的看法进行分析：①XP1，霞浦滩涂区地方领导者；②XP2，从事导游工作，是从外地返乡的大学生；③XP3，环境保护工作组组长，退休教师，从事生态保护工作；④XP4，滩涂养殖户，从事海带养殖工作；⑤XP5，地方文旅官员；⑥XP6，在地居民兼"渔模"；⑦XP7，社区工作者，退休教师，参与组织妈祖信俗活动。

三、结果与分析

（一）对滩涂价值观的认识

亲近大自然是霞浦滩涂文化景观发展的有利因素。维护良好的生态网络在提供有吸引力和健康的环境、为地方创造独特的景观特征以及建立具有多重作用的滩涂文化景观等方面都发挥了重要的作用。霞浦众多海湾周围大小岛礁分布，沿海滩涂湿地生态系统具有生物多样性特征。滩涂作为连接大海与陆地的潮浸地带，是螺类虾蟹的乐土，也是渔民从事海带养殖的地产。海带竿与挂苗绳形成的S形曲线；落潮时渔民撑着泥牛往来于泥地寻找贝类虾蟹，留下一道道划痕；这种自然环境应该作为一个有自己的物种、空间有机体来对待。受访者 XP1，也是霞浦滩涂区地方领导者，说：

"了解霞浦滩涂重要性的游客大多是那些希望与自然和谐相处的人，据我观察，一些徒步旅行者或探险游客对滩涂更感兴趣，因此才去探索自然，更多地了解渔民的传统活动。"

滩涂是培养游客对景观价值认识的重要渠道。霞浦三沙滩涂景观呈现的是像拼贴马赛克般的空间构成，经由渔民从事渔耕及农业生产而产生并维持对土地的合理管理与物质循环回馈的过程，对基于渔业景观的生产而言，生产过程中人的参与也成为游客眼中的景观。人们对环境的生活感知需要自然人文现象的启示，以此影响和塑造了不同文化背景的游客调整与环境互动的方式。此外，受访者 XP2，从事导游工作，是从外地返乡的大学生，说：

"滩涂景观不仅仅是休闲场所，只有居住在这种环境中的人才能理解什么是真正的景观。事实上，滩涂旅游点得到了良好的管理和监测，对于外来者而言，对其重要性的认识，取决于游客的类型。例如，徒步旅行者和那些想与自然和谐相处的人，他们更了解滩涂在整个自然环境中的重要性。"

值得注意的是，霞浦滩涂保持了传统的渔业收获方法与活力，具有质朴特征与遗产推广价值。传统捕鱼是一种对渔业社区具有文化价值的生活方式。架田是耕海的一个重要手段，也是霞浦滩涂区周边渔民在土地利用上的一个创造，明朝知县郑洪图总结推广"竹江郑氏竹蛎养殖技术"，并将此技艺翔实记载（图 4-4）。霞浦岛上居民将深海牡蛎壳放置在滩涂之上，期待翌年长出海蛎。当下海带、紫菜、裙花菜等海藻类植物在浅海的养殖，采用的仍是架田的形式，不过用的不是木桩，而是竹子绳索，成了名副其实的"浮田"，这种传统的生产方式不仅保持了滩涂的景观特色，还被列入地方非物质文化遗产名录。由此可见，独创性项目的实施显然有助于提高滩涂的整体价值。开展不同的项目有利于提高对这些重要资源的认识和重视。受访者 XP3，环境保护工作组组长、退休教师，从事生态保护工作，说：

"海蛎肉鲜美常遭鱼虾吞食，后来用石头在四周堆砌护之。石头常被风浪推倒，产量不高。后来，先民以山上竹竿为篱笆将海蛎围住，不料翌年竹竿上长满海蛎。于是，竹竿扦插养殖海蛎技艺被掌握。"

在滩涂，曾经在这种环境中生活和工作的渔民与只参观一小会儿的游客有

图 4-4　霞浦——传统养殖——插竹养蚝法（左）；
霞浦——现代养殖——"挂蛎技术"（右）

着非常不同、更深刻的感受。对于前者来说，滩涂是他与同伴互动的地方，他们用祖先或老渔民传授的传统方法收获海产品，感受夏天的烈日和大海的味道。受访者 XP4，滩涂养殖户，从事海带养殖工作，说：

"滩涂最有趣的特征之一是迄今为止所采用的传统渔业收获方法，因此，对于我们来说，保护这一非物质遗产对于更好地提高这些文化景观的深层价值似乎非常重要。"

（二）生态生产景观功能的探讨

霞浦滩涂作为文化景观不只是一种新型的景观遗产，更是演进过程中的一种价值视野。三沙滩涂的生态方法有渔民、社区与滩涂自然环境的复杂互动，即"作为精神媒介的景观"与"作为动力机制的文化"。20 世纪 60 年代，霞浦开始尝试人工养殖海带并获得成功，这是亚热带海域养殖海带的首次尝试，其生产劳作文化主要体现为霞浦近海的渔业海耕，这种收获方法是无形的遗产，也应该被理解为一种互惠互利的关系。例如，三沙秋冬季节的紫菜种植和春夏季节的海带种植，渔业生产带来的渔业劳作的独特场景，为摄影师提供了更为丰富的人文摄影视角。

渔业景观生产过程构建了霞浦滩涂文化景观整体。霞浦三沙滩涂的生产性景观主要包括海岸滩涂、浅海水产养殖以及近海捕捞，赶海或讨小海是海岸滩涂的主要生产场景。滩涂景观已扩大为涵盖沿海聚落周围的整体景观，包括：海产品、野生动植物、农作物、聚落等供应生产的环境，是一种多元土地利用的景观形态，是社会生态生产景观的有机活化。受访者 XP3，是环境保护工作组组长、退休教师，从事生态保护工作，说：

"三沙海带的品质与美味程度，皆超一般海域的海带，霞浦海带在生产过程中不施肥、不用药，为纯天然绿色无公害产品，晾晒干燥的海带被成捆打包，制成各种海带制品，海带产业每年都能为附近村民提供上百个工作岗位。

海带与旅游让养殖户的生活更加丰富多彩。"

"近海捕捞的主要生产场景具有特色的是晾晒、撒网、收网、挑拣海产。清晨，天蒙蒙亮，养殖户就开着小船到自家的海带养殖区去采收海带。他们通常在涨潮的时候将海带采收完成，然后将海带挂在竹竿上进行晾晒。待到退潮时，一串串海带悬空挂在海上，只需要一天的时间就可以晒干。"

结合旅游观光的滩涂生产方式已成为霞浦文化景观发展的有利因素。滩涂文化景观的构建是自然、社会、经济三者相互协调。三沙镇海岸线长达 40 多千米，天然海湾港口众多。有北澳岛、古桃城、花竹村、光影栈道、三沙南太姥等旅游休闲景点，是远近知名的"光影小镇"，目前已建成了旅游观光产业园、旅游摄影点、摄影栈道等，还整修了马拉松赛道，形成"梦幻海岸""滩涂摄影胜地"等名片。例如，海上渔排、连家船屋等都是经年累月形成的独特海上建筑，摄影拍摄、海上平台体验观光区旅游项目延长了渔业产业链条。海上木质泡沫小网箱改造成环保型大网箱和环保塑胶渔排，渔业景观中展示的渔业技术和渔文化，促进了生产性景观的价值创造。由此，滩涂提供了自然、半自然和人造空间等多样化区域，从专业者角度看，滩涂提供资源来创造一些建筑和美学结构，更重要的是支持文化景观实践并兼顾实践空间与自然的亲密度。受访者 XP5，是地方文旅官员，说：

"依托优美的海岸线景观和摄影资源，先后完成了十几个摄影点建设，每年吸引几万人前来观光摄影。色彩缤纷的滩涂、渔民劳作，是吸引游客与自然接触的主要因素，大多数游客选择在滩涂上方的视点拍摄一些照片，或者在海产品商店中购买一些产品。在我看来，他们真的很喜欢这里的环境。"

受访者 XP6，在地居民兼"渔模"，说：

"像我这样专兼职'导摄''渔模'人员已有 200 多人，农闲时候，把曾经的渔具变成摄影道具，为了能在最好的时间捕捉美景，需要我们当地人指引，计算潮水、光线，并徒步前往野生摄影点进行拍摄创作。春天拍紫菜为主；六月份以后，拍海上的渔民劳作；花竹，冬天拍最好。"

综上所述，分析表明，传统的生产方式不仅保持了滩涂的景观特色，而且有助于保护该地区的自然和文化价值。保持传统的渔业生产以提供可持续性和资源价值，这与工业方法形成对比，为了利用其资源将"惰性"自然视为开发的对象。因此，滩涂的传统渔业收获方法体现了一种重要的滩涂文化生产生活的循环过程，是滩涂文化重要的价值体现，应在保护中开发。

（三）信仰的景观文化解析

霞浦滩涂文化景观成功构建有赖于多主体的地方构建。为响应地方发展滩涂文化概念，各级学校系统、民间团体及文艺工作者等多主体试图结合霞浦滩涂既有的文化节庆，开发新的文艺活动。采取的形式主要是工作坊、演出活动、艺术展览。试图以"事件"的方式，累积地方文化创意的能量，并兼顾不同族群、区域、类型。霞浦地方政府将文化作为优先事项，并资助不同的业余文化团体（民间舞蹈团体、合唱团等），参与者人数不断增加，随后是密集的文化活动时间表。地方政府参与举办了"我心中的那片海"摄影大赛，它是官方开始介入霞浦摄影旅游地方构建的一个标志性事件（图4-5）。其中涉及旅游企业、文创团体、社会机构等不同机构之间的持续互动，此后，可用创收的经费再支持现有企业和鼓励新的初创企业，受访者XP5，地方文旅官员，说：

"继摄影大赛之后，政府投入资金制定实施了一系列相应的摄影旅游规划，并投入资金对发展较为成熟的几个摄影点进行基础设施建设。"

"随着各地推出'摄影旅游节'，这种新的节庆式活动开始成为民间社团、庙宇与公共部门往后举办大型活动的开始。文化旅游周已经连续举办了5届，活动主题也拓宽了，有民间民俗、美食文化、海洋文化、全民运动等。"

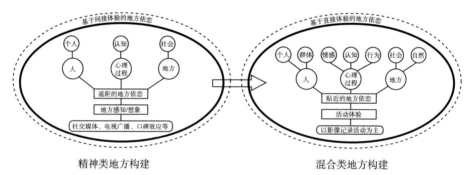

精神类地方构建 　　　　　　　　　混合类地方构建

图4-5　霞浦游客地方依恋形成过程

结合渔民参与信俗对文化景观的发展起到了有利作用。霞浦信仰是社会自我维护与自我组织的景观体现。据记载，竹江前澳村从南宋起就祀妈祖，庆元年间建庙，清康熙二十九年建天后宫；在明万历年间，沙江村就建有"天妃宫"崇祀妈祖。当地每年农历三月下旬为纪念妈祖诞辰举办"竹屿妈祖三"活动，其中著名的"阿婆走水"是整个活动的最高潮，"妈祖信俗"是公众参与的信仰活动，"通过运动而产生"复杂关系的滩涂景观，是由特定社会的共同信仰和活动塑造的，同时创造了建筑环境的空间形式和物理环境。受访者XP7，社区工作者，是退休教师，参与组织妈祖信俗活动，说：

"'阿婆走水'也成了旅游的一大特色。从农历三月廿一日直至农历三月廿六日止。村庄会邀请剧团在天后宫里唱戏，寓意'歌与神听'，天后宫里日夜鼓乐喧天，社戏连台，在神节期间，外地游客和邻村亲友络绎不绝，热闹非凡。"

综上，霞浦在不断构建并丰富海上的渔耕文化，且霞浦滩涂文化景观的成功构建有赖于认识到民众以及上述活动对社区的塑形作用。当地历史的传承、恢复传统习俗和习惯、组织文艺展览和村庄活动形成了多主体的地方构建，塑造了一个无形的公共沟通场域，容纳多元差异的公众观点。将民俗文化的介入协助建立公众透过行动、想法、介入，鼓励多主体参与。霞浦滩涂活动举办的地点十分多元，户外空间以古迹、街道、滩涂、亲水海岸为主。这种结合空间经验的展演创作是霞浦滩涂的经验之一，并进一步诠释其表征的内容，以及隐含于其中的社会历史脉络，有助于人们更清楚地了解文化与社会互动的过程，并理解文化景观本身所具有的意义。

四、文化景观构建

霞浦滩涂文化景观的成功构建，不仅为文化旅游提供了一个物理空间，而且提供了与人们生活质量有关的不同非生产性活动和设施。不同的行为者，如游客和两个地区的利益相关者对这些价值观重要性的认识是不同的。自然活动显然强调，自然不是被动的，可以说自然有利于思考，或者正如 Descola 指出的，自然有利于社交。因此，从这个意义上来说，文化景观展示了自然是促进人们如何居住、生活和相互作用的。哲学家阿恩·奈斯认为："非常有必要促进对自然采取更可持续的生态方法，以确保地球上生命形式的充分丰富和多样性。"因此，越来越有必要认识到滩涂所包含价值的重要性，某些活动，如旅游，必须与构成文化景观的复杂关系和资源的保护及估价相一致。

滩涂生态生产景观案例研究表明，结合滩涂旅游已成为霞浦生态生产景观的有利因素。滩涂摄影展示了生产性景观的价值创造。Ingold（1993）提出，生活在其中，景观成为区域居民的一部分，而滩涂生态生产景观经验成为地方日常生活的提醒力量，使生产与消费的关系重新联结起来。这种"生态生产景观"活动不管是形态还是规模都可以说是一种新的体现，新的形态本身提供一个另类的视野。

本案例研究揭示，竹江岛"阿婆走水"民俗活动所承载的文化景观，其意义已超越单纯保护的范畴，而是通过社区积极参与的本土化行动，进一步提升了其作为文化遗产的价值。Bajec 的见解指出，文化景观作为一种活态遗产，能够灵活适应多样化的需求和目标，诸如学术研究、价值评估、历史记录以及传统复苏等，它在促进个人、社群、国家乃至国际层面的社会认同感构建、提升地区知名度及丰富旅游体验方面发挥着积极作用。在此基础上，Esposito 等

（2006）的论点进一步强调了文化景观与社区之间不可分割的联系，其存在价值体现在以下三个方面：①通过与社区的紧密合作，确保当地生产生活方式得以持续且环保地发展；②维护景观中蕴含的情感与记忆价值，并鼓励当地居民成为这些文化价值传承与展现的主体，扮演好守护者角色；③支持并促进传统活动的举办（例如，为游客展示地道的节日庆典），以此强化与现代社会的文化纽带，赋予该地区独特且广泛认可的普遍价值。

本书认识到，霞浦滩涂是演进过程中的一种具有人文价值的景观遗产。滩涂可作为文化身份的一种表达，景观形式上的空间识别特征与本地和区域的归属、相关联性非常重要。应加强对"景观""场所"和"遗产"的发展。文化景观研究，一方面关注文化与环境互动的关系，另一方面关注景观背后的文化内涵，地方传统节庆以绵密的社会网络构成文化内涵。节庆、祭典的举办虽然仅是短暂时间内的现象，要维持这些有强烈地方特色的无形文化景观，平时就需要不断关注和准备，并将其融入日常生活之中。因此，如何在非庆典时期依然维系传统文化，是一个需要认真思考和面对的现实问题。

五、小结

霞浦的滩涂保持了渔业的人文、自然景观特色，显示地表上人类与环境之间的关系（简称"人地关系"），承载着生活在其中的人们的文化、历史、传统和记忆，形成了一个自然、人为和非物质遗产的网络。而此关系奠基于人类与环境间的互动联结（简称"人地互动"），即在人类作为下（如社会、政治、经济等因素），改变了地理环境，展现在城乡发展中，即乡村地景，成为文化分析的重要文本。主要发现如下：

（1）文化景观中的价值观的复杂性必须考虑在地居民与游客感知和与环境互动的方式，可以更好地帮助分析这些复杂的文化、社会与自然的关系。

（2）滩涂文化景观不只是一种新型的景观遗产，更是演进过程中的一种价值视野。旅游已成为霞浦渔业景观生产的重要部分。节庆旅游往往被认为是文化景观活化复兴的最活跃的驱动方式。

（3）文化景观的多主体构建，其中文化景观是由特定社会的共同信仰和活动塑造而成的建筑环境与空间形式。

本书从文化景观发展概念之初始开始进行说明，并叙述探讨在1992年正式列入国际《世界遗产公约》后，联合国教科文组织（UNESCO）对文化景观所订立之准则与发展状况。而中国也在世界遗产文化景观方面有着独特优势，如旅游业承认这些滩涂的文化价值，强调文化景观的复杂性，是动态且持续演变的，以便更好地评估其价值。在增加文化景观整体价值时，更要通过滩涂载体促进文化与自然的互动与合作，而本案例讨论滩涂文化景观在历史发展的构建过程中的形成与转变，试图对福建霞浦滩涂景观呈现遗产附属形式的生态、社会与经济等进行分析。从霞浦滩涂的生产景观生态化分析着手，再从滩涂文化景观与信仰文化、节庆旅游等方面，探索在福建沿海历史脉络下地方遗产概念如何在日常生活中实现社会生态生产景观的有机活化，以及实现跨界复兴的可能性。文化景观不只是一种新型的景观遗产，更是演进过程中的一种价值视野，可作为动力机制，这正是这些文化景观的核心和生命所在。

第三节　姑田游龙仪式景观：遗产化过程的社会分析

一、问题与缘起

联合国教科文组织（UNESCO）在 2006 年实施的《保护非物质文化遗产国际公约》中呼吁世界各国尽快采取行动以保存、保护、研究、论证与复兴传统文化（林志宏，2010）。这种非物质文化遗产为这些社区和群体提供认同感，增强对文化多样性的认识。从文化景观的角度来看，文化是信仰、土地、地方居民的互动所呈现的一种进行式（processing）的人文地景，为满足当代的社会需求，仪式、文化等信仰层面的东西会随之而改变（侯锦雄等，2014）。学者对遗产的研究有更广泛多元的探讨，以空间的视角考察仪式的景观、空间构成以及文化意义是重要的学术生长点（冯智明，2013）。强调文化景观的转变需要关注空间和文化景观的文化协商与诠释。文化景观不仅是当下的景观，更包括族群、政治、经济、产业、文化形态不断融合与竞争的过程（Terkenli et al.，2006）。在聚落中，民族的文化信仰、社会秩序、生产技术等"物化"在空间之中，不断与空间互动，构建出形式多彩、意味深远的仪式景观。

Terkenli 等（2006）在文化遗产实践中，认为遗产是被制作出来的一种文化实践，遗产的生产与其社会、政治及经济条件密切相关。例如，香港大澳端午节龙舟游及大坑中秋节舞火龙，这两个民俗节庆活动在遗产化的过程中都经历了一些改变，不仅修正仪节以适应当代社会，也创造了新的活动形式增加居民的参与感，并确定民俗活动的起源故事，将仪式与展演加以系统化，可以说遗产化的过程也重新塑造了"香港遗产"。越来越多的证据显示了仪式景观助力遗产发展的社会潜力。仪式景观不仅是民族文化重要的承载与表达形式，更具有构建聚落地方认同的强大功能（周政旭等，2022）。一些学者的研究表明，在聚落中，民族的文化信仰、社会秩序、生产技术等"物化"在空间之中，不断与空间互动，构建出形式多彩、意味深远的仪式景观。学者们纷纷开始分析民族仪式景观的空间特征与地方认同的建立（周政旭等，2022），如侯锦雄等（2014）用经验观点来诠释地方社群的行为与空间机能之间的关系，可用以解释文化地景背后隐含的文化内涵。

近年来姑田游大龙活动日益受到福建地方社会的重视，不仅因其具有独特的地方宗教传统的特色，而且与国际上重视世界遗产的风潮有关。特别是姑田游大龙被视为重要的非物质文化遗产，2008年"闽西客家元宵节庆"被列入《国家非物质文化遗产名录》。近年来因游大龙遗产化顶着文化资产的光环，地方各个社团（龙岩市体育文化局、闽西客家民俗协会、连城县博物馆）往往配合着游大龙遗产化活动，提供一定的遗产化服务工作。在技艺性遗产化论述中，地方政府组织编写的《福建节庆民俗》《客家传统社会》《连城县志》和《姑田镇志》等书中，对姑田"游大龙"的制作程序和活动程序进行了介绍。内容包含姑田游大龙的来历与改进、大龙的制作、游大龙的程序、游大龙的分布特色、配合游龙的有关活动等。

诚如近年不少文化学者所指出的，"文化"不是静态的物件，而是一个动态的过程；因此文化产业所谓的"文化"，与真实历史过程中的"文化"，其实是两件相关但却不同的事。因此，要理解姑田游大龙的文化，不能只看到表面的游大龙，而必须要观察所谓游大龙形塑地方社会的过程，以及支持游大龙的空间与意识形态。本研究的主要目的即探索这个空间与文化之间隐而不显却又错综复杂的关系。

二、连城姑田游大龙发展脉络

姑田镇坐落在福建连城之东部、中部沿溪两岸自西向东为狭长的丘陵地带，连城姑田大龙被誉为"天下第一龙"。姑田大龙起源于明朝万历年间，流传至今已22代（谢建国，2014）。游大龙主要分布在上堡、中堡、下堡、华垅、城兜、长校、上余、下余、东华、白莲、大洋地11个村。连城姑田优越的自然地理条件为姑田游大龙的产生、发展和流传提供了有力的保证。2012年，姑田游大龙以791.5米成功挑战吉尼斯世界纪录（温艳蓉，2013），目前已成为名副其实的"天下第一龙"。

在春节、元宵节期间的所有活动中，游大龙是其中比较知名的活动之一，据说鼎盛时期连城地区曾经簇拥着近百条"巨龙"，成为一大奇观。这个传统的客家民俗活动，堪称元宵节期间的民间大狂欢。民国时期，11个村有12条大龙，其中5条最具特色，即邓屋的龙"老得好"，中堡的龙"长得好"，华塊的龙"高得好"，下堡周、黄两姓的龙"画得好"，城兜的龙"抬得好"。改革开放以来，姑田镇游大龙活动的发展可分为三个阶段。第一个阶段是1980—1990年。这一时期公王庙重建，民间有威望的人士发起游大龙活动，并组成理事会，负责组织和管理活动。第二个阶段是1991—1999年。1991年，姑田游大龙作为主要活动见于龙岩茶花节，新加坡、日本等国的媒体争相报道，引起了很大的轰动。第三个阶段是2000年至今，2000年连城县举行了首届冠豸山客家民俗文化旅游节，姑田游大龙民俗节庆活动被纳为客家文化旅游节的重要内容（温艳蓉，2013）。游大龙遗产化也为地方带来日渐增多的信徒与观光客。

本书关注的问题是：游大龙仪式遗产化过程对地方传统文化及社会有何影响？当地方宗教或民间传统信仰被冠上"国家非物质文化遗产"会发生什么改变？游大龙原具有的地方传统文化是继续维持，还是必须有所改变？旨在透过个案研究，探讨游大龙仪式从民间信仰转变成去地域化的仪式景观实践，而遗产化过程是地方宗教或民间信仰的改变与创新。

三、研究区域与数据收集

姑田镇位于连城县东部，地处龙岩与三明交界处，辖区面积307.19千米^2。姑田镇属亚热带季风温润性气候，姑田镇森林、水力、矿产资源丰富，被誉为"北回归带绿洲"，明朝嘉靖年间，曾生产出玉版纸、书写纸及御用奏本纸，是全国最大的宣纸生产基地之一。中华人民共和国成立后，姑田继承和发展传统工艺，生产宣纸、连史纸、玉版纸、书写纸、粉连纸等产品。

基于将单一案例（分析）作为独特案例研究的阐述，所选案例的重要性如下：连城姑田游龙文化景观除了实体的空间建筑外，整体活动场域的活动行为以及无形的历史、文化、记忆的保存凭借身体的参与、生活的实践或记忆情感的累积，来诠释景观的意义。

下面我们结合代表人物（GT1、GT2、GT3等代表）的看法进行分析：GT1，游大龙组织者，退休教师；GT2，地方领导者；GT3，地方文史工作者；GT4，鞭炮香烛经营者；GT5，房族的长者；GT6，当地工艺雕刻师。

四、结果与分析

（一）游大龙仪式的景观特征

游大龙仪式成为民俗文化景观发展的有利因素。对文化景观不能从单一空间与时间的纵向思维去理解，它涵盖人与环境互动所产生的关系与历程。姑田游大龙，始于明朝，到清末达到鼎盛，据说鼎盛时期连城地区曾经簇拥着近百条"巨龙"，成为一大奇观，堪称元宵节期间的民间大狂欢。近年来姑田游大龙活动日益受到福建地方政府及社会各界的重视，除了因它具有独特的地方宗教传统的特色之外，还因国际上重视世界遗产。特别是 2008 年"闽西客家元宵节庆"被列入《国家非物质文化遗产名录》，游大龙仪式从地方宗教传统转变成去地域化的仪式实践。

庙埕广场是游大龙仪式中最重要的地点。在姑田，建有各种寺庙。客家公王第一庙，始建于嘉靖元年（1522 年）。还建有关帝庙、公王庙、观音庙、碧岭庙、土地神庙等，信众不只分布在镇内，更远及县区。游大龙的队伍绵延整个镇，游大龙涉及行进路线、仪式时程、休憩点等，这样的模式使得姑田与外围居民关系十分密切。在游大龙仪式刻画出的聚落空间认知中，"村庙—戏台—主街"被重构为仪式起止空间、祭祀空间。对各村仪式路线进行分析，发现其具有如下特征：①巡游路线全部以村庙为起点；②路线从村庙—戏台—主街起，依次游行至村内各土地庙、集会广场等村内外停留祭拜空间；③巡游过程中尽量走遍村内大小街巷，串联街巷两旁各家门口的家庭迎神空间，最终经由主街再回到村庙中；主要是通过身体的移动与停留串联场景片段，以获得景观空间体验。受访者 GT1，游大龙组织者，退休教师，说：

"抬舆仪式中起止空间与祭祀空间是祭祀礼中的核心场所，以前游大龙前，会预先连发三声神铳，彩纸花炮漫天飞舞。正月十五这天的铳是指挥的信号，是有一定的规律的。"

"家家户户门前点松明烧香点烛，燃放鞭炮，供奉'公爹'。随后即到龙尾处，又是一阵铳炮声，虔诚恭迎。此时擎龙腰的人纷纷开'火门'，即将糊裱时都是密封在龙身之上，在两头裁口处及龙的腹部，这些不显眼的位置上可开可关的孔门，装上蜡烛和'油香'，待出游时在祖祠门口点火游龙。"

受访者 GT3，地方文史工作者，说：

"主祭人是辈分大、福气好的长者，穿礼服，戴礼帽，衣着齐整，恭恭敬敬，虔诚肃穆。祭毕燃放火炮和神铳。"

游大龙仪式是一种景观空间体验。庙埕广场是游大龙仪式中最重要的地点，巡境的主要仪式包括祈安、起驾、驻驾、祈福等典礼均在此类空间举办，也是活动中人潮（包括信徒、游客等）主要聚集的地方。地方庙宇阵头的互动巡境仪式在进行过程中，沿途所经过的庙宇均会以自身所属的阵头，或聘请地方有名的阵头进行表演，此类空间作为文化路径的中途地点，均呈现出欢愉与迎宾的气氛，同时也是地方文化的景观空间体验。巡境活动中观察者由远及近观看游大龙仪式,能在千尺以外距离观看游大龙仪式与整体环境关系以及游大龙轮廓气势和空间秩序。受访者 GT3,地方文史工作者,说:

"巡游三圈后,将辛辛苦苦做了十几天的龙全部烧掉,在焚烧现场,即使是掉在地上的龙纸片,也要捡起焚烧,最后再把烧尽的纸灰倒入江中,流入闽江,据说这寓意'龙归大海'。"

综上所述,分析表明,景观特征附属价值形式有助于文化景观遗产的发展。这些特征包括人与自然的连接、多元的民居宅院、日常生产生活景观,以及社区般的景观。仪式空间与村落的社会与精神中心、村落公共节点、私人家庭领域等重要空间叠合并将其依次串联。对游大龙仪式空间进行分析,剖析了多尺度景观空间营造方法。

(二)仪式景观的社会功能

游大龙仪式景观作为一种社群文化。也是文化景观作为文化资产的一环,其"景观"特性时常被僵化消灭。文化景观所关联的不仅是地表上的形态变化,是背后的社会关系。中国传统的宗族社会关系网络与地方产业、社区风貌有着密切的关系。据载,清朝时期姑田共有 12 条大龙,姑田游大龙分布在上堡、中堡、下堡、东华、白莲、大洋地、华垅、城兜、长校、上余、下余 11 个村。除后洋、溪口、郭坑、街道 4 个村外,其余村均有游龙,有的村不止一条。从姑田游大龙仪式来看,仪式中牵涉的社会关系网除了主办相关职事人员、外围居民、香客、信徒以外,也包括外围相关产业从业人员,产业的变迁、社群结构的变动、文化的转向与景观的呈现会互相影响,共同形成该地区独有的文化特性。姑田游大龙仪式景观呈现与社群文化之间是一种互相构建的过程。受访者 GT3,也是地方文史工作者,说:

"游龙在华氏祠祭拜后,顺着道路开始游走,走过村中的山头,绕过农田。大龙虽然体型庞大,但依旧不失灵活,绕村行走之时,龙会尽可能从每家每户门口经过,游龙所到之处,家家户户门口都会燃起一堆堆松明燃烧的火堆,并摆上茶果礼品烧香点烛。"

游大龙仪式将聚落的整体空间覆盖,也是非物质文化遗产的实践过程。游大龙仪式作为景观的构成部分,作为私人领域的家庭空间被纳入到仪式主体中,与周边山水、田地、古木等形成多层次景观空间。游大龙仪式景观象征性地构建了姑田村民在精神层面对于村落空间结构、多重领域的界定与确认,并在年复一年的抬舆仪式中重复展示、强化这一认知,并最终成为姑田族群地方认同中聚落空间认同的重要来源。巡游路线覆盖村内大部分空间与居住区边界,强调了民居宅院空间构成的村落领域;部分村落巡游路线还延伸到村落周边与日常生产生活紧密相关的田地、山林、水源等自然资源领域空间当中，强调了族群对领域内自然资源的占有。通过仪式活动强调它们在村中的方位及范围，同时通过仪式祈求与巡游覆盖，完成了"合境平安"的象征性确认。受访者GT1，游大龙组织者，退休人员，说：

"土地庙、集会广场通过祭祀、民俗活动的激活，被强调为村内重要的地标与社会公共空间。巡游路径所到达的村落及周边山水田园边界内是聚落的整体领域。"

仪式景观整合"家-族-村"社会结构。社会认同是将个人与地方社会空间相互联系的媒介，对地方社会中个人的地方认同具有重要的构建作用。姑田游大龙可以说已经成为了各族之间认同的一种符号和宗族之间权威的象征。在仪式的初始阶段，社群往往会按照自身的社会结构与等级秩序严格安排组织活动，将社会秩序的基本规范融合到仪式景观中加以展现与强调，这一点在姑田游大龙仪式景观的最初阶段也有所体现。受访者GT3，也是地方文史工作者，说：

"仪式前准备是由村内各氏族精英牵头，领导村内各个家庭及个人进行仪式筹备工作，反映了'村-族-家-个人'的社会等级秩序。这些合擎龙的姓氏，宗派之间关系都很好，如同兄弟。几百年来，相处最融洽的莫过于华、江二姓。游龙上交下接配合得很好，正月十五那天，若江姓出龙，游龙头、尾一行人必须持几把铳、香、纸、炮、两对大龙烛，到华姓总祠去烧香，放铳，放炮，表示敬意；若华姓出龙，礼尚往来照例回敬，已传十多代，于今还是沿袭遵行，两姓历代和睦相处，相安无事。"

综上所述，分析表明，社会特征有助于姑田文化景观遗产的发展。在姑田，祭祀典礼按照"村落整体—各大姓氏家族—家庭—个人"的顺序在依次祭祀核心空间内循序进行，体现出"家—族—村"的社会构建。游大龙仪式通过神圣的仪式规范对姑田聚落的社会结构与等级秩序进行阐释与整合。仪式中，每一个个体都在各自相应的家庭、氏族、村落等社会空间中找到了自身适合的角色与位置，并被给予宗教式、官方式的确认，获得了归属感。相应的，"家—族—村"这一聚落的社会结构也得到了整合。

（三）遗产化过程的文化创新

姑田文化景观并不只是地表上的景观，其背后的文化内涵更值得深思。地方传统节庆以绵密的社会网络为基础构成了文化内涵。游大龙仪式是姑田聚落最为重要且隆重的仪式活动之一，是姑田维护地方认同，增进社区凝结的映射。游大龙是客家文化的重要传统，也是集体力量与智慧的展示。春节期间的游大龙活动，能够在客家人之间产生一种巨大的向心力。游大龙的祈福活动还与当地的宗族文化结合在一起，通过各种活动张扬力量，表现团结。该活动还起到了宣传地方特产的作用。游大龙仪式的文化互动现象：这些香客、居民、游客、工作人员交织而成的正是文化观光所呈现的内涵。从信徒与地方居民的互动过程中可以发现，此类空间充满了浓厚的人情味。受访者 GT4，鞭炮香烛经营者，说：

"仪式中牵涉的社会关系网中，也包括外围相关产业从业者，包含锦旗服饰的刺绣与古装化妆者；南北管乐的表演与乐器制作者；鞭炮香烛产业从业者等。"

显然，姑田的文化景观遗产化的过程呈现为人、文化、技艺同构与创新，且具有鲜明的景观特征。遗产化中文化景观的流动，是时间与空间的变动，是地方社群与环境的互动之下的产物。游大龙信仰自明代传入姑田后历经数百年的发展，已经有了巨大的改变，无论是从外观形象、名称，还是神迹传说皆与地方社会产生联结，已经成为了各族共同认同的一种符号和宗族之间权威的象征。可以让非节庆时期的游客了解花车、鞭炮、金纸、神偶的制作地点、制作人等祭典背后的事情等。游大龙活动成为当代文化遗产的都市住民体验等，均说明了当代游大龙不仅可以实现宗教目的，也可以满足体验的需求。受访者GT2，地方领导者，说：

"随着人口的增长，龙也逐渐增多，为了搞好游龙这一活动，中堡的华、江两姓还定了许多民约，其中规定不论哪姓出龙，至少要一百桥以上。若确有困难不能凑足桥时，也应用龙蛋凑足，每两桥龙蛋抵一桥大龙，两姓至今都按这一条例执行，保持了'长得好'的特色。如果是轮到江姓出龙，则由华姓做东设宴；若是华姓出龙，则由江姓负责做东设宴。"

技艺传习有助于姑田遗产化的实施。姑田盛产连史纸以及毛竹，已成为制作大龙的基地。姑田扎大龙的技术和工艺是历代相传的，在技艺遗产化实践的过程中，姑田大龙主要用杉木板、篾条、棉纸、牛皮等制成，技艺习自家庭或家族内部由本家族上一辈传给下一辈，在遗产化的实践上拥有相当的自主权。受访者GT3，地方文史工作者，说：

"姑田扎大龙的技术和工艺不需要什么外地师傅。父亲扎龙，儿子相帮，帮上个两年无形中就学会了，就成了代代相传的民间艺人。"

姑田游大龙活动经验的传授，基本上由各房族的长者负责。受访者GT5，房族的长者，说：

"每年大龙的龙头最关键，扎得好与坏，龙头一抬出来就会知道，去年的龙头就没有扎好，龙头始终偏向一个地方，主要还是龙板没有做好，龙头的重量没有控制好。技术没有学到家，才会出现这种情况，可是现在会扎龙头的师傅不多喽，年轻人爱学的不多，我现在带着三个徒弟，我家里的孩子们也都是我逼着他们学。"

受访者 GT6，当地工艺雕刻师，说：

"游大龙的大龙实际上是将类似宣纸的连史纸糊在竹框上，涂上色彩或者写上文字等，然后再以木板作为支撑和支架联系在一起，可以自由旋转活动的纸龙。家族的龙都可以以花鸟等图案作为装饰，只有江、华两个大姓的龙不能随意添置其他装饰，只能画上彩云、龙鳞以示庄重。"

五、仪式景观与景观的多功能

游大龙仪式是一种文化景观，可借文化的展演来传达地域文化或地方精神。案例研究表明姑田仪式景观有传统的特征和创新。仪式景观包括了物化空间与体验认知空间（张兵华等，2019）。在西方社会中，营造历史与记忆环境的遗产保存常被当作界定社区尺度的重要规划工具。舒尔茨认为人对地方认知是由中心出发，形成路径，姑田社区意象"庙—戏台—主街"与舒尔茨的"领域—路径—中心"完全同构。仪式景观从过去地方性的宗教活动转变为当代公有的公共财产，仪式景观遗产化造成相关仪式内容的变迁，也给地方社会带来影响。

本案例研究虽仅涉及个别地方，但已发展为以仪式展演促进观光产业发展，形成一个地方社群资源共享，与居民互动的文化空间。从文化活动的角度来看，文化景观的呈现与社群文化之间是一种互相构建的过程，产业的变迁、社群结构的变化、文化的转向与景观的呈现互相影响，共同形成该地区独有的文化特性（Poria et al.，2003）。地方传统文化的变迁与创新诚如 Harvey（2001）提醒我们的，要注意遗产的历史走向，特别是遗产概念往往奠定当下对过去的构建，因此遗产的意义也会随着不同时期的历史转变而改变。在文化观光、文化遗产保育的概念下，不仅以传统的庙宇、民俗文化为基础，而且结合文化景观的概念，将游大龙仪式活动的精神转化为另一种文化魅力，超越在文物馆内参观"标本"式的体验，使人们更能体会文化的精髓与宗教文化的内涵。

在姑田，今天的游大龙景观成为自然特征（如水、植物、野生动物）和人类活动（如祭拜活动、巡游路线）的集合体。这种以游大龙为基础的实践确定了遗产化过程的景观特征。正如周政旭等（2022）指出的，仪式景观经过独特的社会文化塑造而带有象征意义。调查结果显示，姑田游大龙活动所经之处成为体验宗教传统与地方人情的重要场域。"游大龙"仪式是传统社会中配合其集居生活与大自然经验而形成的一种生活"习惯"。姑田因其特殊的自然环境，经过时间的作用，传统的节庆与现代的文艺活动重叠而成为今天的活动年历，这种结合空间、时间与传统民俗的形式将成为未来衡量乡村仪式景观的重要标准。

研究表明，仪式景观与社会正常生产生活之间有着紧密的联系，这意味着生活环境在促使人类生活方式健康和增加福祉方面具有潜移默化的推力。将游大龙景观仪式解释为宗教信俗文化下的节庆活动产物是简化的，因为巡境的过程已注入了许多文化社会的事件，而成为一种文化观光现象。因此，从地理现象学的角度来检视游大龙仪式产生的文化景观时，必须同时考量游大龙信俗与地方社群互动下产生的文化内涵，如此才能通过文化的核心本质探索文化景观呈现的现象。节庆、祭典仅是短暂的现象，要维持地方特色的无形文化景观，更需要与日常生活结合，因此，在非庆典时节仍维持传统产业的生存，才是文化景观保存的必要条件。

六、小结

本案例从文化景观的角度，审视连城姑田在时间与空间的变迁中的遗产化过程，也体现了仪式景观对族群地方认同的构建功能。首先，探讨游大龙仪式的文化信仰、仪式活动与聚落环境互动的过程。其次，分析游大龙仪式进行时与地方社群产生互动的空间现象；观察仪式景观背后的社会关系网络，地方社群、传统文化与空间环境营造的模式。最后，讨论遗产化过程中文化景观现象与无形文化内涵间的互动关系形成。

支撑文化景观的并不只是地表上的景观，更是背后的文化内涵，如地方传统节庆绵密的社会网络架构成文化内涵。就其构成而言，有可感知的空间实践、构思的空间表述、表征性的生活空间三个层次，由此构建出"空间—社会—历史"的空间研究三元辩证法，具体而言，从聚落空间认同、文化信仰认同、社会身份认同三个维度对姑田地方认同产生积极影响。主要发现如下。

（1）仪式行为属于无形文化景观的一种，包含起止空间、核心祭祀空间与祭祀礼，是文化景观遗产的发展。

（2）仪式景观具有社会功能，仪式景观整合"家—族—村"社会结构，呈现出与社群文化互相构建的过程；产业的变迁、社群结构的流动、文化与景观表现形式的呈现。

（3）仪式行为属于无形文化景观，彰显了人、文化与技艺的同构，仪式景观遗产化造成相关仪式内容的变化，也为地方社会带来活力。

第四节　安溪茶类农业景观与女性的技艺传承

一、问题与缘起

农业文化遗产是一种刚刚引起关注的遗产类型，也是"人类智慧和人类杰作的突出样品"，最早起源于欧洲学者对遗产地的分类（Prentice，1993）。关于文化遗产与农业之间的关系存在着不同的价值观和定义。农业文化遗产不仅限于粮食生产和供应的范畴，在可持续发展框架内，它也与乡村系统的社会和环境密切相关，农业还作为集体商品的生产形式，在生产资料过程中实现文化遗产价值（Karoline Daugstad et al.，2006）。

越来越多的证据凸显了农业文化遗产助力旅游业可持续发展的潜力。从社会文化的角度来看，可促进农村地区的人口再流动，保护手工艺品、习俗和文化特征。从环境保护的角度来看，乡村旅游有助于改善自然环境（Garau，2015）。强调了农业的多功能作用，可改善社区基础设施，帮助脆弱的农村经济恢复活力。从遗产旅游看，遗产路线的概念主要用于促进乡村旅游。旅游路线被视为在拥有自然或文化资源的边缘地区发展旅游业的良好机会（Bruwer，2003）。台湾地区茶旅一体化相较于其他地区开发较早，在木栅区组织 53 户茶农开办茶园，开辟当地观光农园的先河（Hung et al.，2005）。近年来的茶文化旅游研究开始突破单一的产业内视角，出现了体验经济（李坤，2016）、休闲体育旅游、低碳经济、"互联网＋"、新媒体旅游地理论等多学科、多领域角度下的茶旅融合模式与策略研究。

在茶叶经济持续发展中，女性的作用越来越明显（Nancy，2008）。在人类与茶最初的亲密接触中，茶的发现和利用始于原始母系氏族社会，女性参与其中，并起着不可或缺的作用（王旭烽，2009）。在全民习禅的中唐饮茶大运动中，女性毫无疑问占有很大的比例。18 世纪初期，两家茶叶公司的创立都与成功的女性商人以家族企业方式经营有关。研究表明，家庭平均每多种植一亩茶树，茶叶产区男性的比例会下降 1.2%；每当该地区多种植一亩果树，产区男性比例会上升 0.5%，种植茶叶能够为女性带来福祉，茶产业的发展离不开女性的特殊作用（何环珠等，2022）。女性更加善于沟通与表达，从事茶产业，可更好地诠释茶文化（钟斐，2009）。一项来自世界银行的研究数据表明，如果男女接受平等教育，农业产量将提高 7％～22％（范水生等，2007）。目前，农村妇女正在成为家庭经济的重要支柱，不少地区的妇女劳动收入占家庭总收入的 40％左右（范水生等，2007）。

福建农业女性化现象的出现，是全省乡村变迁中的客观问题，具有很大的必然性，促进了农村剩余劳动力稳定有序地转移（范水生等，2007）。GIAHS 也特别重视女性，女性是许多传统知识的持有人，对于生物多样性的保护与利用有关键作用。因此，联合国认为必须增强农村妇女的权能，她们是促进农业和农村发展以及保证粮食安全和营养的关键力量。GIAHS 关注经济多元化的机会，通过适应气候变化、减少人口迁出、积极提高经济生产力提升妇女社会地位，以推动文化传承与永续发展。

在安溪，广泛认为女性组织在茶产业发展中起重要作用，但对其实际表现却少有研究。关于农业文化遗产保存在社区重建过程中社会生态效益的研究也很少。本研究试图解决以下问题：安溪铁观音如何传播农业文化遗产？农业有关的文化遗产的内容是什么？如何保护农业文化遗产？由谁来保护？以下定性研究将侧重于具体案例，探索女性组织在茶类农业景观的保护、开发中总结的成功经验。

二、安溪全球重要性农业遗产发展脉络

在中国，浙江省青田县的"稻鱼养殖系统"被确定为中国第一个全球重要农业文化遗产，这可以看作是全球重要农业文化遗产在华活动的首次尝试。2013 年，农业部办公厅印发了两份文件，作为列入全国重要农业遗产系统名录的指南。我国的 GIAHS 及其他重要农业文化遗产大多分布在传统农业地区，拥有发展二、三产业的丰富资源。然而，当前大部分遗产地的产业发展程度较低、经济相对贫困，还面临着遗产保护的约束问题（Yang Lun et al.，2019）；同时，投资回报率较高的乡村旅游势必影响农业生产的可持续性（Yang Lun et al.，2019）。截至目前，我国全球重要农业文化遗产增至 18 项，数量居世界首位。

安溪县是中国的乌龙茶之乡（张彦霞，2021）。嘉靖《安溪县志》载："安溪茶产常乐、崇善等里货卖甚多。"（周重林等，2015）。福建安溪铁观音茶文化系统的核心包括传统铁观音品种选育、种植栽培、植保管理、采制工艺和茶文化等，安溪县从事茶叶种植、加工的农户约 20 万户，来自茶产业的收入占农民人均纯收入的 50％以上，福建安溪铁观音茶文化系统保护对于当地农民就业增收意义重大（吴顺情等，2017）。

茶类农业景观综合了茶庄园与茶文化旅游。安溪铁观音茶文化系统具有独特性，茶庄园与传统的茶园、茶庄含义不同，它是茶业、文化、旅游等综合体开发的开端（雷鹏等，2020）。安溪茶庄园转型比较早，安溪县政府曾组织多家茶企赴欧洲学习葡萄酒庄园经济，考察团由有关部门和茶叶龙头、骨干企业负责人组成（蔡建明，2010）。安溪县 2014 年出台的《安溪县扶持发展休闲农业工作方案》中规定安排专项资金用于支持休闲农业园区的建设，安溪建成茶庄园 32 家（雷鹏等，2020）。现今安溪茶庄园的发展已初见成效，安溪茶庄园现阶段有三大发展路径：生产型茶庄园、观光型茶庄园、综合型休闲茶庄园（梁晶璇等，2019）。在旅游方面，安溪作为产茶大县，以着力打造集茶叶生产和茶文化旅游于一体的茶庄园为重要抓手，推动茶业与文化旅游深度融合（江育等，2021）。茶业、农业、工艺业、文化产业与旅游业融合发展并将茶文化旅游列入重点项目。2019 年，全县共接待国内外游客 848.92 万人次，实现旅游总收入 111.13 亿元。茶庄园与茶文化旅游促进了茶类农业景观的构建。

在文化遗产传播方面，2019 年 3 月在中国茶乡安溪率先建立一个以女性为主体的传习平台——安溪铁观音女茶师非遗传习所，不断培养和输送一批批女性茶艺师（陈林森等，2019）。安溪铁观音女茶师非遗传习所自成立以来，便以壮大女性非遗技艺传承人队伍为己任（何环珠等，2022）。在安溪，建成福建省首个乡村振兴"生态小院"，"生态小院"特色服务团队通过系统、专业、规范的技能培训，深化了"产教融合"和"师带徒"机制，搭建了开放共享的学习平台。2022 年，安溪铁观音文化系统被认定为全球重要农业文化遗产（GIAHS），这说明，开发安溪铁观音农业文化遗产是一个日益重要的问题（图 4 - 6）。

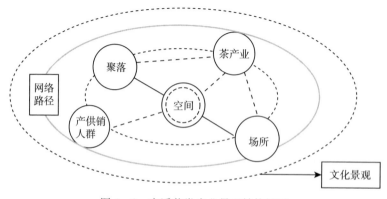

图 4 - 6 安溪茶类农业景观结构链图

三、研究区域与数据收集

安溪县，位于福建省东南沿海，由于地形地貌之差异，形成内外安溪明显不同的气候特点。东部外安溪属南亚热带。西坪镇，隶属福建省泉州市安溪县，地处安溪县中南部、内安溪山区，东南与虎邱镇接壤，西与芦田镇、龙涓乡毗邻，北与蓝田乡、尚卿乡交界，行政区域面积145.53千米²。截至2020年6月，西坪镇辖1个社区、26个行政村。西坪镇为中南亚热带海洋性季风气候，由于西坪地势变化显著，地面起伏大，气候变化明显，一山有四季，十里不同天，隔山不同风，同时不同雨，就是各地气候差异的生动写照。

本研究对以下问题进行分析：如何描述当地以茶产业女性为首的群体与农业文化遗产之间的联系？这个问题是在系统分析如何界定或使用"文化遗产""积极农业"和"附加值"概念后提出的。文本分析与篇章分析有很多相似之处，文本被视为表达社会产生或意识形态嵌入一个群体、一个机构、一个部门等内部认知的关键。文本（包括书面材料，但也包括艺术作品、照片等）不是单一的表现形式，它们是相互联系的，通过所谓的互文性相互影响。

下面我们结合代表人物（分别以AX1、AX2、AX3等代表）的看法进行分析：①AX1，茶场管理者，参与生态保育，国营退休人员；②AX2，"茶香人家"管理者，退休人员；③AX3，安溪铁观音申遗执行人；④AX4安溪铁观音女茶师非遗传习所执行人；⑤AX5，安溪铁观音女茶师非遗传习所成员；⑥AX6，女茶艺师，参与女茶师非遗制作技艺竞赛。

四、结果与分析

（一）生态网格景观

聚落与茶园自然景观是安溪茶农业文化遗产发展的有利因素。整个茶文化系统体现了人与自然和谐发展的特点，促进了茶类农业景观的发展。茶农业景观包括自然景观和人文景观，人文景观是茶文化与地方文化的融合，包含茶文化、茶叶生产形式、道路、村庄和生活体验等。安溪西坪镇的群山中，还有两片遥相呼应的古民居群落坐落在两座山尖之上，这里有30余处古大厝群，对应着近现代中国30余个老茶号，如泰山楼的梅记、盘乐楼的瑞珍等。有记载：乾隆六年，安南（今越南）创办"王冬记"；光绪年间，在台湾开设"泰山茶行"，在印度尼西亚开设"梅记茶行"，西坪"日寨"和"月寨"家族一直以来是海外闽南茶商的代表。在山里据此演绎出许多有趣的习俗。20世纪90年代后经济衰退，当地居民逐渐迁出，耕地也逐渐荒废。改造后保留历史痕迹，老茶号聚落与茶园自然景观和生态资源丰富，山水相依，人、水、土、动植物和谐相处。"日寨"和"月寨"构建田园式的茶庄园，提供了包括自然、半自然和人造空间等类型的多样化区域，以支持形塑社会生产景观与农业文化保护实践。受访者 AX1，一名地方领导者，说：

> "虽然原聚落功能已丧失，仍有些人珍惜那些曾经在茶场边生活的记忆，并非常重视它们今后在当地社区的角色，如发展农业文化遗产。安溪西坪社区提出将传统聚落、传统国有茶农场基础设施区，改造成公共、开放、多功能的农业文化遗产。"

具备自然特征与生态网格形式的茶园景观特征，有助于安溪农业文化遗产的发展。农耕体系与自然紧密相依，不同地区的农耕体系造就了丰富的景观人工调控性，与绿色设施相融的茶产业自然景观特征使得人与自然相连接。目前，遗产地茶园景观达到 70% 以上。福建安溪铁观音发明于 1725—1735 年，发源于安溪县西坪镇尧阳山麓，西坪镇是乌龙茶制作技艺的发祥地、茶叶短穗扦插育苗法的诞生地及铁观音发源地。纯种铁观音植株为灌木型，树势疏展，枝条斜生。民众对铁观音茶文化系统特征、历史发展、独特性、生态系统等遗产价值和保护重要性有较清晰的认识，地方政府启动茶园"复合生态景观工程"建设，以探索"茶、林、果"等生态景观模式。受访者 AX1，茶场管理者，参与生态保育，也是国营退休人员，他说：

> "境内群山连绵不断，地面起伏大，一年内大部分时间云雾缭绕，土质大部分为酸性红壤，特别适合茶树生长。传统的安溪铁观音种植采用了十分巧妙的套种模式，有利于茶园生态的稳定发展。"

综上所述，分析表明，铁观音农业文化遗产作为农村生态系统的一部分，对其的保存在保护农业生物多样性和环境资源方面发挥着重要作用，可视为乡村绿色基础设施的宝贵贡献者。总体而言，安溪发展了一个包括农业生活、生态景观在内的历史乡土景观网络。

（二）线性景观的文化形塑

结合茶庄园的旅游是安溪茶农业景观发展的有利因素。茶庄园景观活化的构想在整体架构上需注意茶生态系统、庄园文化馆所、观光据点的动线串联与活动行为的构想。安溪丰富的茶叶资源推动了当地茶产业和旅游业的融合，地方政府借鉴欧洲葡萄酒庄园做法，制订地方标准《茶庄园建设指南》。目前已初步建成云岭、德峰、华祥苑、高建发等特色茶庄园。现代的茶庄园，以及不同景观要素在空间上的组合方式，会导致景观空间结构、景观功能与服务、视觉感受等差异。安溪以茶庄园为主串点成线构建景观遗产廊道，同时茶庄园景观遗产廊道继续通过文化线路向外延伸，已成为茶业和文化线路有机融合的茶农业景观。受访者 AX1，茶场管理者，参与生态保育，国营退休人员，说：

"在安溪，农民中有 80％ 在从事茶行业，农民收入有 56％ 来自茶产业，目前，安溪县茶园庄园化管控面积达到全县茶园面积的 47％。"

安溪茶农业文化遗产的成功发展有赖于旅游路线的开发（图 4-7）。旅游线路的特点是融合了自然、文化和社会资源，展示线路所在的农村地区的独有特征。安溪西坪古镇的重要文化景点主要分布在系统的核心区，位于西坪镇的尧山、尧阳、南阳（南岩）、松岩等村庄。这些重要的线路周边具有典型的闽南传统建筑风貌，沿聚落茶庄园——原乡十里茶路区所在的社区是一个典型的聚居区。2016 年推出首批"茶香人家"，将茶山或茶园附近的条件适宜的茶农居所打造成特色民宿，如魏荫茶香人家和南山茶香人家主打的是"魏说"和"王说"茶叶原乡，月寨茶香人家主制茶体验等。因此，"茶香人家"被定义为一个旅游路线，该路线将位于特定农村地区的几个遗产景点与被选为旅游催化剂的遗产地点联系起来。受访者 AX2，"茶香人家"管理者，退休人员，说：

"安溪茶文化历史，由民间传说、民风民俗等文化内容与当地物质景观共同组成。积极开发采茶歌会、制茶体验和茶道交流等茶文旅体验活动，设计、推广安溪茶主题旅游线路，并与周边茶旅串珠成链。"

图 4-7　安溪古聚落泰山楼；安溪生态小院

综上所述，西坪古镇的整体图像是线性景观的文化形塑，显现了古镇古迹、街道地界、地理环境或茶庄园等，史迹据点的空间构件也是公共设施中的一部分，如街道、家具与导览指标的结合，涵盖了人民生活、民间活力、空间规划、茶文化活动的行动轨迹、"茶香人家"空间与入口意象的统一与结合等。这是一个生产与再现的过程，与时间、区域发展的演进紧密联结（图 4-8）。

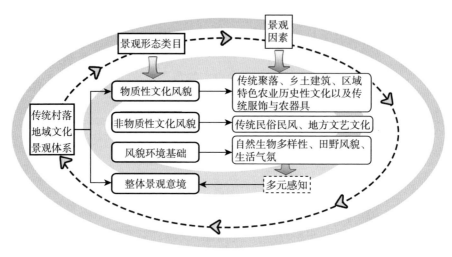

图 4-8　安溪文化景观

（三）女性与遗产技艺

在农业文化遗产保存中，女性组织扮演着重要角色。安溪女性与茶案例研究表明，地方文化在塑造人们的生活方面非常重要，也显示了民间女茶师非遗传习活动作为文化资本、可持续生计及培育农业文化遗产核心的价值。女性为主体的传习平台安溪铁观音女茶师非遗传习所，通过"师带徒"机制，搭建开放共享的学习平台。除了国内茶界的知名女专家和女茶师，还有来自美国、德国、斯里兰卡、韩国、马来西亚、日本等国家的女专家和女茶师。安溪铁观音女茶师非遗传习所具有一系列特征，可体验生活方式、互助学习等，提倡代际联系、相互鼓励和经验交流来实现，主要目的是通过展示茶文化技艺以传递发展文化。此外，群体成员之间以及协会之间的运作也是社会网络交织，交织性体现血缘地缘关系的特征拓展茶叶市场，彼此影响变互动发展。受访者 AX3，安溪铁观音申遗执行人，说：

"在安溪，女性参与了农业文化遗产保护的各个环节：采茶、种茶、挑茶梗、加工、开茶店。会员有 300 多人，带领女性在各环节进行传帮带教学。安溪申报全球重要农业文化遗产时主要问了一个问题，妇女在安溪铁观音茶文化系统保护和传承中起到什么作用？这是最好的答案。"

受访者 AX5，安溪铁观音女茶师非遗传习所成员，说：

"这几年来积极地参与安溪铁观音女茶师非遗传习所的活动，修习传习所提供的相关教育课程，让我学习成长，让我现在变得很专业很用心。"

重要茶景观"生态小院"向我们展示了如何通过连接女性、自然和微型产业来重新焕发活力。安溪铁观音女茶师非遗传习所在洋坑村设立"生态小院"，以"1977 茶云故事馆"为主场馆的闽南古厝在进行改造过程中保存了原先村庄特有的功能空间布局、建筑结构和植物群落。整体环境呈现村落的"水""闽南聚落""茶园"等特色元素，功能上搭建开放共享的学习平台。"生态小院"是一个典型的茶庄园，整合古民居资源，将安溪茶文化和闽南古民居文化相结合，向我们展示了如何通过连接人、自然和微型产业来重新焕发活力。"生态小院"品牌拓展的故事揭示了文化资本对可持续生计的重要性，文化的物质和具体形式应被视为可持续发展的潜在资产。结合重要茶景观"生态小院"的农业文化遗产保存在形成社会凝聚力方面发挥着至关重要的作用，受访者 AX4，说：

"'生态小院'的发展宗旨是不间断扩大传习平台，深入一线，还有一批批茶区也准备或正在提交设立基地的申请，由点及面，初步形成扩散式发展效应。"

"把女性从业人员吸引到'生态小院'来，成为懂技术、有文化、会管理的女性。开办茶非遗专题报告学习班，并把内容延伸至茶叶生产与绿色发展技术传习、茶叶传统制作技艺传习上。"

受访者 AX5，说：

"'生态小院'就像一个大家庭。我们在工作中分享的快乐、创造力和旧传统的复兴将我们联系在一起。传统的保存、社交、放松、相互教学……，'生态小院'教会了我很多，通过它我学到新的知识，并从中获得乐趣。作为'生态小院'的一员，我觉得自己很有用，也很有能力。我喜欢探索历史、过去的习俗，我像海绵一样吸收其他家庭主妇的知识。"

女性"斗茶"民俗文化的形塑与茶类农业文化遗产形成有关。女性的活动与当地文化遗产的创造相联系，广泛地影响农村社区的生活，GIAHS 特别重视女性，认为她们是许多传统知识的持有人，对于生物多样性的保护与利用有关键作用。安溪铁观音茶农业文化遗产不仅呈现了一个基于民俗文化——斗茶的文化遗产保存发展过程，而且构建了具有凝聚力的社会网络。"安溪铁观音女茶师非遗制作技艺竞赛"以交流合作、互相学习、分享经验为主。斗茶组织的主要成员包含女茶师、司仪与主敬。斗茶的初赛、复赛、决赛三个阶段，不仅仅是一种单纯的茶叶产品质量比拼，更是一个宣传茶叶的特殊方式。女性文化——斗茶这一民俗活动显示了非物质文化遗产保存的优势特征。社会资本形塑茶农业文化遗产的过程被视为一种社会学习过程，通过对个人授能及公民参与的集体行动，促进社会经济的发展。受访者 AX6，女茶艺师，女茶师非遗制作技艺竞赛者，说：

"女茶师斗茶仍然保留了当地的习俗，众多女茶师围坐在一起鉴茶、品技。技艺竞赛展示种植茶园的工作、收获习俗和传统知识，以便让年轻人更容易接触到这些知识。"

安溪铁观音茶农业文化遗产的成功发展有赖于意识到妇女在社会发展和国际合作中的作用。农业文化遗产保存激发当地民众的持续参与热情，使基于"传帮带"的国际交流成为可能。安溪铁观音女茶师非遗传习所通过邀请国际专家学者和开展"无我茶会"培训，成功促进安溪铁观音茶文化实现国际化传播；自成立起已开展150多期培训会，前后共有来自意大利、俄罗斯、韩国、英国等50余个国家的国际生接受培训。此外，国际茶友牵头在美国硅谷成立了北美安溪铁观音女茶师非遗传习基地。由此，女茶师传习所在全球范围内进行非正式的教学，以使更广泛的公众了解全球概念，如可持续发展、性别平等、减轻贫困和失业等。把性别发展与非遗文化融入地方文化系统，有助于增强农村妇女的权能。受访者AX1，说：

"在形象推广上，她们很注重媒体宣传，积极接受采访，并不定时主动提供给媒体有关她们产品的新闻。"

"来自肯尼亚的联合国粮农组织全球重要农业文化遗产科学咨询小组专家表示：在这里她不仅看到许多女性参与到这个活动中，也有许多国际生参与到茶文化的传播中。"

受访者AX4，安溪铁观音女茶师非遗传习所执行人，说：

"无我茶会就是把当代的茶文化精神，用很有形的方式来展示给大家。无我茶会不是为了办活动而办活动，而是生活的一部分，大家相约去哪里泡茶就去哪里泡茶。这样茶文化才能深入每个人的心灵和生活里，才能持久。"

综上所述，研究表明，农业文化遗产保存发展过程的特点是合作、相互学习和经验共享，妇女在实现可持续政策目标方面具有重要作用。为实现女性茶艺传承人相互合作以使得茶产业兴旺的目标，有可能发展环境友好型经济。农村地区的妇女不仅是母亲、家庭主妇和好厨师，她们还负责经营茶园。表明了妇女在茶文化遗产的重要性，特别是在茶与艺术、保存和生产茶方面的重要性。女茶师参与国际性遗产伙伴关系网络的建立，鼓励当地组织加入"全球农业遗产伙伴关系网络"，参与相关交流活动，创造茶产业的附加价值。

五、农业景观与女性的技艺传承

本书以安溪铁观音为例，旨在探索多功能农业文化遗产对乡村振兴的作用。结果表明，以聚落茶庄园为基础的"生态小院""茶香人家"及田园式路线等促进了安溪农业文化遗产的可持续发展。正如 Harrison Rodney 所强调的，与可持续发展相关遗产的新作用可以在建立更好的人际关系和代际联系、丰富非正式学习的内容、改进新商业产品（如制茶）、保护和可持续利用自然材料等方面看到。在空间维度方面，提高居住的质量和多样性价值是社区景观的主要好处。在社会层面，农业文化遗产对提高社会凝聚力和振兴社区具有重要作用（李文华，2014）。在生态方面，农业文化遗产在自然形式上主要包含茶林梯田与多样性的生物。这两大物质的存在对聚落茶庄园景观非常重要。通过探索西坪社区的成功经验，本书旨在确定全球不同形式的农业文化遗产的保存方式，并从中国本土视角探讨女性的传习与培育对农业文化遗产的保存与发展的作用。

　　基于聚落式与田园式构建茶农业文化遗产提供了包括自然、半自然和人造空间等类型的多样化区域，创建了相互关联的空间资源，以支持农业文化遗产保护实践并兼顾实践空间与自然的亲密度。如 Shuib、Hashim 所提出的，林地、大片稻田和人类长期塑造的文化景观有助于农村景观特征的形成。调查结果显示，安溪维护良好的绿色网络在提供有吸引力和健康的环境、为地方创造独特的景观特征以及建立具有多重作用的农业文化遗产等方面都发挥了重要的作用（图 4-9）。

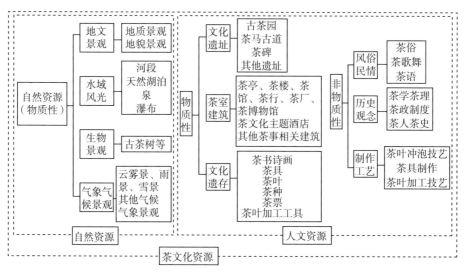

图 4-9　安溪茶文化资源

　　当前，安溪的农业景观主要是以庄园为基础演化的生态小院、茶香人家等聚落形式，通过连接自然、人和微型产业的田园线路产业形式。正如 Anton-son 等（2014）提出的研究实施不同环境领域的规划路线时，特别注意经济规划的总体战略和利益攸关方的参与。旅游线路的特点是混合了自然、文化和社会资源，展示了线路所在的农村地区的独有特征（Bruwer，2003）。遗产路线是旅游路线的重要组成部分，遗产路线的概念主要用于促进乡村旅游发展。调查结果显示，安溪农村地区旅游线路的规划策略，旨在促进农村文化遗产保护和多样化的旅游发展。旅游线路的规划是在适当的遗产解读策略下进行的，旅游路线结合了重要的地域潜力，如传统的乡村建筑和生态美食。通过推广传统的农村建筑和生态美食，旅游线路为农村多样化提供了一个重要机会，因此有助于实现农村地区的社会经济可持续发展。

　　女性参与有助于安溪农业文化遗产的发展。斗茶赛中女性的参与，使文化观光地景成为"被阅读的文本"，文化景观成为性别、种族、族群、身体及后现代等在不同的"阅读"与"诠释"工具下，所制造的"符码"。女性斗茶赛作为地方节庆式活动的一项意义，是在过程中推动"社区"的"地方认同"构建。斗茶赛重新联结起女性与空间，形成一个有凝聚力的社会网络。从文化景观的角度来看，女性斗茶赛文化是信仰、土地、地方居民的互动所呈现的是一种进行式的人文地景，符合当代的社会需求。耶鲁大学 Nancy Qian（2008）曾研究指出，茶叶价格越高，产茶区的女性人口比例就越高，产茶区的女性地位也越高。此外，近年来国际组织特别是非政府组织，特别关注妇女在经济和社会发展中的作用。许多无偿的国际合作项目通常都是以消除妇女贫困、推动妇女发展、促进妇女进入主流社会为目的（陆鸣等，2004）。调查结果显示，参与女性非遗研习团体的采茶妇女对许多游客来说是一个很大的吸引，他们对观察生产茶的真实生活过程很有兴趣。许多游客很欣赏当地妇女拥有的世代相传的知识。游客还能够感受闽南的传统文化和习俗。

六、小结

　　安溪铁观音的案例有效证明，通过古老的茶作物试验种植的流程体验，游客将发现一个充满活力的环境，这将构成与女性团体的非遗研习、教育和领土推广有关的活动基础。值得强调的是，妇女发挥着至关重要的作用，她们可以凭借其知识、经历、同理心和对不同代人需求的敏感性，为高质量发展做出重要贡献。关注未来传统特色产业振兴应该由社区自主的力量朝向将地域文化、观光与生活结合模式转变，以此来重塑地方意象，提高地域产业的生命力及产业的振兴成效。主要研究结果如下。

（1）网格空间因素。将周边的自然与人联系起来的景观特征、茶林梯田，以及农业社区般的茶庄园景观，使西坪以聚落茶庄园为基础的农业文化遗产完美保存且与众不同。

（2）线路规划因素。茶庄园是安溪茶农业文化遗产发展的有利因素，农业文化遗产的成功发展有赖于旅游路线的规划，体现了对社区的形塑作用。

（3）创新因素。女性团体的非遗研习、培育及参与国际交流提供了一系列创新的社会空间，说明了在茶叶经济持续发展和全球经济一体化的现代社会，女性的作用越来越明显。

安溪铁观音茶农业文化遗产强调的是自然塑造与人在维护多样性基础上创造乡村地景，包括对环境友善的土地使用，以农村维护自然生态的独特功能。因此，在处理与规划乡村边缘空间的议题上，必须特别注意对茶园、绿篱、田间树丛、池塘等接近自然景观元素的维护，一方面，营造具有地方自然特色与多样性风貌的农村意象；另一方面，保障动植物的生活空间。

第五节 培田村乡土景观的内生式发展

一、问题与缘起

越来越多的国家开始关注乡村贫困问题。为了解决这个问题，最先产生的发展模式是外源式发展，这是一种外力援助乡村的方法：吸引产业进入乡村，改善乡村结构，引进新生产技术。20 世纪 70 年代，人类学家提出内源式与参与式发展理论，并被世界银行和联合国开发计划署广泛运用于发展中国家的乡村发展（鲁可荣等，2008）。内生发展的研究从欧洲开始，迅速蔓延到了亚洲地区，首先开展这项研究的是日本，在贫弱乡村建设中，开展了"一村一品"的造乡运动。这项运动强调农村内部资源的开发（李乾文，2005）。在欧洲，内生发展理论主张在激活乡村内部要素的同时链接外部要素，以实现自身发展。日本更强调内部要素的重要性，建议排斥外来参与以实现"自主获益"的发展。虽然各学术研究者对于内生式发展的界定有所不同，但还是有一些相通之处，包括以当地村民为发展的主体、提高当地发展的能力、保护环境与文化多元化，其核心是借助当地资源，进行自我维持（Garofoli，2002）。总体而言，内生发展主要由地区内部推动参与，充分利用自身力量资源、尊重自身价值与制度、探索适合的发展道路。对于村庄而言，内生发展强调村民参与、传统价值、挖掘利用当地资源、内部各要素的关联性以及将利益分给村庄。文献表明，节庆旅游对促进当地发展的关键优势是提供内生式发展和环境改善的机会，以及更明显的创收效益。

自 1991 年中央启动相关领导培育计划以来，内生发展模式在农村地区广受欢迎，其核心聚焦于"网络"构建这一社会创新的关键要素。地方或区域领导力的培育被视为驱动区域经济增长的重要引擎。当下，强化地方领导力已成为推动农村社区实现长期可持续发展的重要策略。回溯历史，从传统农业社会中宗族自治的自治模式，到改革开放后涌现的"能人治村"现象（陈钰凡等，2022），不难发现，农村发展的内在逻辑始终蕴含着对本土智慧的尊重与利用。尤为值得一提的是，在传统村落中，宗族力量作为一种自下而上的组织方式，极大地激发了村民的主观能动性，对于维护村落的生态活力与文化原真性发挥了不可替代的作用。

在培田村进行田野工作期间，就社区文化特色、社区资源、发展主题、社区产业、社区营造项目、传统保存类别、社区大事记等问题进行深度访谈，研究内生式发展地方文化资源如何在日常生活中运作。培田村在空间改造、文化传播、产业策划、经济组织等方面进行了实践探索。不足之处：对古迹的文化灵敏度不足，对乡村景观的文化规划需进一步完善；公众参与乡村景观营建制度不健全、参与方法缺乏可持续性。因此，以下定性研究将侧重于具体案例，探索培田村如何内生式发展地方文化资源。

二、闽西培田村发展现状

培田村位于连城县宣和镇中北部，始建于南宋时期，明中叶初具规模，鼎盛于康乾盛世，是一个以农耕为主，耕读传家的典型客家血缘村落（图 4 - 10）。具有深厚的历史底蕴，保存完整的山水格局、聚落形态、街巷空间，独具特色的水系渠圳、客家建筑形制，被誉为"客家庄园"与"民间故宫"。培田古民居建筑群由 30 幢华屋、21 座古祠、6 个书院、5 所庵庙道观、2 座跨街牌坊以及 1 条千米古街组成，总面积达 7 万平方米。培田村于 2005 年被评为"中国历史文化名村"；2006 年被评为第六批"全国重点文物保护单位"。近年出台的编制规划性意见和建议如《培田村古建筑群保护规划》、《连城县培田村传统村落文物保护工程总体方案》等。

耕读文化与地方学习体系的形成。耕读传家、崇文重教一直以来都是培田的传统（张文明等，2015）。培田村祠堂也会举办一些文艺活动，比如演社戏（巩叶等，2020）。知识分子家庭崇尚"半耕半读"的生活方式，并世代沿袭。古镇较大的家族，如郑氏家族，曾设立私塾以供宗族子弟读书。旧时的书院和家塾已难觅踪迹，但致力于推广平民教育的培田客家社区大学正在传承客家耕

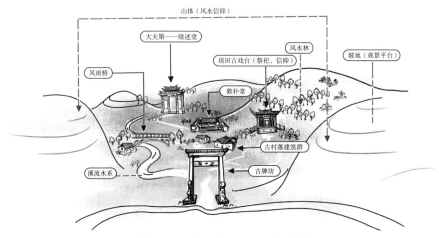

图 4 - 10　培田村天、地、山水图

读的历史。培田村留存的多处学堂遗址、质朴的乡土生活方式以及良好的自然
环境等，使其耕读文化被凸显出来，成为青少年进行乡土游学教育体验与消费
的主要目的地（王瑶，2018）。在清朝末年的变局之下，培田士绅还发起成立
了"培田公益社"这一受到官府认可，具有很强地方自治功能的组织（邱建生
等，2018）。20 世纪 30 年代以来，由于外部交通条件的改变，培田村区位优
势不再，面临的主要问题包括：公共服务建设资金来源不稳定，古建筑面临破
旧、损坏的危险，维护维修难度大，老村居住环境整体较差；村庄空心化，高
素质的当地青年流失较严重（镇列评等，2017）。随着市场经济的发展和社会
形态的改变，培田包括十番音乐、游龙灯、春耕节等文艺形式或节庆活动
（图 4 - 11）都已日渐式微（邱建生等，2018），因此削弱了地方文化认同，社
区活动失去活力。

　　培田客家社区大学是福建第一所以培训农民为宗旨的大学，于 2010 年由
中国人民大学乡村建设中心、21 世纪教育研究院、北京晏阳初平民教育发展
中心等多家机构发起成立，是社会公益组织（邱建生等，2018）。旨在"打破
精英教育的围墙，在当地推行新型的平民教育"。培田客家社区大学还通过网
络众筹等方式为村中的老屋改造、老手艺新生等项目募集资金。培田客家社区
大学围绕乡村的文化、经济、社会等各个层面开展工作。

　　在长期发展历程中，以传统村落为代表的乡村地区逐步形成并保持着稳定
的社会结构与生活习俗，依托血缘、地缘形成的村落有着较强内生力（镇列评
等，2017）。培田近年来有大量观光资源进入，除了官方修复古迹及开放外，

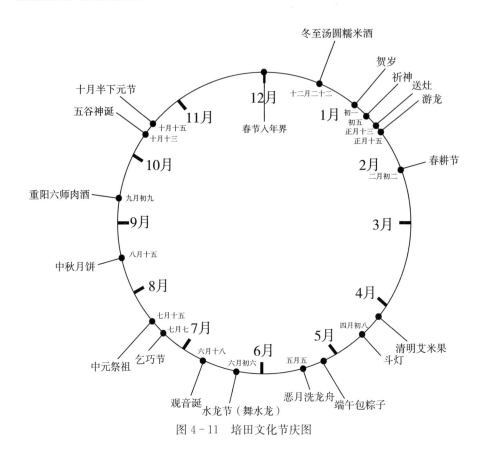

图 4-11 培田文化节庆图

民间也有许多地方资源投入，开始关心在地历史与产业资源，试图在培田培育具有在地特色的文化产业。在空间改造、文化传播、产业策划、经济组织等方面进行实践，如跨河廊桥活动、开放厨房空间改造、同类建筑自发改造、春耕节等。2011年起，通过众筹设立了全国首个农村"老人公益食堂"，为村中孤寡老人配送免费餐食，发扬互助敬老之风，增强村庄凝聚力（镇列评，2017）。本研究的目标：探讨培田客家社区大学凝聚民间力量的措施及成效，借由乡村能人如何凝聚地方资源；探讨传统产业与文化结合增加培田地方经济效益，增强传统空间识别性的方法。积累内生式发展地方文化资源的经验，以为政府部门研拟产业振兴与观光发展提供参考。

三、研究区域与数据收集

培田村，位于福建省龙岩市连城县西南部，毗邻长汀县、国家 AAAAA 级景区冠豸山，总面积 13.4 千米² （图 4-12）。培田村坐落在宣和乡境内，村外共有五个山头。培田村境内主要河流为河源溪。培田村属亚热带海洋性气候，春季多雨秋冬少雨，冬季无严寒，夏季无酷暑，最高气温 32.8℃，最低气温 4.4℃，年平均气温 18.8℃，雨量充沛。

图 4 - 12　培田区位图

下面我们结合代表人物（分别以 PT1、PT2、PT3 等代表）的看法进行分析：①PT1，古厝保护工作组组长，退休教师；②PT2，民宿经营者，从外地返回培田的中年人士；③PT3，春耕节组织者；④PT4，古村落保护与开发协会副会长，小学退休教师；⑤PT5，游学经营者；⑥PT6，古村修缮工匠师；⑦PT7，当地导游。

四、结果与分析

（一）文化学习的潜力

培田客家社区大学是进行地方文化资源实践的范例。遗产实践和非正式学习是可持续发展政策更容易被人们理解的方式和途径，由社区主导的个人和团体的工作便于成员交流。培田村所办书院和学堂有十倍山学堂、白学堂、业屋学堂、岩子前学堂、南山书院以及清宁寨学堂等数十所。培田客家社区大学提倡社区公共参与，围绕乡村的文化、经济、社会等开展工作。例如，文昌会的转型，是给传统组织注入新的公共服务功能的绝佳案例。培田客家社区大学在工作伊始就认识到恢复传统的重要性，文化资产敏感地图的绘制作为培田客家社区大学的基础，基于培田历年来空间与社会发展积累下的真实经验，以创造议题—激化关心—扩大认同—集结故事—社区地图—文化资产等构建，"文化深耕"贯穿地方文化资源发展全过程。受访者PT1，古厝保护工作组组长，退休教师，说：

"根据人们所说的，我们可以自信地说，在过去的一年里，居民对培田客家社区大学活动的态度有了明显的改善。越来越多的当地居民开始制作龙灯，当地人也越来越重视传统的复兴，社区大学将带有地方特征的姜糖生产工艺、剪纸工艺、竹编工艺和布艺发展起来，越来越意识到这不是落后的东西，而是通向更美好未来的重要资源。"

"这些传统活动表面看只是几天的热闹，但像龙灯节有将近一个月的龙灯制作时间。在这段时间各房各族老老少少都聚集在本房中最大的老宅里，一起制作龙灯，人们在这种共同的劳动中增进了情感和互信，孩子们也在这样的劳动中得到熏陶锻炼，增加了社区意识和认同。"

培田的案例表明，愉快的工作、学习、互动和放松的环境对于发展地方文化资源至关重要。改善文化环境一直是培田社区发展的一个重要方面。通过内生式发展地方文化资源，将社区成员聚集在一起，有助于进一步振兴社区。培田客家社区大学腰鼓队、盘鼓队进行的是自下而上的集体工作，而不是自上而下的专制工作。这一过程提高了人们关于如何发展地方文化的认识。首先，入驻半年后即开始支持十番音乐的乐器购置，同时鼓励稍年轻点的村民去学习，在各种场合邀请十番乐队表演。其二，把农村妇女从家庭的灶台吸引到广场，提高社区的公共参与度，增加他们互动的机会，文化团体主要包括腰鼓队、盘鼓队和文艺晚会。受访者PT2，民宿经营者，从外地返回培田的中年人士，说：

"用外人的眼光或城里人的眼光来看培田，才发现培田并不是'什么都没有、什么都不值一提'，反而，培田到处都是宝。"

"社区大学学习、生活、唱歌、欢笑。我很自豪从一开始就参与其中。妇女们白天干活，为了不影响其他村民休息，腰鼓队晚上在较为偏僻的培田小学操场练习，每晚两个小时。参加的妇女年长的60多岁，年轻的30岁左右，妇女们聚在一起学习打腰鼓，她们的家人会来观看。我们与其他成员分享快乐以及不太快乐的生活事件；她们鼓励我继续学习，增强了我的信心。"

（二）民俗文化的内外生力

春耕节的恢复与创新，对于发展地方文化资源至关重要。春耕节不仅能展示地方文化，还能作为培田文化旅游发展的有利因素，推动旅游资源从有形资源（古村落、历史建筑、古井、溪水、山林）向无形资源（符号、故事叙事、创意和媒介）转换。2012 年，社区大学将祭祀"五谷真仙"及"里社"的民俗衍化为春耕节。通过举办春耕节的方式恢复培田祭拜土地的传统。春耕节借助了文昌会的组织力量，一方面，协助文昌会改组为培田理事会，吸纳更多中坚力量；另一方面，把春耕节的游龙灯、祭拜土地等传统活动交给文昌会去组织，使其在传统节庆活动的恢复中逐步扮演主要的角色。通过参与村庄各种传统或新式活动，培田理事会逐步在村庄中形成了向心力，也成为化解村庄矛盾的主要力量。更重要的是，恢复筹划春耕节，通过乡土文化与民俗体验带动村落经济发展，为活化社会资本提供启动因子。受访者 PT3，春耕节组织者，说：

"选定清明前后某个好日子，既沿袭祭祀农神，又为耕牛及农具挂彩披红，在彩旗、鼓乐营造的热闹气氛中，近 200 名农民巡游培田 1 周后，到附近农田演示犁耙与插秧，然后观看演唱。"

受访者 PT4，古村落保护与开发协会副会长，小学退休教师，说：

"举办春耕节，就是为了呼吁'耕者有其田，农者有其节'，让社会重视'三农'，让耕读文化真正成为农民的文化。在春耕节，稻田徒步旅行包括农业活动，而且专门为游客准备了一块具备耕具的土地。"

值得一提的是，内生式区域发展，重视充分利用外部资源促进自身经济发展。外部资源参与的"拉力"在于提供诱因或制造机会来满足居民的需求，以提升居民参与的动力，目前的状况是培田社区居民支持民俗文化活动，地方政府也有意识将这项非物质文化遗产保存纳入社区振兴的工作。受访者 PT5，游学经营者，说：

"在春耕节，我们多开发游学活动，让游学团可以在培田停留至少两天一夜，深度团甚至可以达到一周时间。虽还不足以给培田村整体带来多少变化，但却给涉及的农户带来更多旅游收入。"

"我们与村民合作，以'策划换宿'形式进行参与式改造，既让破败的老屋重获新生，又为屋主带来经济效益，激发了村民自发更新改造的热情。"

综上所述，培田社区的案例呈现了民俗文化遗产的保存发展过程。民俗文化的恢复，对于发展地方文化至关重要，也是实现遗产整体可持续性发展的重要环节。培田社区发展协会凝聚整个社区居民共识，以促使居民参与社区公共事务，形成"内生力"，使社区意识变成居民心中对社区的价值与认同。春耕节作为一种媒介，促成以"跨领域"的共同工作方式激荡出新的文化经验。因此，社区参与的民俗文化是体现社区意愿和为社区争取权益的有效机制，是遗产地可持续发展的必要条件。

（三）提升乡村能人的能力

乡村能人在形成社会凝聚力和福祉方面发挥着至关重要的作用。地方创生的实施路径是地方赋权。即赋予当地人自我发展、自我再生的能力和权利。传统上，乡村能人被描绘成经验丰富、制定决策、动员民众、管理资金和资源、为地区问题提供解决方案的人，培田社区乡村能人综合文化潜力内生方法，将有形（体现在建筑、建筑和场地中）和无形（体现在传统、习俗、节日、手工艺品和创作中）文化遗产问题结合起来，并利用这一潜力促进当前的发展。20年前，当地乡村能人联合村里28位老人，一起发起成立培田古村落保护与开发研究会，以收集老照片的方法，将这些尘封已久的历史资料"挖掘"出来以便留存。培田古村落的开发主要分为多个阶段：古民居理事会独立统筹；村民自主发展；古民居理事会牵头；村民入股参与；企业参与运营。特别是第一阶段，乡村能人带头搜集了培田古村的历史和文化资源；如协调紫阳书院、锄经别墅、容膝居、纪勋武馆等主要文化景观点的居民，开放景点参与旅游开发，将其文化精华整理成文字和导游词；更重要的是，调动在地居民的积极性。受访者PT4，古村落保护与开发协会副会长，小学退休教师，说：

"之前老房子有的垮塌，有的长满杂草，我觉得太可惜了！这可是我们客家文化几百年传承下来的载体，一定得保护起来，我就开始呼吁大家一起做工作。"

"我们通过查阅县志、乡志，收集散落在村民手中的族谱，收集整理培田村历史人文和建筑资料，申请将村里古民居、古宗祠纳入政府文物保护范围。"

从文化资源、发展地方的角度来看，乡村人才都是使得内生式区域发展模式取得显著成效的要素。乡村精英与乡村文化自治之间是相辅相成的关系。培田社区村民自治共管，设置古民居理事会，处理当地居民的各种纠纷以及保护历史建筑。此外，为了让修缮技艺得以传承，扩大古建筑修缮团队，采用修旧如旧的方式，对古民居进行抢救性维修。受访者PT6，村修缮工匠师，说：

"我家世世代代都是做木工的，村里古民居的修缮工作我基本上都有参与。整体环境有很大的改善。这些年来，看到村里古建筑都得到了保护修缮，我心里很踏实，很有成就感。"

受访者PT4，古村落保护与开发协会副会长，小学退休教师，说：

"同样的，并不是所有培田村民都能在初始阶段看重自己的文化。曾有居民来跟我们吵闹，说这些文化活动都是骗人家的，那破房子叫人家来看什么看啊。"

培田文昌会（2013 年后提升为理事会）承担了龙灯节的主要组织工作，这一传统的游龙活动重新开始组织起来，从过年前就开始准备，家家户户都参与到制作龙头、龙灯的工作中，增加了地方意识和认同。受访者 PT7，当地导游，说：

"龙灯节是培田一年中最盛大的节日，在这三天时间里对节日气氛的营造固然重要，但最重要的是前期制作龙灯的准备工作，它把家家户户连接起来，人们在共同的劳动中增进情感和互信。"

综上，案例研究表明了乡村能人最初以历史建筑空间更新与活化，从外引进新生产技术，带动村工匠师积极投入修缮，并持续吸引公私部门投入，连带影响外围环境的发展。在产业观光化成为聚落发展中重要一环的过程中，能人为地方文物及历史故事提供某种符号资源，以吸引人潮，从而吸引产业进入乡村，发展出新的文化特质（图 4 - 13）。

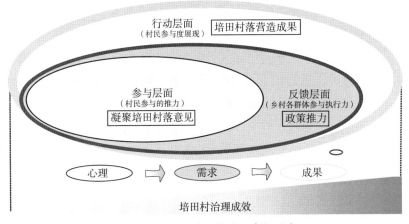

图 4 - 13　培田社区的公民参与示意

五、内生式发展乡土景观

国内学者研究了内生式发展地方文化资源的各种作用、功能和益处，但成长型乡村中的社会、经济和文化挑战的潜力经常被同等关注。文献表明，内生式发展可以扭转困扰古村落再生的 3 个现状：①丧失文化身份通过激发当地人对自己文化的兴趣来扭转；②缺乏财政资源用非物质遗产来扭转；③可以通过乡村能人的内源动力共同作用于传统村落，自组织与外来其他组织相互博弈协调，共同推动传统村落复兴发展（镇列评等，2017）。研究结果表明，内生式发展地方文化资源远不只是发展乡村景观，也是发展乡村旅游。

培田内生式发展，为乡村发展提供了一个集聚地方文化资源的方式。培田客家社区大学的耕读文化是在村落宗族体制下的自治与互助传统上建立起来的，具有知识性教育、农业生产与日常生活性教育相结合的形式（王瑶，2018）。耕读文化所形塑的文化氛围在地方产业振兴的背景下，为建立地方教育体系提供所需要的逻辑基础与价值导向（张小雨等，2022）。从社会资本上讲，以社会资本作为社区资源，并适当提供社区需要的培育课程与学习方法，以此强化社区认同，凝聚集体力量，共同解决社区所面临的问题或完成社区共同愿景。因此，培田社区大学开始了利用培田传统资源进行现代乡村治理的探索。

本案例研究虽仅涉及个别培田社区活动，如春耕节，但可见其对增强农村的文化自信，对发展地方文化至关重要。正如 McDowell 所指出的，遗产是过去的选择性文化产品，可用于实现当代目标。培田社区案例研究表明，地方传统文化在塑造人们的生活和生计选择方面非常重要。春耕节活动展示了村庄、稻田、传统、文化、房屋、社区、友好和多样性，成为文化资本的有利方面以及如何有助于可持续生计。春耕节模式虽然可能会出现环境问题，但活动只是暂时的，如果有效规划，不会给社区带来问题。地方对神话、价值观和遗产积累的解释是根据被代表的社会需求而定义和确定的，比如宗教历史、地方神话、地方价值观或原则、人口增长和资本需求。

对以前的内生特征研究尚不充分，特别是乡村能人是如何在发展中国家的农村地区发挥作用的。从实践角度来看，本研究案例体现了公众参与、能人作为关键领导参与都是内生式区域发展模式取得显著成效的原因，发展以古村落文化遗产为首的旅游过程中，立足当地资源，发展地方产业，发挥农村内生力。这项研究证实并扩展了这些协同作用。

本研究认识到，内生式发展地方文化资源、社会资本和社区能人之间有着紧密的联系，这意味着文化资源在人类健康保障生活方式和增进福祉方面具有潜力。日本学者（涂人猛，1993）曾指出，"内源式的乡村发展模式"也强调区域外生化发展。从理论和实践上证明"社区培力与社区共识"这种模式是培田社区破解城乡区域经济发展不平衡的有效手段。培田社区案例表明民俗文化遗产创造了独有特征。这是一个将地方标记为情感和身体联系、归属身份等物质文化抽象表达的过程。

从培田地方既有的节庆式活动来看，与传统节庆结合可以重建在地居民与乡村空间的关联性。在针对培田庙会民俗与文艺活动所构建的"时序表"中可以看到一整年的时间中，传统的节庆活动成为一种网络，一个思考与评价新的乡土活动的参考方向。传统节庆活动的动员机制作为新的节庆活动（如春耕节）的行为基础，关键在于现代艺术表现形式如何与传统节庆联结，同时借由传统节庆的空间意涵成为孕生新的创意活动与文化事件的基本条件。正如 Mc-Dowell（2016）所言："我们"的构建——正如在"我们的土地""我们的米酒""我们的食物"等短语中出现的那样——与情感界限、归属感和代表"自我"的象征性品质相关。

六、小结

本研究深入分析了遗产保护项目如何为传统村落的可持续性发展做出贡献。20 世纪 70 年代由人类学家提出的内源式与参与式发展理论，在解决乡村发展方面取得一定的成效，主要由地区内部推动参与，充分利用自身力量资源，尊重自身价值与制度，探索适合的发展道路。研究目的是在培田历史脉络下，对内生式发展地方文化资源的运作提出不同见解，通过分析培田村学习修改传统知识以创造新产品的运作，描述恢复仪式春耕节对遗产活动的发展潜力。具体而言，它探讨了依赖内生式发展的农村地区的遗产保护模式。主要发现如下。

（1）社区大学是内生式发展地方文化资源实践的样例，愉快的工作、学习、互动和放松的环境对于发展地方文化资源至关重要，村庄社会、信任、规范和关系网络等社会资本可以提高村民在产业发展中的合作效率，促进信息沟通。

（2）仪式恢复与创新，增强了农民的文化自信，对于发展地方文化至关重要。充分利用村庄的资源优势、传统技能、地方文化等，既可以发挥特色优势，又可以形成差异化竞争。

（3）乡村能人的重要性。乡村能人具有超出普通村民的能力与决断力，他们是村庄产业发展的领路人。

内生式发展地方文化，这取决于国家的政治、社会和经济条件。文化遗产对于激活和发展传统村落，加强地方身份认同以实现新的发展至关重要。今天，遗产一词不再仅仅指纪念性的纪念碑或民居，而是指普通人的经历、记忆、技能和行为，他们是为后代创造遗产的主要行为者。

结果表明，在当地社区或协会开展的与发现当地历史、恢复仪式和修改传统知识有关的活动，以及遗产活动在发展创新型地方经济、创意社区和实现可持续发展方面发挥着重要作用。

第六节　闽浙木拱廊桥的价值阐释与景观遗产地教育

一、问题与缘起

随着世界的发展，世界遗产的价值阐释面临着诸多形式转变，如对文化多样性、真实性问题、考古技术、多方利益相关者需求遗产的展示阐释（Edson G et al.，2013），以及遗产教育的不断提升。价值阐释通常被定义为展现遗产地文化意义的所有方式，是与公众交流的一种手段，对实体遗产的展示达到交流的目的：展示（presentation）＋阐释（interpretation）＝交流（Edson G et al.，2013）。1979 年的《巴拉宪章》中重点强化了非物质文化遗产的观念，是阐释理念的转折点和里程碑（丛桂芹，2013）。

价值阐释与构建的目标不仅限于"突出普遍价值（OUV）"的范畴，它与真实性相关。真实性和完整性是世界遗产评价的核心内容之一。英国利物浦海上商城的新建筑损害了遗产地的原真性和完整性，2021 年被正式从《世界遗产名录》中除名。2020 年，国家文物保护机构对 11 项遗产、18 处遗产地开展了 25 项考古调查和发掘项目，其中 13 项考古发掘投入专门经费对遗址发掘现场进行保护，占全部项目的 52％。17 项（68％）考古项目为主动性发掘（罗颖等，2021）。此外，越来越多的证据凸显了导览解说价值。导览解说与构建自我身份过程，将文化遗产的意义与价值传递给大众，让大众了解历史，感受文化，构建自我身份，寻求集体认同。

闽浙木拱廊桥萌芽于唐、宋，成熟于元，到明、清得到极大的发展，有着自己独立的发展体系，以联合"申遗"为切入点，共同打造"中国木拱廊桥"品牌形象（唐留雄，2005）。目前，木拱廊桥的研究已从多元角度展开，研究集中于廊桥普查（龚迪发，2013）、景观视角（林夏斌等，2017）、桥梁结构类型（刘妍，2011）、营造技艺（周芬芳等，2011）、保护传承（唐留雄，2005）、民间造物艺术（韦锦城，2015）和地域文化（张可永，2009）等。木拱廊桥作为多元价值的地域文化载体，承载着多样的文化信息。国内学者从不同角度切入木拱廊桥的文化研究，主要是从文化特殊意义、农耕文化、民间信仰、地域地理环境、民俗以及历史文化等方面论述其内涵（毕胜等，2003）。本研究从价值阐释视角探究文化遗产，一定程度上能反映文化遗产历史演化与地域性社会演进过程，以期为闽浙木拱廊桥的后续整体性研究、保护与规划提供借鉴（图 4－14）。

目前，木拱廊桥世界遗产申报取得了良好进展，但仍有不足之处：遗产的价值阐释面临着诸多挑战，如文化多样性、真实性问题与考古技术；闽浙木拱廊桥由于分布范围广，缺乏有效协作机制，难以形成合力；木拱廊桥的价值和它周围的村落古道是紧密连接在一起的。村落民居年久失修，老化衰败，被拆除改造，古村落和木拱廊桥景观的整体性不足。本研究重视世界遗产价值，以对木拱廊桥遗产进行研究、保护与开发等（唐留雄，2005）。因此，以下定性研究将侧重于具体案例，探索将遗产价值理论与实践构建的经验。

图4-14 木拱廊桥实拍图

二、闽浙木拱廊桥遗产发展

通过对世界文化遗产的价值阐释，可以探究世界文化遗产动向与发展（吕宁，2018）。自1987年中国第一次申报世界遗产以来，中国对世界遗产价值、遗产申报、影响、保护、管理等的认识有了巨大的进步（吕舟，2008）。在申报世界文化遗产方面，申报流程通常包括6步（郭旃，2009）。6步中由我国负责的1、2、4步，实质上均由国家文物局主导和主持（张国超等，2016），ICOMOS是3、5步的执行者和专业意见提供者，其评估意见在世界文化遗产审议过程中起着重要作用（王圣华等，2019）。在遗产构成和价值认识方面，遗产地通过考古发掘，进一步揭示了遗产构成面貌，有利于遗产内涵和价值认识的深化（罗颖，2021）。目前，全世界遗存的木拱廊桥不多，据统计我国的古木拱桥数量在世界上位居第三，仅次于比利时和意大利。主要分布在浙南、闽东山区，最集中留存地是浙江景宁、泰顺、庆元和福建寿宁四个县（唐留雄，2005）。在浙南、闽东山区共有保存完整的虹桥结构的木拱廊桥 86 座左右。回顾闽浙木拱廊桥申遗 20 年的演变，可以观察到阐述的主题已开始围绕遗产社会议题、遗产教育议题、遗产空间拓展议题、遗产价值构建等议题。闽浙木拱廊桥申遗可分三个阶段：点的示范（1983—2000 年）、线的联结（2001—2016 年）以及面的扩散（2017 年至今）。2009 年，"中国木拱桥传统营造技艺"被列入联合国《急需保护的非物质文化遗产名录》，这给闽浙两省木拱廊桥申遗工作者带来了极大的鼓舞（甘久航，2013）。

　　从研究领域而言，现有研究内容涵盖从物质形态到非物质形态，主要涉及廊桥普查、建筑形制、木拱结构和构造、民俗文化、营造技艺、保护与开发等方面，但研究内容不够系统，研究的深度有待进一步加强；研究手段还停留在定性，调查的范围不够全面。联合学界、政府、社会力量组成调查团队，构建统一的调查内容标准，建立廊桥（木拱廊桥）名录，并对信息及时补充与更新，有利于更全面地探讨木拱廊桥的多元价值（陈晓悦等，2021）。虽然木拱廊桥申遗被广泛认为是闽浙以系列遗产为基础的中国遗产申报案例，但鲜有研究对申遗价值阐述、传播以及重塑社会生态进行深入探索（图 4-15）。以上种种表明，推广整体形式的遗产申报仍然是中国世界遗产申报专家需要面对的难题之一。

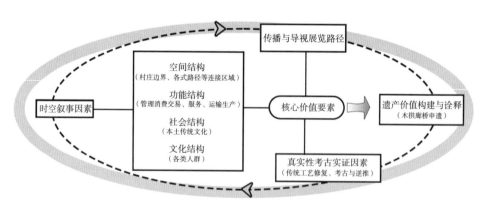

图 4-15　闽浙木拱廊桥世界遗产的价值阐释与构建

三、研究区域与数据收集

　　闽浙木拱廊桥集中分布于福建东北部与浙江南部山区，主要为福建东北部的宁德、南平、福州三市，浙江西南部的丽水与温州两市。它们属于亚热带季风气候，温暖湿润。闽浙木拱廊桥为清道光廿三年（1843 年）所建，长 26.63 米，宽 4.00 米。国家文物局于 2012 年 11 月 17 日发布《关于印发更新的〈中国世界文化遗产预备名单〉的通知》，浙江省泰顺县、景宁县、庆元县，福建省寿宁县、周宁县、屏南县、政和县联合申报的"闽浙木拱廊桥"被正式列入本次更新的预备名单。

数据是按时间顺序组织的，并根据数据中的模式对主题进行分析。笔者使用了一种归纳方法，其中类别不是通过理论预先定义的，而是通过开放编码、聚焦编码和理论综合进行阐述的。当代表参与者的观点是高度优先时，这种仅在主题被完全定义后将发现与文献进行比较的方法是合适的。在我们的研究中就是这种情况，因为在研究者和参与者之间，以及在研究背景和相关理论发展的背景之间存在着实质性的文化差异。因此，我们希望尽可能以本地方式表达参与者的观点。

以下的段落中我们结合代表人物（分别称为 MZ1、MZ2、MZ3 等）的看法进行分析：①MZ1，木拱廊桥文史工作者；②MZ2，文史工作者；③MZ3，仙宫桥下在地居民，经营小卖部；④MZ4，木拱廊桥文化协会成员，退休教师；⑤MZ5，地方遗产中心负责人；⑥MZ6，木拱廊桥黄姓非遗传人；⑦MZ7，木拱廊桥吴姓非遗传人；⑧MZ8，木拱廊桥爱好者，高校在读大学生；⑨MZ9，从事导游工作；⑩MZ10，地方领导者。

四、结果与分析

（一）从"主题价值"到"时空叙事"的创建

系列遗产类型是闽浙木拱廊桥申遗的有利因素。世界文化遗产类型演变历程表明，在大空间尺度内具有整体性的文化遗产越来越受重视（李永乐，2014）。系列遗产类型申遗文本重点考虑项目的 OUV 提炼阐述、要素构成逻辑与整体关联表述、价值与特征要素等，系列遗产强调遗产的整体性。闽浙木拱廊桥虽然在空间上分布在不同区域，时间上跨越不同朝代，但属于同类遗产的集合。木拱廊桥在申报遗产点时，应选择具有典型性、代表性强、原真性和完整性好的部分。因此，选择作为系列遗产类型申报主体的 22 座木拱廊桥。既可以基于空间相近性，也可以基于类型同一性。受访者 MZ1，木拱廊桥文史工作者，说：

"闽浙木拱廊桥在申报世界遗产时，要尽量走'捆绑'申遗，两省共同制定了木拱廊桥保护管理规划，目前，从闽浙 100 处木拱廊桥中遴选 22 处作为该系列遗产的申报对象。题名地的年代序列包括了明、清、民国。"

闽浙木拱廊桥申遗在空间与时间轴向之间交叉成为阐述的关键要素。空间可以填充各种社会内容的社会存在，即所谓社会关系的空间形态—社会状况（邹振环，2014）。闽浙木拱廊桥起源于唐、宋，元朝时初步形成集聚分布态势，明朝及以后保持集聚分布态势，整体形成以闽浙两省交界宁德北部为核心的高密度区，南北轴延伸与散点扩散分布并存的分布模式（陈晓悦等，2021）。因此，闽浙木拱廊桥根据不同历史时期的政治、经济、廊桥建造特点划分年代，以每个时期的结束时间作为时间断面，观测木拱廊桥的分布状态。从时空视角出发分析闽浙木拱廊桥的时空分布、演变及影响因素，主题价值从深度与广度、横向与纵向各方面，全面阐述，突出普遍价值。受访者 MZ1，木拱廊桥文史工作者，说：

"中国木拱廊桥是一项跨域项目，涉及该项目省、市、县的协作，但对于 UNESCO 来讲，是一项中国的独立项目，不宜以'中国浙闽木拱廊桥'或'中国闽浙木拱廊桥'作为项目名称，更不宜用'浙西南闽东北'或'闽东北浙西南'等烦琐地域表述。"

闽浙木拱廊桥的时空性和文化性是阐述的要素。构建新的社会关系是驱使木拱廊桥被不断地生产、拆除、重塑的重要动力。木拱廊桥是中国浙南-闽东北地区社会历史文化的主要物质载体之一。调查发现，现存的木拱桥，桥上都盖有廊屋，这种廊屋具有多重功能。从木拱桥力学结构上看，可增强桥的稳定性；从木结构建筑的保护方面看，廊屋可以防风雨，延长桥的使用寿命；从使用功能方面看，桥屋可以为过往行人遮风避雨，供行人在桥凳上歇息、乘凉。如寿宁大宝桥内还设有木床供来往行人休息。因此，闽浙木拱廊桥将以两大叙事过程（时空性和文化性）作为主轴，另配合完整的背景资料来呈现古迹的面貌、地方历史、空间和文化、生产与生活状态。受访者 MZ3，仙宫桥下在地居民，经营小卖部，说：

"木拱廊桥是乡村文化的集散地。每天清晨 8 时许，人群开始涌向仙宫桥，人们或闲聊，或几人聚在一起玩桌牌。我 47 岁那年开始在仙宫桥内开小卖部，今年是第 16 个年头。在许多寿宁老人的心中，廊桥已成为他们的精神寄托。从上午 8 点到晚上 11 点，仙宫桥上始终人来人往。"

分析表明，闽浙木拱廊桥的申遗文本在空间、时间与人间所架构的"跨时空价值阐释"中，将各个属性的价值阐释依据时序排列，然后放到由山水与历史经验所构建的活动场景中进行讨论，闽浙木拱廊桥系列遗产的整体价值研究目标是在《世界遗产名录》的时空和主题框架中找到定位。因此，用全球视野来挖掘和审视闽浙木拱廊桥遗产的普遍价值，凝练和明晰主题——山居主线，运用融通中外的话语和叙事体系，从深度与广度、横向与纵向各方面，全面阐述了"突出普遍价值"。

（二）从"真实性"到"完整性"的诠释

重视手工艺技术的真实性修复。闽浙木拱廊桥遗址考古发掘真实性、完整性的评估标准是什么？哪些因素对闽浙木拱廊桥遗址的真实性与完整性产生影响？要回答这些问题，得从以下闽浙木拱廊桥考古发掘的价值评估与遗产要素方面进行分析。比如各木拱廊桥遗址文化遗迹的真实历史年代，修复手段的合理性；主要分析文化遗产的现状是否能真实代表其所提名的遗产价值，主体是否损毁。在造桥工艺及其区域间的技术交流上，20世纪80年代以来，在田野调查中发现的"藏在深山人未识"的浙南廊桥是逐步被发现、研究和关注的，廊桥下部结构类型丰富，从简支梁到木拱架、石拱架，无所不备。受访者MZ4，木拱廊桥文化协会成员，退休教师，说：

"闽浙木拱廊桥的桥拱技术已从绑扎结构发展为榫卯结构，而且木拱桥上建有桥屋，有的桥屋又发展为精美的楼阁。"

木拱廊桥社会风情、宗教信仰特色鲜明，是申遗的有利条件。《实施〈世界遗产公约〉操作指南》，其中一条标准是与具有突出的普遍意义的事件、生活传统、观点、信仰、艺术或文学作品有直接或有形的联系。据考察和考证，闽东木拱廊桥营造工艺得益于造桥世家，受传统礼俗的影响。木拱廊桥当地工匠造桥必定要遵循一定的仪式或程序等，如请师傅有特定的风俗；大材可以偷偷抢走，然后付大约市场价的两倍；为保证大材的神圣性，要主墨师傅亲自削皮，且材不落地；刷红漆辟鬼怪；供神灵镇水妖等。因此，对闽东北浙西南木拱廊桥资源进行普查、考证、造册登记的内容应该包括廊桥的主要装饰工艺、宗教信仰、桥上廊屋所供奉的神灵等。受访者MZ6，木拱廊桥黄姓非遗传人，说：

"例如万安桥，20世纪60年代，一场突发的洪水冲毁了万安桥。我们受命修复了毁坏的桥梁，当时杉木没有地方找，即使有也很远且没有交通工具。前一段又被大火烧了，很心疼。"

"木拱桥传统营造技艺濒危原因是传承人数量锐减，如今，我已把造桥技艺传授给两个儿子，使木拱廊桥工艺发扬光大，代代相传。前年7月，父子成功修建了两座木拱廊桥，还需要年轻的这一批人去坚持、去维护、去传承，真的很难。只要有能力，大家只要向我咨询廊桥相关的技术手段，我都会一一地给他们讲解怎么样去建造廊桥。"

整合木拱廊桥、古村落与周边环境关系。《实施〈世界遗产公约〉操作指南》其中一条标准是传统人类居住地、土地使用或海洋开发的杰出范例，代表一种（或几种）文化或人类与环境的相互作用，特别是当它面临不可逆变化的影响而变得脆弱。中国木拱廊桥依据现有的资料，对辖区内的史迹据点进行整体评估。例如，将保护范围划分为核心区和缓冲区。核心区的保护范围为以桥体为中心的百米范围内，要求保持生态原貌。缓冲区则包括桥体周边山体、林地等自然环境，往往涵盖整个村庄。因此，将研究对象从木拱廊桥本身转移至周边，把木拱廊桥与人、村落、古道、自然环境作为有机的整体，针对资源与潜力加以实地调查，在空间、时间、人的轴向之间交叉确认议题，探究它们之间的关系与历史变迁。最后汇整为一张闽浙木拱廊桥地区的"文化资产敏感地图"，作为整体规划的重要依据。受访者MZ5，地方遗产中心负责人，说：

"当地民众尊重历史工程原理和天然材质建筑艺术，廊桥也成为美丽的乡村文化景观不可或缺的一部分，屏南县成立木拱廊桥文化协会和古村落文化协会。当地政府也保证了廊桥能继续成为周边乡村公共集聚的场所，因此，与廊桥息息相关的根深蒂固的当地社会文化传统，也能得以长期保持下去。"

受访者MZ4，木拱廊桥文化协会成员，退休教师，说：

"站在桥上，目之所及，皆是责任保护区，以后坑桥为例，其上下游皆要避免出现都市风格建筑，保留已有的滨河景观、绿地古道。排水沟渠要用卵石或者碎石贴面，与廊桥和自然风貌相协调。远方的电信基站，正在规划进行改造，将其融入山景中，避免影响观感。周边屋宇也进行了斜立面改造，与桥体遥相呼应。"

综上所述，分析表明，闽浙木拱廊桥是中国乃至世界桥梁中具有鲜明地方特色的桥梁形式；廊桥结构比较复杂，桥上建有桥屋，营造工艺能够流传下来，得益于造桥世家受传统礼俗的影响，应展开对与木拱廊桥传统营造技艺有关的文献史料、桥约合同、碑刻桥联等的收集、记录、整理等。以整体性的场域环境概念，将遗产点、历史建筑、传统聚落与街道、传统老店与技艺、自然地景等有形或无形的文化资源，作全盘性的了解或调查。

（三）从"公众参与"到"价值阐释"的联结

民间自发保护也是遗产地保存实践的样例。早期，山区闭塞，战乱极少，人员流动较弱，深植于地域文化和血缘基础上的家族组织是社会结构最基本的层面。宗族的存在使廊桥兴建与发展相对容易，这在廊桥的出资题记中有所体现，民间自发集资是大部分廊桥修建采取的主要方式，资金民间自筹，廊桥的日常管理也由民间维持。受访者MZ10，地方领导者，说：

"古老的廊桥一直是这里村民的精神寄托。廊桥是祖先留下的宝贝，政府有义务维护它，这几年政府给的修廊桥的费用已经有两三百万元，县政府每年都与各乡镇签署保护廊桥的责任书，并且鼓励乡村老人协会保护村里的廊桥。同时政府还发动民间集资。"

受访者 MZ7，木拱廊桥吴姓非遗传人，说：

"就连水牛耕田回来，也喜欢从廊桥上走，大概是木桥面走起来比水泥桥面舒服吧。我们年轻的时候看到廊桥漏雨了，都会爬上去盖几片瓦。这是老祖宗传下来的，现在又评上了国家文物，我们照看它，对得起祖宗，也支持了政府。"

受访者 MZ3，仙宫桥下在地居民，说：

"以当地乡绅为首的民间组织发挥了重要作用。我高祖父捐了 500 两银子，为此还卖了一些田地。这里的村民听说政府出钱修桥，捐钱都很积极，大家说这是给老祖宗争光的事！"

公众参与的跨域合作，唤醒全社会的文化遗产保护意识。民间基础是历代桥工对木拱廊桥的修建以及历代乡民的使用与维护；闽浙两省联合邀请古桥梁和申遗专家对廊桥的历史、形态、结构、功能用途、保护现状等进行评估，对闽浙木拱廊桥的世界遗产价值进行分析；"闽浙两省木拱廊桥保护与开发研讨会"迈出了跨域合作的第一步，邀请国内文物专家、古建专家、非遗专家、文化专家等全国相关专家参加浙闽七县"廊桥精神"沙龙活动，探讨"木拱廊桥对全人类的突出普遍价值"。受访者 MZ2，文史工作者，说：

"《中国廊桥申遗寿宁宣言》重视木拱廊桥文化保护的宣传、教育和引导工作，提高全社会的保护意识。我看到了有关政府、专业团队和公益组织以及广大民众，真正为了保护人类文化遗产这一目标而努力。这本身就是一笔'无法替代的财富'。"

推出闽浙木拱廊桥遗产地导览路线也是遗产地教育实践的范例。它丰富了公众对遗产的认知，激发了全社会参与保护的自觉，扩大了"文化遗产"的社会意义。遗产价值阐释促进闽浙木拱廊桥当地居民积极参与导览解说与公众参与。近年来，闽浙木拱廊桥通过地方人士的"爱遗、护遗"行动，作为遗产价值的历史场景事件阐释。2019 年的泰顺"廊桥盛会"是活态传承廊桥文化内涵的文化品牌活动。解说员带民众进入木拱廊桥、小巷弄、河岸体验山城的穿梭和闽浙两地在地居民的生活。同年，闽浙七县联合开展"廊桥申遗·全民参与"2019 年闽浙木拱廊桥全国高校巡回展，已经走进国内外 20 余所高校。在课程中分别介绍木拱廊桥保护性改造的理念、内容设计、表达技巧等课程和实际案例。"爱遗、护遗"策略呈现出定点/区块、行动/展演、动线/日常生活、史迹/乡村空间等，可以清楚地在整体架构中凸显遗产地教育与活化保存的相关议题。受访者 MZ9，从事导游工作，说：

"开幕式上，进行了木拱廊桥联合申遗明年轮交接仪式，敲定廊桥申遗三年'行事历'。其间，还推出了廊桥美食小吃节、泰顺民俗活动、非遗技艺展示等文化体验活动。透过文化资产地图中各项资源的分布点，叠加不同尺度的徒步范围、游车转乘路线等。"

受访者 MZ8，木拱廊桥爱好者，高校在读大学生，说：

"我之前有看过国外的木偶戏，跟咱们国内其实还是有挺多不一样的。它有变脸，就跟我们在四川看的人变脸差不多，但是以木偶的形式表现出来挺有新意的。我们看的这些桥，虽然都没有去过，但是这个展览让我们很想去这个地方好好看一下，去了解一下这个桥真正的样子。"

综上，从"导览"到"解说"的培育过程说明，通过遗产地导览路线的操作可以深化解说训练的内涵，协助地方居民自行发展出对生活空间的诠释与再现。且能够穿梭在"在地生活"与"文化参访/观光"之间，构建一个可以共享的以在地经验为主轴的城市空间架构。在既有的古迹修复基础上，关注活化保存与社区参与，如何以文化资产环境的塑造来构建乡村的历史文化质感，成为木拱廊桥保存的核心议题。

五、遗产价值阐述构建

一些国际文献研究了遗产价值阐述的功能、益处与各种作用，但如何应对世界遗产申报中的社会、经济和文化挑战，在国内被忽视。本书以闽浙木拱廊桥为例，旨在探索申报遗产价值阐述构建。研究结果表明，解决闽浙木拱廊桥衔接国际遗产观念的问题，除了期望政府多加努力之外，还可从空间透过地景而运作的社会与象征构建上，摸索出适合闽浙木拱廊桥的遗产价值论述。

闽浙木拱廊桥的真实性实施，为遗产价值阐述提供了一个展示的过程，展现了原真性修复手工技术。遗产的意义与价值具有内隐性，需要对其历史、文化等方面进行技术性考究与评估。调查结果显示，基于真实性的遗产价值阐述构建具有创造性的协作过程，包括遗产地的挖掘、修复和建设，可用于传统手工艺技术的修复、国际合作、社会互动与环境教育。与大卫·尤塞尔（David Uzzell）研究相一致的是，本研究强调了遗产跨学科研究价值，从资源与环境、技术与信仰、考古与逆推分析等社会考古学角度观察，结果显示考古学、古建筑学、人类学等多学科合作的综合研究丰富了对闽浙木拱廊桥的认识。此外，闽浙木拱廊桥及相关资产进行修复或改建时，应强调真实性的呈现，无论是在材料上或建筑形式上，都应标示或说明哪些是原始建筑物，哪些又是新造的部分，以避免令人混淆，也可真实地呈现历史痕迹。

闽浙木拱廊桥的研究表明，遗产价值阐述实施过程的特点是合作、相互学习和经验共享。在导览解说价值传递与构建自我身份过程中，认识到文化遗产的意义与价值对于当下人们生活的影响。正如 Zhu（2015）所指出的，遗产之所以成为"遗产"，其实是社会构建出来的。与 Sanchez-Carretero 和 Barthel 等的研究相一致，研究结果表明，可在共同参与保护文化遗产的过程中实现多功能的遗产价值。

本研究认识到，遗产价值阐释、真实性与考古和导览解说价值传递之间有着紧密的联系，这意味着价值阐释在促进公众参与到保护文化遗产中具有潜力。在选定的遗产地，导游是至关重要的，因为他们充当游客和陌生环境之间的中介，从而在旅游体验的成败中发挥重要作用，并影响游客对东道目的地的看法（Min，2012）。因此，有许多关于如何改进导游工作的研究（Min，2012）。导游可以作为"文化遗产解释者"。总体而言，基于遗产价值阐释的经验让我们了解到尽管闽浙木拱廊桥在承接国际上世界遗产的观念时，会有法律层面与行政单位推行上的落差，但是在社区对地方遗产的构建与认同上，通过社区营造与观光营造，确实提升了民众对遗产与文化景观的认知与保存意愿，并且在日常生活中实践并寻找与社区发展主题相结合的各种可能性。

六、小结

闽浙木拱廊桥申遗与遗产保护经历了"点状保护"与"片区保护"的变化过程。近年来，进行了有条件原真性地保护木拱廊桥，同时探索了市民生活方式、文化风俗的"活态保护"。其中，遗产化过程正是地方政府、社群、专业者们对所在地方的最大检视，闽浙木拱廊桥申遗实现了专业性与地方所具有的文化包容性之间的平衡，以及证实遗产仍然与历史、艺术史、民族学、民俗学以及知识、技能、记忆、经验等相关联。主要研究结果如下。

（1）遗产的价值确认和意义构建，直接关系到遗产内涵的深度和广度。以人类社会发展史的视野，考察社会发展的地理、历史背景，是探寻遗产价值研究方向的首要环节，是对照名录主题框架定位本遗产价值主题的前提。

（2）真实性论证成为遗产话语和实践的核心议题，《世界遗产公约执行作业指南》则反映了变化的能力和阐释的可能。真实性论证通过"修补与缀补"的行动，维护与塑造历史风貌，发展与更新在地文化价值观。

（3）阐释与在地知识累积是遗产化过程，被运用为一种资源以实现某种社会目标；应呼应遗产地周遭的环境、人物、社会结构与形态等议题。

《世界遗产公约》中提出整体性，整体性涉及一个地方的社会功能完整性，包括精神上的回应、自然资源的使用，以及人与人之间的互动，其不仅涉及建筑本身，也涵盖了生活层面。所以不能只着重在世界遗产地区，这样是不够的，需要考虑到更大范围的构架中。审查闽浙木拱廊桥申遗与遗产保护就要评估遗产是否具有以下特征：所有元素都具有杰出的普遍价值、足够的范围以确保能完整地表达资产的特色。

遗产的普遍价值概念，借助联合国教科文组织推动世界遗产的历程及启发，逐渐演化为一种地方遗产发展的新视野。而遗产价值阐释，成为近年遗产申报的热门议题。木拱廊桥在世界桥梁史上占有重要地位。本案例试图通过闽浙木拱廊桥对"世界遗产"价值进行剖析。首先，从时空视角探究文化遗产，反映文化遗产历史演变与地域性社会演进过程。其次，从"技术实证"到"原真性"进行了诠释。最后，分析了"公众参与"与"价值阐释"的关联，以期为闽浙木拱廊桥申报世界遗产、保护与规划提供借鉴。

本章小结

在深入剖析姑田游大龙仪式以及安溪铁观音茶农业文化遗产后，不难发现，文化景观并非仅仅局限于表面的地理风光，还有深植于族群与地方认同的土壤之中的一系列复杂而丰富的文化内涵。这些文化内涵如同一张绵密的社会网络，将地方传统节庆、空间实践、空间表述以及表征性生活空间等紧密连接，编织出一幅"空间、社会、历史"交织的宏大画卷。

姑田游大龙仪式，作为一种典型的无形文化景观，包含了起止空间、核心祭祀空间与祭祀礼的仪式行为，是文化景观遗产的生动实践。这种仪式景观具有强大的社会功能，不仅整合了"家-族-村"的社会结构，也体现了社群文化与景观之间互相构建、互相促进的深厚关系。在产业的变迁、社群结构的流动以及文化的转向中，仪式景观始终扮演着至关重要的角色，为地方社会注入了活力，成为推动地域文化传承与创新的重要力量。

安溪铁观音茶农业文化遗产为我们提供了一个生动的案例。在这片绿意盎然的土地上，古老的茶作物与现代化的旅游活动相得益彰。游客不仅能在茶庄园中领略到独特的农业文化遗产，还能参与到与女性团体相关的非遗研习活动中，深刻感受女性在传承与发扬茶文化中的重要作用。这些活动不仅促进了茶叶经济的持续发展，也促进了在全球经济一体化的现代社会中女性的崛起。

在安溪铁观音茶农业文化遗产的实践中，我们看到了茶林梯田、农业社区般的茶庄园景观，以及周边自然与人的和谐共生。这些景观特征不仅使西坪的农业文化遗产保存得与众不同，也为游客营造了一个充满地方自然特色与多样性风貌的农村意象。此外，茶庄园作为安溪茶农业文化遗产发展的有利因素，成功发展离不开旅游路线的精心规划，这也体现了对社区形塑的深刻影响。

同时，我们也应关注女性团体在非遗研习培训及参与国际交流中的创新作用。她们凭借自身的知识、经历、同理心，以及对不同时代人需求的敏感性，为茶叶经济的持续发展和全球经济一体化的现代社会注入了新的活力。这些不仅为茶叶经济的发展提供了源源不断的动力，也为女性的地位和作用的提升开辟了新的道路。

在处理与规划乡村边缘空间的议题上，必须特别注意对茶园、绿篱、田间树丛、池塘等接近自然景观元素的维护。这不仅有助于营造具有地方自然特色与多样性风貌的农村意象，还能保障动植物的生活空间，实现人与自然的和谐共生。

最后，应深刻认识到社区大学、仪式恢复与创新，以及乡村能人等要素在内生式发展地方文化资源中的重要作用。这些要素不仅为传统村落的可持续性发展作出了贡献，也给予我们探索新的发展道路的重要启示。在今天这个全球化的时代背景下，应更加注重文化遗产的保护与传承，以激活和增强传统村落的生命力，增强地方身份认同，实现新的发展。

让我们携手共进，为保护和传承人类的文化遗产而努力！

第五章 乡村旅游的价值

第一节 乡村景观构建

一、研究对象

本研究试图根据乡村景观的内涵及构建文化景观的方式，以福建地区（永泰庄寨、嵩口古镇、蟳埔村、东美村）为例，分别选取不同空间尺度的个案（单一建筑、街区、聚落、园区），借以讨论分析在不同的地理空间尺度下，如何通过乡村的自有力量或政府文化旅游政策，结合在地的历史环境脉络，发挥在地社区或社群的力量，善用当代社会的（空间）消费行为等，产生空间"综效"结果。讨论在聚落发展过程中遗留的面貌、历史文化的遗迹、聚落景观、民俗祭典、历史空间、自然景观等元素与地区居民的转变，并进一步评估福建地区村落作为乡村景观旅游的价值为何。

学术界一致认为，遗产与旅游得以成立的关键在于，广泛地让社会大众认知、接受。那么"人"就是无形文化资产得以确立的主体了。本研究从分析四个村镇的乡村和自然景观、文化和历史遗产开始这项研究，这样做可以让我们理解福建地区（永泰庄寨、嵩口古镇、蟳埔村、东美村）文化和环境方面的价值。接下来，分析社会和生产的动态，即乡村景观旅游背景下开发节庆、创意旅游产品的协同作用、劣势和条件，为遗产地点的发展和旅游规划提供适当的战略政策。最后，使用不同的尺度，分析直接和间接治理工具的应用，研究结果有助于福建地区的旅游业发展和乡村景观保护。

研究者深入4个地区开展个案调研，先后对永泰庄寨、嵩口古镇、蟳埔村、东美村进行实地调研。初步研究发现，尽管由于地理条件、生产条件、交通位置不同，各村资源禀赋不一，但都非常显著地呈现出以下特征：景观与文化在同一空间、同一区域内相互依存、相互适应。如每个村落都有祈福祭祀空间，信仰与自然环境融合；"小聚居"模式，指族类聚居点有独立的组织结构，自成生态系统；各案例对象都是由文化经济带动的空间形塑，且当地文化空间渐渐发挥起经济创收作用。历史名镇名村，是地方产业发源地之一，农村社会文化活动、农业经济从弱到强。随着政府对农村发展的重视，这些村也都面临着再发展的机会与挑战。

二、研究方法

本研究主要以文献回顾法和田野调查法为主，探究乡村景观的特性及保存的价值，并进行归纳与分析，借以厘清乡村景观旅游的重心及发展方向，并找出乡村景观的文化价值与保存意义。本研究主要使用的方法如下。

以景观、乡村景观、乡村文化遗产以及乡村发展的多功能方式为主，搜集国内外相关论文、期刊与相关资料加以整合归纳，进行分析与探讨，对国内发展相关遗产与旅游的法规、专业学者的专书及翻译书籍，以及近几年来学术研究的论文期刊进行整理、说明与分析。另外为证明福建乡村地区作为文化旅游潜力点的适切性，也针对福建乡村地区的人文历史与地理环境做相关的收集，如永泰庄寨、嵩口古镇、蟳埔村、东美村四个区域的地方史料、相关地方发展计划、研究论文期刊以及相关的产业专著、报告书与媒体信息等。还包括历史地图及照片，以利了解各时期空间发展的特色。

田野调查则针对实证地区，主要搜集一手资料。本研究将探访福建地区（永泰庄寨、嵩口古镇、蟳埔村、东美村等）产业景观所留存下来之证据及当地环境现况特征，包括重要历史建筑、产业设施等。并以影像与访谈方式记录文化资源的状态与整体环境，以及历史性产业景观的纹理。试图厘清在乡村景观概念下，福建地区（永泰庄寨、嵩口古镇、蟳埔村、东美村等）的价值及资源丰富度。研究于2014—2021年每隔一段时间进行现场调查，了解该地区与周边地方纹理在近期文创发展过程中的变化。

根据 Botterill 等（2012），人类学方法对于研究旅游产品等复杂的体验服务特别有效。创意旅游可以说是特别复杂的，因为它涉及无形的文化价值和不可预测的表达过程。人种学方法在社区旅游发展研究中经常被证明是有用的。其中不乏使用参与者观察和半结构性访谈来评估村落中创意旅游的潜力。

自20世纪初，旅游产业的发展成为形塑福建乡村地景的主要力量，而投入旅游经营的社会行动者，可依其时间点、空间、方式、目标、经验与地方特性等要素进行规划，这也是我们探讨"何为福建乡村文化当代面貌"时不可忽视的。因此，本研究将对整体环境及乡村景观因子分布的情形进行深度访查，包含福建地区永泰庄寨、嵩口古镇、蟳埔村、东美村四个区域，所保存的乡村景观如遗迹、聚落等，再将其他个案分析及地方文史资料等作为参考，以辨读整体环境的脉络。

在设计访谈内容时，首先询问了该村的旅游业发展情况，包括当前的需求和供应、营销和定位、当地人的参与和反应、当前的挑战以及对未来的愿景。然后，向受访者解释了乡村遗产与旅游，强调了文献中的四个要点：游客积极参与活动；与目的地有关的活动；认为有意义的互动；技能学习。然后，我们在每次采访中讨论了这四点在当地旅游产品中存在或可能存在的程度。提问：提供什么旅游活动？游客能体验到什么独特的文化？如何与游客互动？对旅游业的批评观点也可以表达出来，然而其他的问题和子话题，如当地的民风民俗或村庄内部的矛盾观点，都是随着谈话的进行而自发形成的。

第二节　嵩口古镇景观的地方感形构与创意旅游

一、问题与缘起

尽管国内学界对"地方""地方感"的概念剖析和应用的研究比较丰富，但大多数研究属于旅游人类学、旅游地理学等学科范畴，仅有少数学者从日常生活角度讨论"地方"或"地方感"的历时性构建过程。地方依恋在人这一维度，包含个人层面和群体层面。在地阶段产生的地方依恋在心理过程这一维度，包含了个人情感、认知和行为三个维度。Relph 将地方依恋定义为与满足基本人类需求的环境之间的真实情感联系，情感将人类的所有经历联系在一起而获得意义。例如，在侗族村寨的田野调查发现，以鼓楼为中心的"地方"营造，是侗族历史、文化、族群认同、地方主体话语、仪式庆典、区域发展和产业开发等地方性感知和地方性生产等的范畴（向勇，2019）。

学者们从不同的角度来看待创意旅游的作用。创意旅游的结果强调旅游者对地方价值的分享和情感的连结。拉斯罗·普兹克（Laszlo Puczko）等认为，文化资源在创意旅游开发中可以促进过去未妥善利用资源的有效开发，以满足特殊旅游者的特殊需求。Ivanova（2013）认为，游客和当地人之间的互动延长了停留时间，与当地人建立了关系。创意旅游强化了旅游者的地方感，增强了旅游者对地方的主观理解、内心感受和心理描述，这是旅游者在文化旅游过程中与地方建立起的特殊联结，最终形成旅游者的地方认同、地方依恋、地方依附（张丕万，2018）。创意旅游所有定义都以游客的积极参与为特征（Richards，2011）；创意旅游长期以来一直是旅游业的一部分，在假期以绘画、舞蹈或摄影课程的形式出现。"地方感"与文化旅游构建包含旅游者在与地方联结基础上形成一种独特的感受、信念、态度、行为、思维模式和生活方式，最终达成旅游者的地方认同、地方依恋、地方依附（张丕万，2018）。其构建的乡村遗产作为乡村记忆的表征，与乡村生活空间紧密融合，是社区事件、社会关系发生的平台（Chang，2005）。此外，地方感在乡村遗产塑造中举足轻重，由此建立起社区的共同经验，成为凝聚地方的基础。

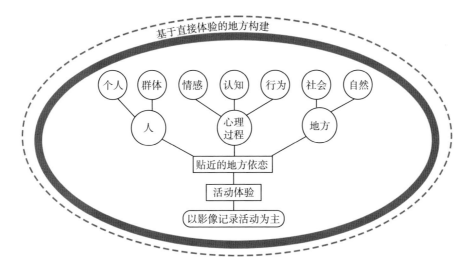

图 5-1　嵩口地方依恋形成过程

如何挖掘日常生活中的"地方感"并使其成为乡村更新的一种手段，已成为当代传统村落更新、改造设计的一个重要课题。嵩口古镇通过十几年的探索与实践，通过灯港、圩市这一周期性事件组织居民开展景观的意象营造，逐渐探索出一条不断发掘旅游的创造性、提升社区活力的操作路径，为我们提供了宝贵的经验。

二、嵩口古镇发展脉络

福建省永泰县嵩口镇于 2008 年获得住建部授予的"中国历史文化名镇"称号（图 5-2），是福州市第一个国家级历史文化名镇（张小雨等，2022）。嵩口存有 100 余座明清建筑群（庙宇、街市、民居、寨堡），已形成了独特风貌（程惠珊等，2020）。嵩口镇古渡口码头是闽江下游的最大支流大樟溪流域内距离福州最近的内河港口，二十世纪五六十年代，随着上游水坝修建所导致的水位下降，嵩口镇古渡口码头也丧失了大规模的货物往来、人流迁运的功能。巨大的社会变迁带来的产业结构转变，也使嵩口的市镇经济体系走向衰落。同许多村镇一样，嵩口镇面临着产业衰退、人口外流等问题（张小雨等，2022）。

图 5-2　嵩口镇

　　嵩口古镇被列为闽台乡村旅游试验基地，并引入台湾"打开联合"团队为嵩口镇做旅游规划和景观提升设计，其核心理念"社区营造"是过去 30 年台湾地区重要的社会改造运动的指导理念，已经深化为一种共同社会经验的台湾实践思维。台湾"打开联合"团队 20 世纪 90 年代初期便开始处理一些"都市计划""聚落保存"与"社区规划"实践案例。嵩口的台湾"打开联合"团队注重"穴位"式景观修复，推动民俗活动，以实现整体社区系统活化。回顾嵩口聚落活化发展近十年的演变，可以观察到古街与庄寨已开始从"物质遗产保护"与"传统文化保护"的议题转向围绕乡村创意经济与文化产业化的议题（陈顺和，2016）。围绕古镇打造乡村旅游基地，把历史名人事迹、传统文化、特色美食、民情乡俗等文化元素，发展为以旅游为主的文化产业（郑敏莉，2022）。

　　在景观营造方面，乡土建筑是嵩口文化最显著的表现形式之一。2014 年引入台南"打开联合"团队的嵩口聚落活化试验，基于自身的社会肌理、文化资源，进行了一系列包括"建筑空间改造""地方学习体系构建""节事活动策划"在内的文化空间再生产和地方文创产业营造活动（张小雨等，2022）。按照先濒危后一般、先抢救后建设的原则，选择横街、直街、鹤形路等核心片区中的重点街区的 32 个关键节点实施改造。台湾团队所实践的"针灸疗法"，接轨了台湾地区 30 年试错累积的经验，乃是基于嵩口乡村记忆的活化试验重塑一种乡村生活的现代形态。其价值体现在社区的居住方式、习俗、传统、社会组织形式中。

　　在信俗文化方面，嵩口民间多信仰张圣君、卢公，民俗活动有赶圩节、三出宴、盘诗、伬唱、椽板龙、纸狮、游神等（柯兆云，2018）。例如，端公庙是嵩口最有民间影响力的庙宇之一，19 世纪 50 年代人民公社化时期，庙宇绝大部分被拆毁，只保留了戏台，作为政治宣传的场地。之后当地政府在戏台的基础上又修建了银幕、舞台，将内部设置为能容纳一千多人的剧院式空间，兼具了电影放映、戏剧演出、开会的功能，在此后长达 30 多年的时间内，祭祀功能被完全遗弃。19 世纪 80 年代以后，影剧院逐渐闲置，长期失管失修（中共福州市委宣传部，2018）。2013 年，嵩口镇政府批准把端公庙使用权归还民间，以进行建筑改造，并仍由月阙村与道南村牵头成立"重修理事会"负责具体事项。

在旅游业态方面，古镇的中山步行街，大约有 80% 的店铺植入嵩口特色旅游业态，如转鸡头、纸狮、竹篾等，还有木工技艺、竹编技艺等传统非物质文化（吴德进、陈捷，2019）。在社区参与方面，二十世纪七八十年代，嵩口成立民间自发的文化组织——嵩阳诗社，每逢春节，诗社成员便自筹举办吟唱会，并往每家每户送启事，诗社至今有 30 多位成员。居民生活品质的改善及地方产业的振兴，须依赖基于地方的学习体系。地方"共同学习体"观念和体系的建立，能够让每一个社区居民珍惜自己的社区资源，并且愿意参与地方建设，营造自己的新社区（陈其南，1999）。在过去的 5 年里，嵩口的游客数量急剧增加。虽然大众旅游提高了生活水平，但也出现了社会和环境问题。乡村政策有效性不足、创新性人才匮乏、在地居民的合作机制弱和古镇延续性受阻等问题的存在，也显示出文化创新在乡村建设过程中所面临的阻碍和困难。

嵩口成立社区组织，以发展农村地区的旅游业。这表明，开发嵩口的创意旅游是一个日益重要的问题。虽然嵩口项目被广泛认为是以社区为主导营造景观意象的成功案例，但鲜有研究对创意旅游在形构社区进程中的地方感进行深入探索。本研究试图解决以下问题：创意旅游的目的何在？创意旅游的地方形构影响如何？地方构建的过程、表现和机制为何？本研究的意义在于为结合创意旅游的中国乡村振兴提供实例研究。

三、研究区域与数据收集

嵩口古镇位于福建省福州市永泰县的西南部，嵩口古镇境内山峦起伏，峰谷相间，地势险峻。属典型的亚热带季风气候。年平均温度 20℃，嵩口古镇有闽江下游最大支流大樟溪及其支流月洲溪、长庆溪。

访谈采用有目的的抽样的方法，以确保访谈对象个人背景多元化，并且都直接、长期参与地方社区事务。下面我们结合代表人物（分别称为 SK1、SK2、SK3 等）的看法进行分析：①SK1，台湾团队（驻嵩口）执行人；②SK2，台湾团队总负责人；③SK3，古镇地方领导者；④SK4，古厝保护工作组组长，退休教师；⑤SK5，导游，在地居民，从外地返回嵩口的中年女士；⑥SK6，在地居民；⑦SK7，社区志愿者，参与社区儿童辅导，退休教师；⑧SK8，游客，中年女士。

四、结果与分析

（一）地方知识与"真实性"营造

恢复历史景观是嵩口乡土遗产再生的有利因素。嵩口传统的公共空间用乡土建筑技术进行原风貌修补，符合历史设计景观类型的作法，涉及历史街区建筑、传统建筑。嵩口公共空间是传统村落中承载传统民俗与村民日常活动的重要场所。如打造"一街一市一环两片"（图5-3）核心片区（"一街"即中山步行街，"一市"即传统墟市，"一环"即大樟溪景观，"两片"即古街商铺、斜阳院巷），与古民居垄口厝、鹤形路、关帝庙相连的主要商业街道称作"关帝庙街"，台湾团队（驻嵩口）执行团队除了对原建筑进行必要的修缮，还需解决不同时代建成房屋集中在一街的问题。房屋建成时代不同，中国台湾团队选择先对老街店屋原风貌进行修补，再根据当地历史风貌、建筑历史风格拟定出不同设计准则；对乡土历史的再现则是通过在地居民参与族谱编撰、地方故事整理、民俗表演、民间信仰活动等来实现。受访者SK1，台湾团队（驻嵩口）执行人，说：

"新旧杂糅的嵩口就是当下大陆乡镇最常见的状态，有些古镇为了旅游开发让居民离开，但嵩口古镇改造是在这样新旧衔接下找到共生点的。"

如何做到"新老共生"，运用地方知识活化空间？对"老"进行照顾和再利用，巩固其价值或使其发挥新价值，引导"新"向"老"价值借力，达成新老过渡并存。修整效果根据居民的空间想象来呈现，如横街老街店屋是市镇经济所形塑的地方价值认同渗透进日常的体现，横街的杂货铺、老邮局、私塾和茶馆等场所除了个性化及独特化特质的地域性表现方式，还承载着居民的共同记忆。台湾团队（驻嵩口）执行团队在恢复嵩口历史景观的老街店屋时，采用残缺史迹的形式或历史的拼贴方式来形塑街区历史质感。形塑空间呼应基地周遭的环境、人物、社会结构与形态等议题，在活化保存的轨迹中刻画地方独特的空间特色。受访者SK2，台湾团队总负责人，说：

"很多初次进入嵩口的人，都觉得嵩口新街主干道附近有许多满满当当的新房子，并不符合心中对古镇的定义，但我不认为新房子是问题，因为台湾团队做的从来都不是把城市或乡镇推回历史状态，而是在眼下的时间节点给古镇以机会，让它可以更好地往下走。"

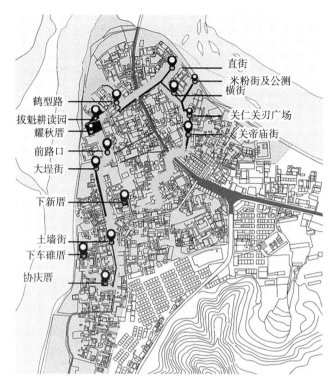

图5-3　嵩口"一街一市一环两片"核心片区图

受访者SK3，古镇地方领导者，说：

"不希望嵩口也变成一个景点。理想中的古镇能在外来新文化和本地文化中找到中和点。不必保持一时的高热度，只想打造一个自然而缓慢的热度持续的古镇，就像人体体温一样，暖而不烫。"

鹤形路由于其独特的建筑构造及丰富的可诉说性，成为了嵩口镇最重要的文化景观之一。其试图累积地方文化的能量，以达到将建筑、乡土空间与文化地景的空间资料完整保存的目的。受访者SK4，古厝保护工作组组长，退休教师，说：

"从当地的传说中可得知，鹤形路两侧的夯土墙代表着鹤脖子的皮肤，而中间的通道则代表鹤的食道，因而不能使用水泥来铺路，否则食道就'堵住'了，'风水'就被破坏了，而是应该在中间铺一层泥土，两侧则保留鹅卵石路基，上方再以古法夯土墙。"

有工艺技术与知识是保持遗产原真性价值的必需条件。真实性主要分析文化遗产的现状是否能真实代表其所提名的遗产价值，主体是否损毁，相对于有形的文化资产，更为丰富的工艺技术与知识，也是一种重要资源。有鉴于嵩口的特殊性，古迹修复要与在地知识充分结合。台湾团队（驻嵩口）执行团队围绕"古建修复、新老共生、本土工艺"等方面做尝试突破。龙口厝鹤形路建于宋朝末年，位于嵩口镇中，通往古民居垄口厝，是嵩口古镇首批保护修复的项目之一。鹤形路修复工程由当地民间匠师负责，使用传统工具、古法（就地取材、夯土技术），为当地人复兴当地技艺建立了信心。受访者 SK1，台湾团队（驻嵩口）执行人，说：

"改造修缮都是请当地木匠师傅，我们发动当地老工匠开展'陪伴式'修缮，花最少的钱、用最好的料、上最细的工。"

古法夯土墙制作工艺是"真实性营造"的方式。历史建筑表现了代代相传的古老智慧。在与当地工班讨论古法夯土墙制作工艺时，"打开联合"设计团队做了一套小型夯土工具以进行试验，修整完成后，这套夯土工具被制成了文创商品。受访者 SK1，台湾团队（驻嵩口）执行人，说：

"古法夯土墙制作工艺体现了本地人的态度变化。越来越多的嵩口人加入返乡队伍。在嵩口改造过程中，地方政府工作人员也不断被我们团队'同化'，学习新思维。除此之外，这几年嵩口也吸引了一些对乡村感兴趣的团队，从事规划、建筑、社区营造等。在了解本土夯土工艺的过程中，团队找到了本地木工师傅将夯土工具迷你化，一开始是出于打样的需要，后来发现这套工具可以作为小朋友的教学、互动产品来使用。"

从在地居民的角度出发，是否能与社区最初的地方意象、原住户的地方感产生共鸣？社区居民是否实际参与地方营造的历程，或仅是各自叙事的旁观者？端公庙（又称"大埕宫"）本为嵩口镇月阙村（旧称"月阙坊"）林姓先祖与道南村（旧称"兴泰坊"）张姓先祖于明末清初筹资兴建的社庙。1959 年改为电影院，如今已闲置了很久，村民一直希望能恢复庙宇。当地居民，特别是年长者，对恢复社庙祭祀功能的诉求越来越强烈，然而嵩口镇政府却认为这一公共空间应该发挥超越祭祀的更多功能，双方意见难以统一。台湾团队（驻嵩口）执行团队意识到地方政府与原居民的认同差异，因此鼓励原居民参与。随着对端公庙的改造，端公庙的片断故事逐渐编织起来，一些记录在街巷空间的在地文化经验再次浮现。受访者 SK4，古厝保护工作组组长，退休教师，说：

"从台湾团队（驻嵩口）执行团队当时的说法来看，文史资料的收集与耆老的访谈，都是为了在丰沛的嵩口自然资源之外，增添嵩口的人文纵深，以提升嵩口观光文化的层次。"

"我们认为端公庙场所等地方是神圣的，因为在我们的文化中，宗教是神圣的，电影庙既体现庙宇的特征，又保留了二十世纪五六十年代改建的痕迹；内部空间的布置上，保留了戏台、观众座椅，为将来发挥公共空间的功能做好准备，后方放置神龛，发挥原有的祭祀功能。"

综上所述，嵩口方法强调了历史遗产与其地域环境和文脉之间的关联，嵩口营建承担起阐释地方历史的任务，社区参与的遗产管理也可以让公众参与遗产资源的保护、估价和照管，确定利益相关者是关键的第一步。发掘并扩大社会公众对乡村遗产的需求，同时，也使乡土景观的保护服务于当代和未来。源于代代相传的经验直觉的改造、修理和调整，无论当地文化的表达如何，都使乡村建筑保持了活力。这些建筑是"经验的容器"，保存了操作实践和知识的遗产，很好地代表了日常生活的真实性。

（二）景观的意象营造

嵩口灯港旨在提供一种共同生活经验。自清康熙年间开始，流传于嵩口的节庆活动包括请神、祭神、拜神、游神等。其中，嵩口灯港强调村民亲自参与自己的记忆。嵩口灯港项目有三个过程：①挖故事，看看社区有什么；②讲故事，让社区人共同去回忆它；③用故事，把这一优势对外运用出来。灯港节主要在直街、横街、米粉街、古渡口、鹤形路、龙口厝等重要节点举办。灯港彩绘题材有水运丝路（竹筏、渡船等）、古建景物（古厝、戏台、神兽等）、文武民俗（虎尊拳、打猎队、游神、办桌等）、美食物产（李干、面线等）、工艺（竹编、木作等）。借力嵩口当地古码头区地势山水环境和民俗庆典，用环保借景艺术效果，打造忠于原味的节庆灯会活动。灯港以整合推介、人与灯港结缘、区域人文优化的三重目标，恢复空间的公共功能。由此可见，节事活动可发掘地方丰富的文化资源，建立地方文化形象，为游客提供真实的、融入当地环境的体验。受访者SK3，古镇地方领导者，说：

"彩灯和老照片唤醒了不少当地村民沉睡已久的记忆，孩子自己挑选题，选定后找家里长辈询问。我们作为主办方邀请在地居民、学生参与绘制用于装饰的纸灯，通过增加参与度的方式提升居民对节事活动的认同感。花灯造型以嵩口当地的历史名人、宗教神明等为素材进行创作。"

嵩口圩市打造地方特色观光市集，是创意旅游实践的样例。嵩口古镇农历每月初一、十五有赶圩习俗，元明时期形成延续至今的嵩口圩市，在实践中，是再利用当地延续至今的赶圩习惯，打造乡村特色观光市集。赶圩原为嵩口镇及附近村镇居民的日常生活形态，从摸底理解现有市场买卖行为习惯开始，治理日常赶集的负面问题，提升市集品质，将圩市发展成利民便民的农贸市集，再到吸引访客使其流连的乡村特色观光市集。嵩口赶圩节包括两种类型的文创商品：一种是以赶圩文化为主题的体验型观光活动，另一种是借助圩市进行的"农文创"商品的展示与销售。借力嵩口当地古码头区地势山水环境和民俗庆典，用环保借景艺术效果，打造忠于原味的节庆灯会活动。圩市提供创造性的空间经验，借圩市重绘了地方的认知地图，同时，发明了新的"地方"经验。受访者SK5，导游，在地居民，回忆道：

"古镇味道。百年前南来北往的商贾和移民，因着渡口而来，嵩口古街一带也因此汇聚了各地风味，形成了地方特色小吃和饮食风俗。早期，游客去嵩口古镇大多进行'一日游'，甚至'半日游'，驻足观赏时间过短，消费产品不多，留宿情况偏少。"

"解放前，镇上还流行过《嵩街小食十锦》里头提到的诸如家鼎哥的九重粿、魏二的甜白粿、月郎的汤边饺及胜和轩的美人糕等，至今都让不少老嵩口记忆犹新。当时古街上一到赶圩的日子，小食样样找得到，年节酬神的戏台边，亦是嵩口老一辈最熟悉的风味场景。"

嵩口圩市、灯港的意象营造案例表明，村庄故事、学习互动和个体记忆对于发展创意旅游至关重要。当嵩口的"嵩口圩市＋灯港"成为游客前往的目的地，出于"嵩口圩市＋灯港"创意旅游活动形式的地方构建满足了游客的研学需求，从而使得游客产生与环境之间的真实情感联系，情感将游客过往的经历联系在一起，使得环境通过情感积累获得意义的同时产生游客对环境的依恋。受访者SK3，古镇地方领导者，说：

"很多外出经营或打工的村民曾一度唯恐逃离不了嵩口，现在则是一有时间就回乡。他们还在微信朋友圈等自媒体中推送介绍家乡。"

显然，通过转型发展，嵩口具有鲜明的古村落"地方感"文化景观特征，展示了从物质到非物质文化遗产如何通过连接地方"人"重新焕发活力。嵩口村庄记忆蕴藏于每个中老年村民的个体记忆中，对许多出生于1950—1970年的在地居民而言，老屋厝埕与公共空间不只是打、晒谷场，更是看露天电影、约会、交朋友的地方。嵩口的地方民俗活动（春节、灯节、农博会、诗歌会、赶圩、迎神、祭祖等）的布置，将当地历史、人文、民俗以强化和放大的形式展示给在地居民与当地的外出务工者，通过这些节庆民俗活动留下记忆、唤起乡情。受访者SK6，在地居民，回忆道：

"对嵩口古镇早期的普遍印象是热闹，家族聚居所凝聚起来的旺盛人气，那个时候好多人住在一起，很热闹。小孩子会聚集在那个空场（手指正座前的天井）玩，打乒乓球。"

综上所述，村庄故事、学习互动和个体记忆对于发展创意旅游至关重要。

嵩口镇结合原有的历史形象，对嵩口灯港进行意象营造，是对传统节庆进行的创新表达，让当地生活场景有了展示舞台。创意旅游活动则通过这种共享的体验将游客与地方联系在一起，产生群体层面游客的地方依恋。游客通过与嵩口"嵩口圩市＋灯港"创意旅游活动的自然条件互动产生的地方依恋，并不是依附于地方自然条件本身，而是依附于自然条件被研学所赋予的艺术意义，地方民俗活动中产生的共享体验。

（三）景观的日常生活主题

创意旅游与日常生活主题之间联系的建立，使游客和当地人之间的互动增多，延长了停留时间和与当地人建立关系，形成了忠诚度，并提高了回报意愿。例如，古镇公益图书馆策划了绘本阅读会、电影沙龙、嵩口故事会等活动。借由故事或空间直接的联结，提供不同路径的参访计划。在旅游产品方面，近年来嵩口以嵩口故事会作为旅游产品，表达了当地历史文化，激发了在地居民和游客的兴趣。参与者主要为当地居民以及来自城市的文艺爱好者，增加了当地客流量。公益图书馆推出的这些活动表明，创意旅游发展和农村地区之间有可能产生新的协同效应，以兴趣激发游客参与嵩口的日常生活，旨在唤起游客对地方的依恋感。受访者SK7，社区志愿者，参与社区儿童辅导，退休教师，说：

"还有就是对接外部力量，像是引进针对孩子们的冬令营、夏令营，召集城里人一起来参加青少年公益圩市，参与或发起嵩口故事会等社区活动，在社区营造上做了很多努力。来自福州的高校和公益团体将这处图书馆设为实践基地。"

"而公益图书馆举办的第一场嵩口故事会，请来了曾经在格致小学上过学的老人家，由他们讲述嵩口基督教青年会和格致小学的往事。一百多年前，传教士为这个深山古镇带来了私塾之外的新教育，如今，公益图书馆让本地的孩子们也有了不一样的童年。"

嵩口创意旅游的成功实施有赖于习俗活动和人际交流。嵩口在地域再造过程中，结合习俗活动介入古村落文化遗产的保存，拼贴出新嵩口的"地方感"文化景观特征。其图像以过去与现在的时间为基础，可以看到时序的作用，这个拼贴不是静态而完整的，以及上述活动对社区的形塑作用。当地人喜欢分享日常生活，享受快乐或感受娱乐。他们乐于看到游客学习一些有关嵩口"春宴"的民俗文化，而极富地域特色的"春宴"也吸引了全国各地的游客前来品尝美食并感受当地民俗文化。"春宴"也被称为"吃春酒"，是当地民俗文化的重要组成部分。每到正月，嵩口人就会邀请亲朋好友来家中做客，而春宴就是接待客人的最高规格。整场宴席共有 12 道菜，每道菜不仅美味非常，还有着吉祥的寓意。受访者 SK5，导游，从外地返回嵩口的中年女士，说：

"嵩口的大樟溪亲水游、古民居古建筑体验游、月洲信俗文化游等旅游线路，打造采摘节、风光摄影大赛，引导和扶持群众发展古镇民宿、农家乐、嵩口美食等特色旅游项目和产品，开发竹篮、草帽、线面、芙蓉李干、梅子酒等伴手礼。嵩口小镇依托丰富的田园风光和独特的乡土文化等，把特色文化、传统工艺、优势农产品转化为促进群众增收的资源和旅游配套的延伸，提升了小镇旅游内涵。"

受访者 SK8，游客，一位中年女士，说：

"我在街头遇到的一个当地人建议我今天下午去吃春宴。除了品尝到嵩口蛋燕、上汤麻菇、李菇、三鲜汤等 12 道特色美食外，还体验了转鸡头、三出头等一系列有趣的嵩口民俗。没想到这里的民俗文化这么有趣，菜品也都很好吃。看来这次真是来对了。"

受访者 SK5，导游，从外地返回嵩口的中年女士，说：

"我们这里大多数活动都是自发的。我通过参与当地人的实践学会如何为寺庙节日献祭。相比之下，嵩口有一个结构合理的方案。比起计划中的活动，我更喜欢为游客准备当地的小吃，因为这更接近当地文化。"

值得注意的是，创意旅游在形成社会凝聚力和福祉方面发挥着至关重要的作用。"嵩口慢慢走"景观创意旅游项目是通过空间来增进游客社群交往，加强社会向心力。2014 年，嵩口古镇改造启动，《HOMELAND 家园》杂志开始持续跟踪该项目。2015 年底团队住到镇上，每天走街串巷，拜访当地居民，梳理嵩口历史文化，推出"嵩口慢慢走"，让返乡青年了解自己生长的土地与将要发生的改变。人们在日常生活中通过对传统建筑的利用而总结出生活智慧，因此，嵩口传统建筑空间是开展日常生活的重要角色要素，如"嵩口慢慢走"利用阳光照射嵩口传统建筑物来计时。用空间和日照来计时的案例，说明空间是丈量节奏的工具，是时间的刻度，在细节中我们建立起来空间和时间的联系。由此"嵩口慢慢走"景观创意旅游项目通过对游客的组织和对活动物质条件的组织对社会环境起到了构建作用，与此同时也融入日常生活的社会环境之中，成为社会环境的一部分，与游客的心理建设和行为建设一同构建了嵩口的社会环境。受访者 SK8，游客，一位中年女士，说：

"'嵩口慢慢走'老屋的宣传图，还配上了牧牛、老农、油菜花等有田园牧歌意象的衬景，是带有对田园生活的想象意味的'遥望老家'。嵩口古镇之'美'，被频繁推到各种媒介上。"

受访者 SK5，导游，从外地返回嵩口的中年女士，说：

"过去家里很少有点钟，三餐煮饭怎么知道什么时间啊？过去老人家看日头咯，日头（光）照在走廊第一个台阶，差不多是 11 点，就可以煮午饭了。某老屋正厅前面的石头阶梯两边有堵头的条石，被打磨得很光滑。老人说这石头之所以变得光滑，是因为这是我们的滑梯啊。"

综上所述，分析表明，地方景观特征有助于嵩口创意旅游的实施。这些特征包括人与社会的连接、多元的绿色网络、低密度的景观，以及社区般的农业池塘景观。从游客反应和更大的经济可持续性两方面来看，在这些地区，通过对历史建筑的研究，人们从文化的角度理解了地方特征的恢复和观念的转变所带来的变化，这种转变导致了从孤立层面到集体层面的转变。"嵩口慢慢走"活动促进了游客互动和定期社交，也对在地的文化创意活动起到支持和传播作用，而以活化为目的的行动，需要满足一个必要的条件，就是确保组织及地域活动的日常性与安全性，即赋予当地居民的日常活动充分的主导性地位，才能使活化真正地实现。

五、创意旅游与地方性形构的关联

本研究的目的是探索嵩口乡村社区创意旅游的潜力。基于社区的旅游旨在让社区参与旅游开发，最大程度地为当地人带来好处。文献表明，创意旅游和基于社区之间有几个潜在的协同作用。台湾"打开联合"团队的实践主要表现在"重新认识与书写"嵩口在地历史、抢救在地文化资产与历史空间、凝聚地方自主的公共领域等三个方面的文化行动上。在地知识构建行动的深化，表现在古迹区的操作面，包含对在地有形与无形文化资产的调查与联结，引入创意旅游、教育推广与营销执行。从嵩口的社区实践出发，我们可以初步发现，串联圩市、灯港塑造了一个公共性集散空间的创新路径。嵩口古镇的地方塑造以"圩市+灯港"及其活动为核心，服务于厝埕空间地方居民；厝埕空间的集体记忆与个体生命经验联结；地方认同建立于个人能力与自我价值的地方认同之上。厝埕空间提供了一个实践自我的舞台，部分曾在厝埕活动的人，因为在厝埕中实现了自我，因而对厝埕有更深的归属感。

在嵩口，今天的景观营造是地方知识与"真实性"营造的重要性的集合体。"本土工艺"为积极参与本土工艺的人开设新课程。研究表明，认识到"真实性"营造的重要性，是将其与过去的文化联系起来保护这些遗址的一种方式。传统建造师赋予遗址价值。正如 Harrison 所说的，遗产仍然与历史、艺术史、民族学、民俗学和其他商品（如知识、技能、记忆、经验等）相关。

但它不再仅仅指过去，而是从过去汲取力量来发展现在和规划未来。不论是维护、修复或改造项目均重视技术工作，技术真实在一定程度上比物质真实更为重要。O. Le 提出的整体修复理论主张是根据建筑的原始风格和初始形式恢复乡土建筑的外在形式和内部结构。行动表明，嵩口古镇农村建筑的重点特征是"真实性"和"完整性"（图 5-4）。

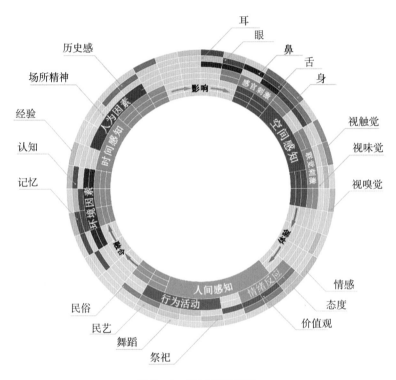

图 5-4　嵩口创意旅游

　　嵩口营造的景观意象是自然特征和人类活动（如圩市、灯节与节庆策划）的集合体。除了心理主义之外，深受现象学影响的建筑理论家们也提出了"场所精神"的概念，将建筑看作人们生存生活的意义的具体化，看作关于意义的解决方法（诺伯·舒兹，2010）。地方节庆式的景观意象营造是过程中所推动"社区"之"地方认同"构建；地方社会通过节庆等公共活动的举办来维系和凝聚当地的社会关系，是呈现"地方性"的基础。这种以人文景观为基础的实践确立了乡村的景观特征（即将周边自然与人联系起来、各种空间的文化网络、低影响景观和类似农业社区的人文景观），以引导其实现特色发展。

　　本研究认识到，创意旅游、日常生活主题和地方之间有着紧密的联系。嵩口以创意旅游活动的方式进行的地方构建，主要由自然环境、社会环境、管理环境三者相互协调、互为补充，共同创造嵩口创意旅游活动机会。其中，自然环境是最早存在，也是最为基础的环境，嵩口前期自上而下的地方构建与后期双向的地方构建均是在自然环境的基础上产生发展演变的。在地阶段地方依恋主要是基于混合类地方构建创造的直接体验，由完整的地方依恋三方框架：人（个人与社会）、心理过程（情感、认知、行为）、地方（自然与社会）组成。个人层面，地方通过个人体验获得精神上的意义，同时积极的个人体验能够维持和加强地方依恋（图5-5）。

图5-5 嵩口创意旅游核心游道路线图

六、小结

嵩口镇基于自身的地理、历史特质所形成的社会肌理为产业的生成或置入，提供了相对丰富的资源基础。在嵩口旅游业中看到对新的旅游形式的需求，这种旅游形式包括了解当地自然和文化传统、景点的活动，还包括所谓的创造性活动（图5-6）。在空间营造的基础上，创造了类似传统社会中的灯港、圩市景观的意象，借由空间具体呈现出来，而成为社区共同记忆的情境对象与地方认同的物质基础。主要发现如下。

（1）原真性是考量遗产价值的必需条件，"新老共生"既尊重历史，又活化空间。恢复历史设计与传统建造技艺是嵩口乡土遗产再生的有利因素。

（2）地方故事、学习互动和个体记忆对于发展创意旅游至关重要，地方节庆的意象营造是形塑一个公共性的集散空间的创新路径。

（3）地方景观的日常特征有利于嵩口创意旅游的实施。创意旅游活动则通过对景观的日常体验将游客与地方联系在一起，产生群体层面游客的地方依恋。

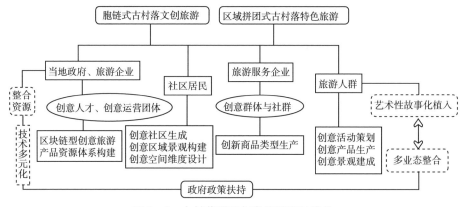

图 5-6　古村落群的创意旅游发展路径

从台湾"打开联合"团队实践出发，逐步发展出特定模式与介入途径，其核心理念"社区营造"，是过去 30 年台湾地区重要的社会改造运动的指导理念，嵩口镇案例表明了古镇地方性的表现，不只是实质空间风貌的维持，更重要的是生活和生计方式、过程与价值观的体现。而这正是目前中国传统村落所面对的挑战，传统的空间规划理论及实践方式已无法支撑与引导中国传统村落的发展，因此，新的规划模式及工具亟待被找到。研究者的田野调查也还在持续进行，对于景观的意象营造形塑嵩口创意街区的影响是需要一定时间观察的，景观的意象营造的影响已经扩展到地方发展策略。

本案例分析了嵩口如何让当地社区参与遗产保护，以及文化资源在创意旅游中的有效开发，以期探讨地方性形构经验与创意旅游问题。结果表明，文化也是一个重要的工具，可促进社会凝聚和稳定、环境可持续发展。挖掘日常生活中"地方感"的营造并使其成为乡村发展的一种手段，已成为当代传统村落更新、改造设计的一个重要课题。

第三节　观光中介者的社会创新：
永泰庄寨的景观活化

一、问题与缘起

纵观个案研究文献，有一个普遍的预设，将观光视为观光主及观光客双方的互动。但是人类学者渐渐发现，观光主与观光客这种二元架构并不足以充分说明观光经验的完整面貌；这样的概念架构不但忽略了观光主的能动性，也忽略了观光经验中的另一种关键人物——中介者。"中介"一词引自 Chambers 的文章，他指出，观光是经过中介的经验（mediated experience），而这个过程也是新的文化生产机制，观光历程必然包含被观光的社群、观光客，以及协助形构观光经验的中介者等。Werner 从对中亚丝路之旅的实地观察中归纳，中介者的行销、导览与论述方式，决定了大多数游客对该观光地点的预期与认知。由此，边缘性景观要转化为可利用的旅游资源，需要中介者在地景建设及再现层面上"翻译"与引导。

技术创新体系也是农业科技创新的根本动力（Yin et al.，2019）。国家和区域创新体系中的传统主体是企业、政府、大学、研究机构和金融机构等中介机构（Cooke，2004），乡村振兴需要多个主体参与。最近的一些创新范式，如社会创新（Van et al.，2016）、负责任创新、包容性创新（Sonne，2012）、整体创新（Chen et al.，2018）都强调了实现城乡均衡发展的社会责任，为构建可持续发展的中国和世界农村创新体系提供了有益的启示。技术创新是长期增长和乡村振兴的关键，鼓励多个参与者积极参与（Long et al.，2016）。

永泰庄寨是一个值得探讨的观光中介者进行技术创新的营造个案，无疑在时间和空间上提供了一个最佳场域，原因在于它被视为地方政府与民间社区组织推动跨部门协力的产物，成功带领在地居民主动参与社区公共事务，并进行社区营造的"由下而上"的治理。永泰庄寨文化产业发展的现象，也引起了许多研究者的关注，有几个重要议题尚未得到比较深入的分析，这些议题包括：实质空间（physical space）的安排与部署如何支持地方文化技术创新？什么样的论述与制度支持了该空间的意义？不同社群如何在这个空间中展开互动？这表明，观光中介者也是技术创新的根本动力，观光中介者开发庄寨的多功能性也是一个日益重要的问题。

二、永泰庄寨发展脉络

庄寨是明清时期在福建戴云山地区，以血缘家族或氏族为主体营建的"家、祠、寨"合一的大型合院式防御性建筑。据史料记载，永泰庄寨始建于唐朝，到了晚清时期庄寨几乎遍及各村镇，史上总量超过 2 000 座（谢海潮，2019），根据庄寨门额、题记以及各姓族谱记载，永泰现存 152 座庄寨乡土建筑，多以庄、寨、堂、居、堡、厝等命名（叶欣童，2020）。永泰庄寨是典型的闽中山区特色民居，承载了当地家族聚落农耕社会生存的记忆。2015 年，永泰县成立古村落古庄寨保护与开发领导小组办公室（简称"县村保办"）（叶欣童，2020）。在县村保办的委托下，编制了《永泰庄寨保护修缮导则》（李文震等，2021）。2017 年，提出《关于扶持永泰古庄寨保护修缮和制定保护修缮工艺细则的建议》，大大推动了长庆镇中埔寨、嵩口镇宁远庄、同安镇青石寨的保护修复工作（叶欣童，2020）。2018 年，永泰县投入专项资金修复了嵩口宁远庄、白云竹头寨等多座损毁严重的庄寨，举办"乡村复兴论坛永泰庄寨峰会"。2019 年，白云北山寨被成功打造成现代精品民宿，宁远庄变成古兵器博物馆（叶欣童，2020）。永泰庄寨建筑群（5 座）跻身全国重点文物保护单位，18 座列为省级文物保护单位，同安镇爱荆庄荣获联合国教科文组织 2018 年亚太地区文化遗产保护优秀奖（叶欣童，2020）。2022 年，位于我国福建省永泰县的黄氏"父子三庄寨"，入选《2022 年世界建筑文物观察名录》。庄寨的空间构造在发展的同时也反映了乡土社会时代特征和生活方式，涉及了公共性、私密性、礼仪性、防御性与监督性（张兵华等，2022）。其特征如下。

在整体空间布局上，永泰庄寨周围山多林密，属于亚热带季风气候，降水量充沛，在气候、地质、地形的作用下当地形成了独特的温泉、梯田、插秧文化，果树、油茶树、山葡萄种植是当地的另一特色（李文震等，2021）。在整体空间布局、梁架结构体系、装饰工艺、宗族秩序等方面与闽东传统风土民居共源，但更加重视防御性（初松峰等，2018）。永泰庄寨虽然受到自然地形地貌的制约，但精于选址布局（石峰等，2008）。传统文化对建筑布局形式产生深远影响，讲究"日""甲""同""册"等文字形式布局，工整紧凑（王佳音，2017）。在建筑结构方面，大展村的"五寨十六庄"、下园村的"一寨连九庄"等仍可见当年盛况。永泰庄寨采用"四梁扛井"的独特建筑结构，精致的木雕、彩绘、灰塑、挂瓦墙等令人称奇，有"山岭奇构"的美誉（连锦添，2022）。

爱荆庄为永泰庄寨建筑之一，其形制布局、防御性设计、建筑风格、历史人文等在同类建筑中十分罕见，《爱荆庄鲍氏族谱》记载建设年代精确，历史事件与庄寨建筑史实吻合，具有较高的聚落考古价值。爱荆庄位于同安镇洋尾村，又叫美祚寨、米石寨，建于清道光十五年（1835 年），占地面积 5 200 平方米，共有房屋 360 间。外围是以防御为主的瓮城式建筑，内环跑马道，两侧外墙为歇山屋顶。爱荆庄建寨男主人鲍美祚为庄寨取名"爱荆"，把对妻子李氏的尊重书写在庄寨正门之上（钟荣誉，2020）。爱荆庄的书斋楼在 1957—1958 年曾作为爱荆庄初级社，后来改为卫生所，书斋楼在文教意义上与社会象征相符（李耕，2019）。在 20 世纪 60 年代庄寨成为天然的"公社大食堂"，庄寨居住空间实现共同伙食。

在文化遗产传播上，永泰庄寨非物质文化遗产众多，其中具有代表性的有：虎尊拳、椽板龙、张圣君信仰文化、舞纸狮、永泰山歌、神灯长龙、离地行舟等。这些非物质文化遗产为庄寨 IP 化提供了多维开发的素材，赋予永泰庄寨及庄寨所属物文化属性，这种文化属性可以传播庄寨本身所具有的关于孝道、良好家风等优秀传统文化（李文震等，2021）。庄寨作为集体生活生产、仪式活动、公共防御等公共事务的组织者，通过其可了解该地区先民在环境营建、社会组织、山林经济以及文化信仰等方面的信息（张兵华等，2022）。

在体验模式方面，完善基础设施，2018 年召开的乡村复兴论坛·永泰庄寨峰会，计划将古庄寨作为特色民宿客栈、艺术家驻村工作坊等，打造一体化庄寨体验模式（李文震等，2021）。修缮后的庄寨重现祭祖和家族聚会盛况，庄寨已有书吧、民宿、农家乐、研学基地、乡村创客空间等业态，县内形成多条庄寨旅游精品线路，正进一步筹划对庄寨和传统村落进行集中连片的保护利用（连锦添，2022）。

在整体性修缮方面，在庄寨理事会的推动下采用整体性重建、大规模修缮、部分改建、局部提升等方式。庄寨理事会主要负责：日常维护，看守庄寨安全；参与方案讨论，协商修缮愿景；参与、监督修缮过程，清理优化庄寨周边环境。修缮的外部主体主要包括同姓族人与企业、专业团队、政府机关及相应部门。外部主体主要起到监督与支持的功能，宗亲理事会自组织与公众参与程度高。

在宗亲自组织方面，体现了内延外拓。例如，爱荆庄的鲍氏族人的保护历程可以划分为以下三个阶段：宗亲内部组织开发阶段，宗亲向外拓展阶段，庄寨传承与康养阶段。

第一阶段（2008—2014 年），宗亲内部组织开发。2008 年，爱荆庄的鲍氏族人举行祭祀仪式时，发现屋面漏雨，于是鲍氏族人成立爱荆庄保护筹备小组，并发动大家捐赠木材用作修缮。此时的目的是防止坍塌而进行局部修缮。2009—2013 年，由于缺乏政府的资金支持，爱荆庄修缮进入低谷，但其族人已认识到保护活动对庄寨发展的重要意义，为了避免活动的中断，宗族自组织注册了"爱荆庄"商标，组织者将成本较低的宗亲活动作为爱荆庄保护新的载体。也正是从这时起，爱荆庄从原本重视修缮转向了重视宗亲参与。但是这一阶段的问题是内在动力严重不足。

第二阶段（2015—2018 年），宗亲向外拓展。爱荆庄以宗亲理事会为核心，拓展宗亲网络，宗亲成为文化遗产修缮的中坚力量。2015 年，爱荆庄成立爱荆庄保护与发展理事会，属于非营利性社会组织，其成员整体为爱荆庄的子孙族人，这一行动标志着其宗亲价值重塑的开始；2017 年之后成立了青年联谊会，作为中坚力量的年轻人进入理事会，提出对传统信俗的重塑，倡导修宗祠、编族谱。此外，鲍氏历史文化博物馆导览活动的开展，使庄寨及在地居民再度活跃。鲍氏宗亲的文化遗产保护专家建议爱荆庄申请遗产保护，以进入官方体系，2018 年下旬爱荆庄获得亚太地区文化遗产保护奖（连锦添，2022）。

第三阶段（2019 年至今），庄寨传承与康养。爱荆庄保护与发展理事会如同文化能量启动器，在环境脉络、历史纹理以及软硬件经营方面酝酿形成"庄寨＋项目、民俗文化、农耕文化节庆"等事件。庄寨遗产与旅游结合的策略让庄寨叙事的主体多元化，地方导览、文史研究与文化事件再次升级。

在观光冲击下，如何经营一个观光客与在地居民共享的环境是重要的课题。永泰庄寨被广泛认为是中介者借由规划、修缮、持续地形塑造观光成功案例。永泰庄寨观光中介者的实践创造了新的地方性，也是探讨永泰庄寨文化复兴不可忽视的构成要素。因此，下文重点探讨庄寨浴火重生的措施及成效；探讨"产业观光化""产业文化化""产业地方化"中观光中介者成功经营的策略，以供政府部门研拟产业振兴与观光发展参考。

三、研究区域与数据收集

永泰县，福建省福州市市辖县，大樟溪自西向东，深切县中部，形成长廊式谷地，谷地由两岩狭窄丘陵、山间侵蚀小盆地、山前侵蚀阶地组成。面积均在 20～30 千米^2。永泰县资源丰富，主要有"四多"：一是山地多；二是水果多；三是景观多，生态资源和人文资源丰富，全县有人文、自然景观 116 处；四是水能多，属于亚热带季风气候，降水量充沛（李文震等，2021）。

所谓的中介者在分类中属于"外地人"，但非观光客也不是官员，他们有些是政府单位委托的规划者，因规划要求必须与当地社团组织及从业者合作；有些则是出于个人动机，携带私人资本来到永泰县创业。我们使用深度访谈的方式，从受访者的叙事中追溯他们如何理解观光与地方文化的关系，如何引入新的论述与资本来打造永泰庄寨的观光地景，以及如何在观光规划与经营中塑造新的永泰庄寨意象。

依据对永泰庄寨观光的想法差异，我们将受访者分别给予代号 YTZZ1、YTZZ2、YTZZ3 等，详细呈现各类人对"观光"的愿景及想法，虽然文字书写以个人为叙事单位，但诠释及理解的焦点在于行动者"赖以行动的意义结构"（Geertz，1973），而非只是个人的生命经验或主观意见。因此，在分析中，受访者的叙事被视为三种有关文化观光论述的展现。

下面结合代表人物（分别称为 YTZZ1、YTZZ2、YTZZ3 等）的看法进行分析：①YTZZ1，庄寨保护与发展的主要领导者；②YTZZ2，庄寨文史研究者；③YTZZ3，来自鲍氏宗族的文化遗产保护专家；④YTZZ4，爱荆庄族人；⑤YTZZ5，庄寨峰会的组织者；⑥YTZZ6，文化产业规划者，外地返乡人士；⑦YTZZ7，从事传统技术工艺保护工作研究，大学教师；⑧YTZZ8，在地居民，爱荆庄传统工艺负责人。

四、结果与分析

（一）观光资源的整合

观光中介者资源成为永泰庄寨再生的工具。庄寨保护与发展理事会主要开展抢修庄寨、举办活动、招商引资等工作。2017 年，地方政府依托社会和村落的人脉资源，组建理事会、基金会、合作社和乡建联盟等社会组织，即观光中介者之一，分别对建筑修复、产权流转、旅游开发等行动进行组织；庄寨的修复工作使 18 座建筑群成为省级文物保护单位，积善堂、绍安庄等 5 座被列为全国重点文物保护单位。随之，庄寨峰会组织者、观光业规划者、广告与行销业者、旅游作家、文史工作者等，即观光中介者二，结合社区力量，发掘传统产业文化，作为日后永泰庄寨地区发展观光新产业的条件。如以"庄寨＋"为主题策划的"庄寨＋瑜伽""庄寨＋研学"及"庄寨＋油菜花"等创意旅游主题。受访者 YTZZ1，庄寨保护与发展的主要领导者，说：

"保护庄寨，是一场与时间的赛跑。由于长期闲置、年久失修，破损严重，只能'先救命后治病'，这个过程中，'钱从哪里来'成了一个现实难题。在我看来，'政府不能一头热'，民智民力要妥善使用。"

受访者 YTZZ2，庄寨文史研究者，说：

"每个庄寨都是一本厚厚的书。不拘一格的平面布局、巧夺天工的跑马道、鱼鳞般的风火墙、精美的木雕,津津有味地讲述着每座庄寨背后的故事和精神。"

宗亲网络作为观光中介者,它的内延外拓是永泰庄寨申报遗产的影响因素。庄寨在聚落空间及巩固宗族上保有较完整的形态和凝聚力,主要体现在聚落、建筑、产业、组织、社会文化、语言、民俗技艺等上。爱荆庄形成地域性特殊族群的特殊文化,且具有其强烈族群文化的故事性。爱荆庄宗亲理事会发挥"爱荆庄创造文化,文化再造爱荆庄"的功能。爱荆庄宗亲理事会主要由族人组成,以宗亲网络、社会团体专家为主体。2016—2018年组织"庄寨文化遗产保护""爱荆庄历史文化保护"等研讨会,齐聚国内文物、建筑及世界遗产保护等领域的专家,助力爱荆庄成功获得亚太地区文化遗产保护奖。随着宗亲网络的升级,社会资源的半径扩展了,宗亲自组织为遗产保护打开了新视野。受访者YTZZ4,爱荆庄族人,说:

"庄寨作为祖先的遗产,是整个家族的象征,倒塌了对不起祖先。我们从小在庄里长大,不能让庄寨文化在我们这代人手中没了!我四处奔走呼吁,率先成立理事会。政府资金引导,理事会牵头,村民齐心参与。"

受访者YTZZ3,来自鲍氏宗族的文化遗产保护专家提出:

"庄寨的遗产与一般传统村落一样,同属一类新型遗产,是活态性、整体性、物质性加非物质性的,爱荆庄建筑始建年代翔实,建筑历史、清代维修次数和近14年维修时间、维修过程的记录相对准确。"

爱荆庄鲍氏历史文化博物馆的实物与文献揭示了宗族社会在经济活动中的家族变迁及文化传承,鲍氏历史文化博物馆还把老家具、工具等汇聚陈列,老族谱、票据、照片、古籍等摆满,同时,展示了庄寨的伬唱、纸狮表演艺术、礼仪节庆等非物质文化资料等。受访者YTZZ4,爱荆庄族人,说:

"目前庄寨仍作为宗族祭祀、举办节日庆典以及日常活动的场所,年轻人结婚依然会回到庄寨举办酒宴仪式,以告慰祖先。"

"这些与宗亲的文化遗产保护专家互动的经验,让庄寨人从都市人的观点来看待自己习以为常的小山村,重新检视自己地方资源的文化及观光价值,也产生了在地居民自行创业的契机。"

综上所述,分析表明,景观遗产特征有助于永泰庄寨遗产的发展。这些特征包括以"文化产业化、产业文化化"的方式进行转型。传统信仰的重塑为巩固文化支柱提供了常态化机制,重启传统习俗活动的营销措施是结合民间团体、地方社团及当地居民,整合运用当地特殊的文化资源,推动举办各项文艺季文化活动，永泰庄寨产业开始向文化艺术化、观光化及地方化模式发展，实行多元化、多角化经营（图5-7）。

图5-7　庄寨现场

（二）观光中介者的社会共创

观光是永泰庄寨再利用的出口。观光的功能是提供一种经济诱因，当地人为了吸引外来游客而珍惜自己的历史、文物古迹，从而为没落老化的村落带来光荣感与生命力，而在地居民与文创社群作为社会重要的创新力量，以策划展演作为乡村重要的创新载体，在持续与永泰庄寨在地社团联结以推动历史与文化资源的活动中，清华同衡团队扮演专业者的角色介入地域生活空间的种种议题。基于长期的经验，为了吸引媒体目光，清华同衡团队与其他规划者一样，都是以举办大型活动来提高地方的能见度。2018年推出以"会议事件"为引爆点的庄寨峰会，设"综合、民宿集群、文创、乡村治理"四大板块，倡导通过创新设计的思维和方法解决社会问题，作为后续有关古迹保存与地方发展机制的建议。受访者YTZZ5，庄寨峰会的组织者，说：

"在这个目标之下，我们团队整理出庄寨峰会的文化景观点，并且建议以'庄寨''李子''月溪花渡''桥'及'溪水'作为地方风貌的改造重点，而庄寨峰会超越了既有的节庆模式，结合传统与现代文艺的活动模式，可以成为永泰庄寨的新经验。"

在永泰庄寨的观光发展历程中，中介者发挥最关键作用的时期，是从2015—2019年，这是永泰庄寨跃升全国热门观光区的起步阶段，几年中，陆续有不同的中介者进入永泰庄寨，观光中介者可包括观光业规划者、广告与行销业者、旅游作家、文史工作者等，他们协同将永泰庄寨转化为观光胜地；他们保持对庄寨文化不同的理解，以各种实践来塑造永泰庄寨地方意象。受访者YTZZ1，庄寨保护与发展的主要领导者，说：

"永泰庄寨会成功，老实说，是因为庄寨、竹编、这边的生态，统统聚起来变成我们观光文化的资产。解说它，媒体一直报道它，然后我可以写很多故事，然后永泰庄寨就发展起来了，这过程其实是很辛苦的，但我喜欢这个地方所以就一直在做。"

显然，可通过持续性的"媒体传播"活动，产生地区的活化功能。规划的一个重点是将地方品牌化，从地方历史或自然资源中找出特定物件，改造为新的地方识别符号，通过时间规划和持续性的活动，产生地区的活化功能。在空间的形塑方面，清华同衡团队针对月溪花渡乡村公益图书馆提出用小尺度的地景空间催化"再生"，使村里的一座废弃水电站变身图书馆，再一次成为村里的地标。在民俗文化的形塑方面，在辅导庄寨期间策划的第一个大型活动，有"重拾月洲乡村民俗文化""体验嵩口特色婚俗""品尝传统美食'三出宴'"等10余个项目。策划展演是创意设计介入的一个有效途径，集结来自各领域的观光中介者，组成若干个文创社群，提出相关策划，这些都成为永泰庄寨再生的工具。受访者YTZZ5，庄寨峰会的组织者，说：

"庄寨文化没有一个很具体的东西，其实就是一些很传统的类似新埔的柿饼、李干，还有一些文物。所以你要创新，因为很多像那个咸菜，很实在没有错，但就是游客不会想要买啊，就要去营销，怎么去包装，要赋予它意义。当前庄寨的识别其实还没有形成。我是觉得不要划地自限，一定要跟着时代，不要说庄寨老是那些东西，一定要营销，真的帮助它营销。"

观光中介者借着引进游客、撰写旅游指南、设计导览、构建观光地，以投资与建设来协助推动发展观光工业，他们将观光地的景观、风俗、艺品等向外推广，也从观光地的硬件建设或路线规划来形塑某种特定的观光体验方式。庄寨峰会活动将产业与地域文化观光景点结合，带动地方观光经济发展，将庄寨产业与饮食文化及艺术结合，开发与庄寨相关的副食品产业，增加其观光价值与文化特色。受访者YTZZ6，文化产业规划者，从外地返乡人士，说：

"我们在仁和庄设立乡村创客空间、仁和书院，推出公益课程，打造年轻创客的交流平台。同时结合美丽乡村建设，探索书吧、民宿、研学基地、乡村创客空间等业态，形成多条旅游精品线路，为古厝新生注入活力。"

"该村庄寨宁远庄修缮后已变身为古兵器博物馆，村里还举办摄影大赛、楹联大赛、美丽乡村旅游季等活动。村民办农家乐，开民宿，或在家门口销售自产的蜂蜜、花生、山茶油……依托文化遗产振兴乡村，激活了古老的月洲。"

综上所述，对于乡村复兴论坛策划者而言，观光是一种具有产值的经济活动，而庄寨文化则是一种"商机"，但需要以商业思维去营销与包装。在刺激内生力方面，吸引原居民返乡。台湾团队先建立了民间活化运营成功的样本，以点带面，推广保存利用在地资源成为差异化生产力的技能，吸引原居民和返乡青壮年跟进。在开拓外生动力方面，引智借力。依托大学资源，开展各类学术研究，形成网络社会的共创概念（图 5-8）。

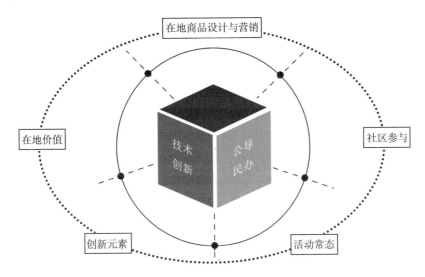

图 5-8 永泰庄寨观光中介者的社会创新

（三）技术创新

传统技术工艺的创新是整个修缮工作最关键的步骤。2016 年，地方政府启动《永泰庄寨保护修缮导则》编制工作，为庄寨的保护修缮提供指导；《永泰庄寨群综合研究》为庄寨的保护和利用工作提出建议。爱荆庄技术工艺与施工组织具体策略：在操作规程方面，这些修缮导则涉及《古建筑保养维护操作规程》相关技术标准。在遗产本体保护方面，修缮过程由专业团队编制修缮设计方案，邀请富有经验的老木匠领导修缮施工，族人参与夯土、垒石、铺瓦等工作。设置传统建筑名匠传习所，内设古建筑和手工编织工种。爱荆庄在保护的过程中全部聘用在地工匠，鼓励宗族外出务工青年回到名匠传习所学习传统营造技术。受访者 YTZZ7，从事传统技术工艺保护研究工作，大学教师，说：

"技术标准分别就木作、石作、土作、灰作、瓦作等方面的修缮技术与选材制定行为规范，修缮导则采用手绘步骤分解图、手绘三维图等，再辅以照片和口语化的文字。"

受访者 YTZZ8，在地居民，爱荆庄传统工艺负责人，说：

"像重修宗祠这样的大事，祠堂制式样貌由家族内的老人口述或手绘，工匠是来自村里和附近的木匠。如爱荆庄在修缮中由 60 多岁的老工匠主持修缮工作。而 80 多岁的老工匠作为顾问，完善一些传统工艺或者构件的地域性名称，其建造工艺技术不生搬硬套文物修复标准，做到了对遗产最小干预，保证新增部分的可识别性，为庄寨的原真性修缮提供了宝贵素材。"

庄寨峰会培育了一个生态系统，实现技术创新。农村创新体系的主要功能是培育一个生态系统，供参与者创造新的技术、管理和制度知识，通过互联网等中介和网络，传播和应用新技术、新商业模式，促进发展资源自由流动，实现乡村与城市创新体系的协同。2019 年，庄寨峰会制定"在地产业活化—整体行销"策略，辅导在地传统产业制作和品牌包装。例如，庄寨峰会的爆款产品"竹编"，包含如何进行款式设计与如何引爆，即为一种设计策略。设计团队为契合庄寨峰会"竹"的主题，不断研制竹编二维码。竹编二维码亮相庄寨峰会后，在微博、抖音等平台上迅速传播，引发关注，使传统工艺产生了新的生命力，并在峰会后带动了整个竹制产业的发展。受访者 YTZZ5，庄寨峰会的组织者，说：

"回乡创业者在不远处的青石寨，正在创客空间忙活着。和他一起工作的，是一群回乡创业的年轻人，他们利用当地土特产推出'寨下有礼'文创礼品，又准备建一家农产品加工厂。"

"村民得到了实惠，外出打工者纷纷回流，安居乐业。村支书开心地说：'现在我们打工不出门，产品不愁卖，出门很自豪。'"

综上所述，借由中介和平台对农村进行创新是庄寨保存的重要因素。从传统竹编工艺到新旧结合的竹编二维码可以看出，一个文创商品的设计主要经由以下步骤：动机产生与市场分析、营销策略研究、设计研究、提出对应方案、营销引爆方案等，由此构建了以设计驱动为核心的创新模式。庄寨峰会规划将地方品牌化，从地方历史或自然资源中找出特定物件，改造为新的地方识别符号，在这些保存的历史建筑中，加入一些文创产业或有文化价值的活动，去刺激或改变当地环境带来新的产业机会、文化风貌和地方认同（表 5-1）。

表 5-1 乡村景观的活化提升

项目	日本古川町经验	福建嵩口经验（清华同衡团队）
活化模式	以生态保护事件的在地文化为行动起点，结合空间、时间与人三位一体架构的行动	以借力事件策划、文艺展演等事件操作为引擎，整合资源，以规定时间节点倒推展开规划设计的行动
行动路径	①事件策划；②资源整合；③规划设计；④营造；⑤营生	①会议事件策划；②规划设计；③营造；⑤资源整合；④会议

（续）

项目	日本古川町经验	福建嵩口经验（清华同衡团队）
参与机制与自我定位	①当地政府所扮演角色是辅助的角色；②在地居民、地方社团文史专家、空间专业者共同参与，以自我社区改造为主	①当地政府扮演一个主导的角色；②文史专家、空间专业者为主的自然环境空间、地景改造
措施成效	优点：从居民的内心出发去改造，营造空间的同时，也改造人。缺点：营造周期较长	优点：从建设周期来讲，具有短、平、快的特点。缺点：无法在短时间内让在地居民凝聚共识，重建人与地方、环境的互动

五、观光中介者的社会创新

永泰庄寨观光中介者为庄寨景观提供了一个文化资源发展的过程，这些中介者带入庄寨的不只是经济资本也是文化资本，借着与居民的沟通合作而提供新的意义架构。因此他们是某种意义上的教育者（而且有些也以此身份自居），或者是类似早期人类学文献所称的文化中介（cultural brokers）；根据Chambers的分类，中介者可包括政府官员、观光业规划者、广告与行销业者以及相关的服务业从业者，他们将观光地的景观、风俗、艺品等向外推广，也从观光地的硬件建设或路线规划来形塑某种特定的观光体验方式。更具体地说，创新是一个充满风险的社会互动学习过程，特别是在农村地区，知识创造和传播的环境和文化障碍更多。调查结果显示：对于庄寨峰会观光中介者而言，观光是一种高产值的经济活动，而庄寨文化则是一种"商机"，观光中介者需要以商业思维去营销与包装，以发展资源。重要的是，宗亲自组织的内延外拓成为观光中介者的重要组成部分，打开了文化遗产保存与发展的视野。宗亲理事会体现出应对国家在宗庙文化遗产保护发展方面体制不健全的对策，地方以宗族力量的自组织提高文化遗产关注度，以及在资金投入不足的情况下，赢取传统营造与新技术的博弈。

因此，本研究将主要中介者分成三种类型，如YTZZ3，来自鲍氏宗族的遗产保护专家，可以帮助其族群建立对文化与族群身份的认同与光荣感；YTZZ5，庄寨峰会的组织者，将旅游当成一种经济产业，着重从管理与营销技术的改进上使经济收益极大化；YTZZ6，文化产业规划者，外地返乡人士，规划出一个有别于庄寨旧聚落的的消费空间。

本案例研究已发展为一个公共与居民互动的社会共创空间的永泰庄寨。对永泰庄寨的研究表明，中介者实施过程的特点是合作、相互学习和经验共享，如理事会、基金会、合作社和乡建联盟。借助宗亲网络，保护和修复庄寨的独特性，这是一个有凝聚力的社会网络，每当有群众集会活动，庄寨都自然而然地成为第一选择（李耕，2019）。"宗族认同"逐渐上升为基于地缘关系的"村落认同"：从重修宗祠出发，爱荆庄在保护发展过程中将传统社会中村民基于血缘关系追求的"宗族认同"逐渐上升为基于地缘关系的"村落认同"。宗族伙居和集体伙居都共享着同一个锅里吃饭的集体凝聚要义，只不过从血缘单位变换为地缘政治单位。当个体命运要被再次编织进牢固的人群集合时，不管是集体化，还是再到几十年后的遗产热，庄寨总会再次复活。

在永泰庄寨，今天的庄寨景观是自然特征和技术创新（如艺术、技术、政策、制度和网络构建）的集合体。Fan 等（2005）指出，技术创新是农业现代化发展的根本支撑。关键是要加快科技创新的创造和扩散，带动内生增长。调查结果显示，庄寨峰会辅导在地传统产业制作和品牌包装的技术创新表明：科技创新是生产力的核心驱动力，不仅适用于城市地区，而且适用于乡村。庄寨这一独特建筑进入国际视野，也为乡村旅游提供了新的发展契机（连锦添，2022）。

本研究认识到，观光中介者、技术、政策、制度和网络构建有着紧密的联系。正如 Su 等所说，乡村振兴需要整体创新政策，通过农业技术创新、制度和管理创新、社区网络创新、中介平台创新，提升乡村创新的整体能力。对观光中介者在永泰庄寨的种种活动进行考察以进行"技术创新"的工作，"技术创新"本身允许既有的、试验的、对话的、种种的混杂经验，关于庄寨的活动拼贴结果指向于一个图像，以时间作为基础，可以看到时序的作用。因此这个"技术创新"不是静态而完整的，而是与一个生活世界的规划有关的行动（图 5-9）。

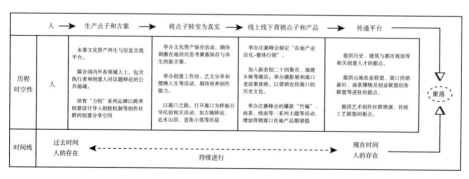

图 5-9　永泰庄寨行动

六、小结

本研究的目的在于说明一个没落的乡土建筑是如何转化为旅游胜地的。旅游经验的构成与展览馆设计很相似，游客通常无法意识到是如何被设置的，因此我们主张了解"中介者"的作法，这有助于厘清形塑观光经验的过程机制。在旅游理论和最新创新范式的启示下，乡村中许多文化或历史资源丰富的街区，成为所谓文化创新导向遗产再生的重要实践场域。主要发现如下。

（1）整合创新。整合成为永泰庄寨再生的工具，在庄寨的文化信仰的塑造中至关重要，并透过持续性的活动，产生庄寨的活化功能。

（2）社会创新。观光中介者是永泰庄寨保存与发展的有利因素，他们引进游客、撰写旅游指南、设计导览、构建观光地的正面意象。宗亲网络作为观光中介者参与到修缮和活化庄寨中。宗亲网络的参与作为保存与再生源头，结合"公导民办"的再生机制与"共创"的理念，重新定义宗庙建筑作为遗产保存的同时，完全可能从保存与发展的末端走向前端。

（3）技术创新。借庄寨培育一个生态系统，供参与者创造新的技术、管理和制度知识。

通过探索永泰庄寨的成功经验，确定中国不同形式的观光中介者的创新，最终提出国家创新驱动发展战略与乡村振兴战略相结合的思路，以期为中国和全球的可持续发展提供借鉴（Yin et al.，2019）。遵循创新的最新趋势（Chen et al.，2018）（Martin，2016）结合可持续发展目标，提出了农村创新系统的概念，它是一个复杂的、开放的社会经济生态系统，旨在实现乡村的振兴和可持续发展。创新生态系统作为国家创新体系的重要组成部分，并从整体生态系统的角度来构建农村创新体系的闭环，中国和其他国家都可以产生动力，提高农村和国家的创新能力。

正如创新系统理论和范式的启示，遗产活动在发展创新型地方经济、创意社区和实现可持续发展方面发挥着重要作用，乡村区域创新体系中的传统主体是企业、大学和研究机构等中介机构。本案例借庄寨培育一个生态系统，供参与者创造新的技术、管理和制度知识等。通过分析永泰庄寨参与修改传统知识以创造新产品的"中介者"的运作，挖掘遗产活动的发展潜力。案例结果表明，乡村振兴的创新需要中介者的社会创新，这可以有效地促进资源的流动和不同主体之间的协作。

第四节　蟳埔节日旅游：文化推动的景观

一、问题与缘起

自二十世纪 70 年代起，人类学者才开始将"观光"当成一个严肃的研究议题，视观光活动为一种现代社会文化的互动（Nash et al.，1981）。其中的经典文章是 Davydd Greenwood 在 1977 年发表的 *Culture by the Pound*，它严厉抨击以经济为导向的观光业者与政府政策，因其破坏了在地文化的本真性，但十多年后，Greenwood 重新检视自己的作品，发觉自己当时是从一个自诩为文化专家的高度去看待旅游，因而忽略了旅游活动可能带给该社群另类发展的机会。人类学者认为文化在社群互动、疆界跨越中不断生产。旅游是一种文化的表演，表现在活动的策划、商品的展售及地景的重塑上，其表演性（performativity）正是文化的重要特征（Schein，1999）。Adams 主张研究旅游是在研究一种文化生成机制（Adams，2005）。人类学家则尝试从认同构建的角度来探讨这个现象（Wood，2018）。东南亚区域当时正开始盛兴民族旅游业，Adams 提出发展并不必然遵循西方的模式，也并不必然造成在地文化的消失与全球文化的同质化，观光客能帮助在地社群培养文化、传统与族群身份。

旅游实践和管理经验表明，一个节日的质量和独特性对于成功的节日旅游的发展是非常重要的。最近的节日和地方特别活动已经成为增长最快的旅游点之一。Labadi 认为乡村景观遗产中的表演文化是为了得到国际机构或大众媒体等其他方面的认可而构建的，并最终提供给外国投资者和游客。《巴黎公约》承认表演艺术、社会习俗以及仪式和节日活动是非物质遗产的表现形式。节日有一个共同的特点，即密集的生产和文化体验，源于一个有特定目的的浓缩节目（Nash et al.，1981）。Ritchie 认为，节日可增加社会自豪感，提升社区价值和保护传统文化，使人们更多地参与艺术，采用新的文化形式。Hall（2021）认为乡村景观遗产中的文化材料是当地空间、民族和集体记忆庆典的一部分，通常表现在各种文化物品中，如建筑、仪式、民族符号、纪念碑和许多其他物品（Anderson et al.，1991）。除了上述表现形式，还有文化本身的实际生产者，如当地的文化团体，以"视觉表演文化"的形式为游客本身提供了最生动的文化（Stankova et al.，2015）。成功的节日旅游加强了社区价值和传统，是非物质遗产的表现形式。

在新的文化治理的条件下，中国乡村的节庆经验主要分为两个状态，一个是文化产业化取向的节庆经验，已经有许多的研究；另一个是关注地方经验恢复或地方营造任务取向的节庆活动，牵涉地方社会中长时间的观察，研究不多。本研究的节日文化语境研究，包含流行、包容性文化、社区文化、利益相关者文化和视觉文化等。作为一种旅游形式，节日及其文化可以结合其社会和文化背景进行分析（Derrett，2003）。本文主要针对蟳埔社区进行节日旅游所推出的文化景观进行讨论。本研究试图解决以下问题：蟳埔在促进遗产与旅游重建融合的过程中，节日旅游是否可以提高对当地传统的文化认识？祭祀体系下节日旅游的目的与意义何在？检验遗产化对妈祖庙方的发展计划、地方摊商经济与地方社团活动所带来的影响，从而讨论地方社会、遗产与经济的关系。

二、蟳埔问题与发展脉络

泉州作为海上丝绸之路的起点，其独特的地理位置和历史文化造就了蟳埔村的特殊性（叶建平等，2018），蟳埔村蚝壳厝现存 100 多间，拥有多种不同的类型，既有明清时期初建的，亦有少量中华人民共和国成立初期扩建的（陈奕龙，2021）。蟳埔村民间信仰兴盛，共有 14 座宫庙，妈祖的顺济宫则是全村民间信仰活动的中心场所。蟳埔渔民出海打鱼前都要来顺济宫祭福，祈求妈祖保佑，是泉州蟳埔文化的重点内容。每年的正月二十九，该村都要举行盛大的妈祖巡香绕境活动，即妈祖巡香节，并因其具有独特的蟳埔特色，每年都会吸引众多的游客前来观看。现在，它不仅是一个为春季增色的活动，而且是一年中最大的活动（图 5 - 10）。

图 5 - 10　蟳埔妈祖巡香节现场

蟳埔社区的妈祖巡香活动由当地民众自发组织，已经形成惯例和规模，但也存在不足之处：①在空间格局方面，蟳埔村传统村落空间肌理具有独特、多样性特征，蚝壳厝历史风貌建筑群受滨海气候条件影响，多呈簇群点式分散，缺少开放空间的串联；②在文化遗产保存方面，居民的生活方式面临现代与传统的矛盾之争，越来越少的人选择传统，如传统服饰、传统习俗、蚵壳厝等，造成文化流失，如何处理蚵壳厝空间与文化遗产保护，以及由女性主导的遗产保护实践如何维持增长需进一步研究。因此，本研究拟从蟳埔空间的恢复、时间的重构与人间的联结三个层面，寻求以妈祖巡香为体系的节庆旅游作为"地方"重塑工具（图5-11）。

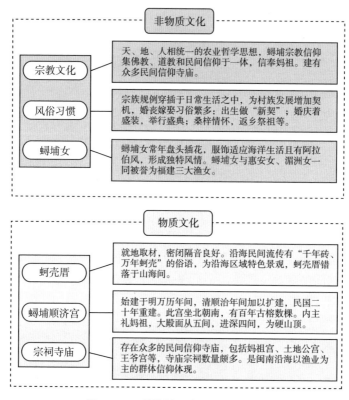

图5-11　蟳埔村历史文化要素构成

三、研究区域与数据收集

蟳埔社区位于泉州市区东南部，距城大约十几里远。此社区古称前埔村，蟳埔地处晋江北岸，内海系晋江下游与东海接壤的突出部，是咸淡水的交界处。是一个以渔业为主，工商业并举的沿海社区。古时，此地是泉州湾的出海口，为泉州东南海防门户。由于本身地势重要，再加上周边从泉州海丝以来就处于独特地位，以蟳埔为中心涉及周边的金崎、东梅，长期以来逐渐形成一种与东海一带大不相同的独特民俗，特别是妇女，具体表现在"鹧鸪姨与蟳埔阿姨""发式与发饰""服饰和装束""婚礼时间的差异""蚵壳厝"等方面。作为独特案例，所选案例的重要性如下：首先，蟳埔村是一个典型的渔村聚居区。随着城市化和社会经济发展，这个真实的例子展示了妈祖巡香绕境被当地社区重新开发后，呈现出的理想状态：节庆旅游与文化遗产保存、地方振兴和文化景观相结合。其次，妈祖宫董事会是一个坚定的地方基层组织，其主要作用是以积极主动、本地化和参与分享的方式促进地方可持续发展和增加社区福祉。最后，妈祖巡香绕境以现实的案例呈现了一幅嘉年华般的生活场景，将传统文化与现代社区特质相结合，吸引了越来越多的旅游者来此定居。

进行访谈、观察和分析，目标是识别适合项目的潜在地点和个人。项目参与者选择的标准是：居住在渔村；培育地方产品，用好当地传统节庆；拥有一个有足够条件接待游客的房子，喜欢和人交往。一旦确定了标准，就开始寻找潜在的受访对象。

下面我们结合代表人物（分别称为 XB1、XB2、XB3 等）的看法进行分析：①XB1，社区领导者，曾推动"海丝·蟳埔"民俗文化旅游节项目实施；②XB2，妈祖宫董事会主要负责人；③XB3，游客 1，大学生旅游者；④XB4，游客 2，自驾旅游者；⑤XB5，当地的导游；⑥XB6，"鹭鸪姨"舞蹈队负责人；⑦XB7，在地居民，蚵壳厝民宿经营者；⑧XB8，在地居民，首饰经营者。

四、结果与分析

（一）民间自组织的遗产保存

民间自组织是蟳埔村节庆旅游发展的有利因素。蟳埔村民间信仰兴盛，共有 14 座宫庙，供奉妈祖、土地公、王爷、城隍、阴公等神祇，其中又以妈祖和王爷信仰为主，而供奉妈祖的顺济宫则是全村民间信仰活动的中心场所。每个宫庙都有自己组织节日活动和特殊活动的传统。执行组织 20 世纪 80 年代重修顺济宫后巡香活动重兴，由村里的佛教会负责主持操办，1993 年蟳埔村成立妈祖宫董事会，专门负责顺济宫的各项活动事宜。每年正月伊始，董事会的成员就开始准备正月二十九妈祖巡香绕境活动（黄晖菲，2015）。此外，民间自发组织借势一年一度的蟳埔妈祖巡香活动，举办首届"海丝·蟳埔"民俗文化旅游节，并加大投入改善蟳埔社区文化旅游环境（图 5 - 12）。传统节庆是地方上的"社会动员"，从整个街区组织、庙会、宗族、家户到个人都参与其中。受访者 XB1，社区领导者，曾推动"海丝·蟳埔"民俗文化旅游节项目实施，说：

"每年正月伊始，董事会的成员就会开始准备妈祖巡香绕境活动。事先召集好的妇女便会自发到顺济宫搓丸子、包粽子、煮斋面、准备供品等。村中妇女盛装准备,参与巡香的妇女均需穿上红色宽襟上衣、黑色阔腿裤,现在只有老年蟳埔女会严格遵守穿衣要求,年轻人则较为灵活。但无论老少,均对头饰十分重视,头饰被称为'田螺头'或'粗脚头'。"

"祭祀经费采用了募集捐款的方法。例如,在妈祖宫董事会工作的人,活用各成员的个人人际关系,共享可能会捐款的信徒信息。"

图 5-12 蟳埔村活动现场

女性在渔村的妈祖信俗活动中占主导地位,推动了文化遗产保存工作的开展。一项研究表明,人和文化多样性是塑造地方品牌的主导价值观。民间信仰进入地方社会之后,会受到地方社会活动的影响,这种"在地化"的特色会通过宗教民俗活动展现出来。以蟳埔村的妈祖巡香活动为例,从活动的筹备到举办,蟳埔妇女始终占据着主导地位。1993 年成立妈祖宫董事会之前,村里原来的民间组织称为"佛教会",是由民间推选而出的上了年纪的老年妇女和老渔民组成的,不仅负责每年的三个妈祖祭祀仪式、各种经费的收支,甚至能够协调政府与地方社会的矛盾。蟳埔村的妇女地位与该村独特的劳作机制密不可分。作为沿海渔村,男性作为主要劳动力,负责出海捕鱼,而妇女则独自支撑整个家庭的各项事务,蟳埔妇女独立能干,不仅体现在家务的处理上,更体现在经商能力上。董事长便是其中的女性领导之一,可见女性在当地的地位之高。受访者 XB2,妈祖宫董事会主要负责人,说:

"早年的蟳埔妇女穿着独特服装穿行于泉州城的大街小巷,贩卖海鲜,成为一道独特的风景线,因为贩卖的海鲜新鲜又味美,人们都愿意找'蟳埔姨'购买海鲜。内能操持家务,外能经商赚钱,蟳埔妇女的地位自然不言而喻。"

综上,女性在渔村文化遗产保存中占据主导地位。男性因渔业劳作,在蟳埔村日常生活中被弱化,使得妇女在村里参与事务的机会增多,尤其是与民间信仰相关的宗教民俗活动。地方文化产业所创造出的营运空间，让这些女性得以将原先属于家务劳动领域的生产商品化及品牌化，并且获得一个超越婚姻家庭的"专业者"身份。

（二）宗教观光的戏剧化表现

宗教观光的戏剧化表现为创造独特的景观特征。将妈祖巡香仪式解释为宗教文化下的节庆活动产物是简化的，因为朝圣的过程已注入了许许多多的事件，而成为一种文化观光现象。从清代至今，妈祖巡香仪式已经有了不同的面貌，早年活动多以信徒为主体，整体气氛庄严肃穆，近年来，加上政府的补助与大力推动举办大型活动，进行歌舞表演、电视台转播，也吸引为数众多的游客与摊贩，让巡香仪式活动扩展为嘉年华般的节庆表演。今日进香活动的主体除了信徒还包括许多游客，参加进香活动成为观光的一环。除了参与主体的转变，神明的形象也有了明显的不同，从1993—2008年的妈祖巡香仪式中，神偶的造型出现了卡通化的现象。整个活动中，主导者、观看者与表演者共同演出，使之渐渐地呈现"戏剧性"效果。这些现象确实反映出宗教文化与地方居民互动下产生的形变。

受访者XB3，游客1，大学生旅游者，说：

"挑鲜花、水果队列，手拿锣的蟳埔女。随着千里眼、顺风耳的神轿摇摇晃晃地出来，妈祖神轿被簇拥而出，成千上万个手持高香的蟳埔善男信女紧随其后。此外，巡香队伍中还有龙虾螃蟹队、鲜花队、方灯笼队、腰鼓队、斗笠灯笼队、舞龙队、锣鼓队、鼓乐队等。简直是嘉年华般的大型庆典。"

受访者XB4，游客2，自驾旅游者，说：

"随着交通条件的改善，长途跋涉转成一日开车来回，这样的便利也让参与者更为多样。"

基于传统节庆的巡香仪式创建了相互关联的空间，在蟳埔建立具有多重作用的节庆旅游等方面都发挥了重要的作用。巡香仪式路线大致固定，细节则每年由庙方职事人员进行规划。路线事先进行安排与协调，在巡香仪式进行过程中，各进香团体都有可以充分表演（表演包括宗教性阵头与表演性阵头两大类）的场所、时间与路线，完整的协调与安排使得巡香仪式活动迅速发展。巡香仪式进行的空间现象可概分为四个，分别是：妈祖庙庙埕广场，地方庙宇的阵头互动现象，巡香仪式路线中的居民互动现象，"巡香仪式"的文化互动现象。这些居民、游客、工作人员交织而成的正是一幅文化观光所呈现的景观。

受访者XB5，当地的导游，说：

"上午十点整，村民们在顺济宫集中，将妈祖从顺济宫内请出，开始巡香仪式，热闹场面可一直维持到下午三点多。巡香队伍中，走在最前面的是扫街队，由一名德高望重的男士领队，紧跟其后的是两队戴着花环，穿着红衣、黑裤的蟳埔女，手持扫帚为妈祖巡香扫除障碍、开辟道路。妈祖巡香中最为惊险刺激的当属跳火、冲庙等民俗活动，围着熊熊燃烧的火堆前后晃动、转圈颠轿，之后突然跨过火堆冲向顺济宫，安顿神像。"

此外，"鹧鸪姨"舞蹈队，成为巡香仪式中极富特色的景观。受访者XB6，"鹧鸪姨"舞蹈队负责人，说：

"巡香队伍中'鹧鸪姨'舞蹈队负责展示和传承蟳埔文化。这两年，在各种节日或一些狂欢的活动中，经常能看到蟳埔女靓丽的身影，在蟳埔教阿姨们跳广场舞时，四五十岁的阿姨、二三十岁的妙龄女郎、七八岁的小女孩，都不约而同地加入其中。"

综上所述，本研究应用了戏剧的概念，用舞台化（staged）、表演性及剧本的概念来解读妈祖巡香仪式的意涵，并讨论巡香仪式形式中的路线空间资源与文化观光所呈现的景观内涵的议题。延绵两千多米的巡香队伍反映出宗教文化与地方居民互动下产生的形变，在可预见的未来，仪式文化的内容与形式势必仍然会持续发生变动，只要仪式活动的社会关系网仍然存在，妈祖巡香仪式的无形文化景观仍会在这块土地存在。

（三）节庆价值拓展

巡香仪式的文化特征有助于蟳埔村节庆相关产业的发展。在信仰变化的过程中，巡香仪式也顺应当代社会的需要发生转变；巡香的活动不只是一种单纯的宗教文化，也是地方居民集体意识的呈现，以及产业与社会关系网的表现。自1997年至今举办数年的"妈祖巡香国际文化节"活动，以宗教观光的活动包装方式，邀请国内外演艺团队参与演出，举办歌唱表演、艺阵等，宛如嘉年华会的演出。从节庆相关产业来看，仪式中牵涉的社会关系网除了主办庙宇和沿途宫庙的相关职事人员、外围居民、香客以外，也包括外围相关产业的从业人员，包含神轿、神偶造型绘画与制作、锦旗衣饰刺绣与古装化妆、南北管乐的乐器制作、鞭炮香烛产业以及表演的从业人员等。这些相关的传统产业是支撑妈祖巡香仪式的重要基础和地方性文化产业。受访者XB1，社区领导者，曾推动"海丝·蟳埔"民俗文化旅游节项目实施，说：

"对游客而言，妈祖巡香活动是一种蟳埔地方/草根文化的展演舞台。在参与的过程中可以体验到闽南传统人情味、居民对地方特色的骄傲，获得新奇有趣的宗教文化体验。近年来通过电子媒体的宣传与政府的大力推广，参与游客暴增，蟳埔一日内有50万访客。"

渔村蚵壳厝资源也是蟳埔村节庆旅游的主要因素。妈祖宫董事会通过民俗的力量来促进蚵壳厝的保护是民间自发组织保护有效推行的关键。蟳埔借由蚵壳厝的价值，重新审视原有的街道纹理与建筑形式，将狭窄的街道与深邃的街屋形式通过空间再利用的方式，呈现新的空间面貌，成功建立了新的识别方式，吸引国内甚至是跨国的访客前来。受访者 XB7，在地居民，蚵壳厝民宿经营者，说：

"蚵壳厝，让渔村融入了更多的现代元素，大部分人对蚵壳厝很重视，节庆旅游使大多数居民认为蚵壳厝在日常生活中不可或缺。"

节庆旅游的主要好处是可以保存和推广当地传统和习俗。蟳埔村地方节日可以分为民俗节日、美食/烹饪节（以食物为中心主题的活动）、专门为当地农产品举办的节日（主题是渔类传统食品）、传统仪式/礼仪节日。推广当地传统和习俗，给当地餐馆、酒店、工艺品生产商、娱乐业从业人员以及节日地区的各种商品和服务提供商带来经济利益。35.81%受访者认为举办当地节日的主要好处是可以保存和推广当地传统和习俗，并在很大程度上有助于该地区旅游业发展。33.33%受访者认为举办的节日真实充分地展示了该地区的传统/当地产品，受访者 XB2，妈祖宫董事会主要负责人，说：

"这些节日提供有益健康的乐趣，被认为是成功的，它们也意味着会为当地餐馆、酒店、工艺品生产商带来经济利益。推广当地传统和习俗，为当地人才提供一个展示平台，为社区树立了一个积极的形象。"

受访者 XB8，在地居民，首饰经营者，说：

"我在 15 岁时便开始学习打造首饰工艺，也从各个渠道收集蟳埔女传统首饰。30 多年来，共收集了上百件蟳埔女传统首饰，这些首饰反映了蟳埔村独有的民俗风情。当了奶奶之后，蟳埔女性所佩戴的丁香耳钩形状为圆圈向上，素馨花吊坠向下，取'子孙满堂安定圆满'之意。"

综上所述，分析表明，节庆旅游有助于蟳埔村的当地传统和习俗与产业发展。这些包含文化遗产的消费可以通过一些服务来实现，如导游、数字媒体或节日。节日是一种事件，节日的传播和重现历史事实越来越吸引游客，为社区创造了可观的利润。这些节日通常提供各种文化活动，与会者可以参与其中，了解当地的历史和习俗，并创造自己的经验。此外，结合渔村蚵壳厝资源，还获得了许多社会效益。

五、节日旅游所推动的文化景观

本文以蟳埔为例，旨在探索多功能节日旅游资源对蟳埔社区振兴的作用。

研究结果表明，从文化活动的角度来看，景观的呈现与社群文化之间是一种互相构建的关系，包括产业的变迁、社群结构的流动、文化的转向与景观的呈现（侯锦雄等，2014）；从旅游目的地的角度来看，节日是吸引游客的营销工具，也是提高旅游目的地知名度的方式。地方节庆活动的一项意义，是在过程中推动"社区"之"地方认同"构建；总体而言，蟳埔发展了一个包括渔村生活、节庆生产、女性主导和社区关怀在内的有凝聚力的社会网络。

蟳埔的巡香仪式是民间自发组织的以女性为主导地位的集合体。一个假设的"社会乘数"已经被开发出来，用来解释节庆旅游如何促进当地"组织活动"增加，带来更好的女性领导力、更好的民间自发组织合作。研究案例表明，女性受到尊重，女性居民的主体性得到凸显，村民的积极性被激发，从而使他们逐渐接受艺术节的活动形式并在其中发挥主动性。

蟳埔的巡香仪式，为节日旅游提供了一个宗教观光戏剧化表现的例子，巡香仪式与当代的景象也成为研究关心的焦点。当传统岁时节庆与宗教仪典逐渐和现代社会的日常生活脱节时，民间也尝试以各种方式缩短二者之间的距离，让传统节庆重新融入现代社会的生活脉络与技术框架，同时也映照出新旧节庆之间的时空差异与传统递嬗，进而打造出混杂了"旧瓶新酒"与"新瓶旧酒"的"传统再现节"。新文化地理学（Duncan，2005）提出文化不仅是一件事，而且是一种历程（process），因此它是当代与历史的对话。新文化地理学所关心的议题在于景观意象（image），涉及了意识形态的观看方式（way of seeing）（李素馨等，1999），这可能是性别差异或女性意义的批判观点。巡香仪式女性可以参与甚至可以抬轿。其文化观光地景成为被阅读的文本，去探索地景的象征性观点与它的论述（Cosgrove et al.，1988）。正如侯锦雄等（2014）所言，在信仰变化的过程中，巡香仪式也顺应当代社会的需要发生转变；遗产可以通过"与其他关注点相结合"变得相关。

本案例研究虽仅涉及观光产业，但社区已发展为产业拓展与居民互动的社会空间。正如 Falassi（1987）指出的，节日通常与维护社会价值观密切相关，最终也与它们的生存密切相关。当地节日被认为是对社区的庆祝，并有效地作为"社区是什么"的公开展示。也有人认为，尽管很少有关于"赚钱"的农村统计，但"赚钱"在为东道社区创造游客产业方面发挥着重要作用。

本研究认识到，节日旅游、观光方式、产业和社区组织之间有着紧密的联系。在文化遗产及乡村发展领域思考和尝试新的思维与行为方式是迫切的。妈祖信俗的在地化分析，妈祖作为当地的主要信仰，起着十分重要的凝聚民心与灵魂慰藉的作用，但是通过对不同地方仪式过程的梳理，可以发现妈祖信仰融入地方社会的过程中，不断发展和演变出更为宽泛的意义（黄晖菲，2015）。乡村地区在节日旅游中有未开发的潜力。农村地区有大量祖传知识，我们有责任将其作为他们有权继承的遗产传递给后代。这意味着应将节日视为"新遗产范式"的一部分，并评估它们对乡村转型的贡献。因此，旅游官员需要提高对节日和活动的文化作用和社会价值的认识。这将导致对文化活动和旅游业之间相互依存关系有更深的理解，为新产品开发、更有效的活动和目的地营销提供充分的希望。

六、小结

旅游作为一种世界文化现象，进一步发现了文化的各个方面和表现形式（Filipova，2008）。案例表明：蟳埔节庆的创造，除了是社区意识的凝聚外，也是产生社区新文化计划的具体动力之一，透过蟳埔既有的活动经验所拼贴的可能性，提供了一个社区文化重建的可能途径；毫无疑问，一个地区的文化身份源自该地区有形和无形的文化遗产。遗产、习俗、传统和信仰塑造了当地人对世界、周围现实、他人和自己的看法。这就是为什么游客要周游世界，了解他人的文化与传统等，文化、文化身份和文化遗产确实会提高旅游目的地的吸引力，并且在必须获得新的游客流量、市场和利基市场时是非常重要的，主要发现如下。

（1）民间自发组织是蟳埔村节庆旅游发展的有利因素，提升蟳埔民俗文化村旅游基础设施，改善蟳埔社区文化旅游环境，蟳埔村的妇女地位与该村独特的劳作机制密不可分，女性在渔村文化遗产保存中占据主导地位，使蟳埔的节庆旅游与众不同。

（2）巡境路线在创造独特的景观特征以及建立具有多重作用的节庆旅游等方面都发挥了重要的作用。基于传统节庆的巡境仪式提供了各种音乐和戏剧作品，创建了相互关联的空间资源。

（3）巡境仪式的景观特征有助于蟳埔村节庆产业的发展。结合渔村蚵壳厝资源、地方居民集体意识的呈现，产业与社会关系网的表现是蟳埔村节庆旅游的主要因素，有利于保存和推广当地传统和习俗。

通过探索该社区的成功经验，本文旨在确定中国乡村不同形式的节庆旅游，并从中国本土视角探讨节庆旅游的潜力。当代游客越来越多地寻找真实的经历，会见和了解其他人和其他文化。要满足这一需求，旅游目的地需要适应新的趋势，开发优质服务，促进当地文化和传统提升，并关注遗产、景观和当地文化保护。

对于所有利益相关者来说，企业、节日和特别活动组织者、社区应该意识到当地的文化潜力，以便团结一致，指导旅游业发展及其专门形式，这些形式将产生预期的积极效果。节日活动组织者尤其应了解游客参加活动的动机，以便进行有效的节日规划，制定出更有成效的节日营销定位和营销策略（Kitterlin et al.，2014）。全球图景显示了国家、地区和目的地之间为吸引游客和外来投资而进行的长期竞争，所有利益相关者应选择活动类型，组织者有机会将他们自己的文化价值观加入节日，节日和地方特别活动被广泛认为对当地的经济发展做出了重要贡献。本案例以妈祖巡香为例，探讨了节日的创造和观光对乡村面貌的影响，试图剖析该地社区振兴的成功经验。首先，民间自发组织是地方节庆旅游发展的有利因素。其次，传统仪式的文化景观特征有助于地方产业的发展。分析表明，文化推广是一种提高对当地传统认识的工具，节日旅游和地域文化资源的关系处于更大的系统观光框架中。其预期的最终状态是形成一个更可持续、更有特色、维护良好社会以及凝聚民心的社区，以文化推广的方式振兴当地文化和当地传统。

第五节　嬗变与重建：东美村石头厝的乡土遗产与旅游

一、问题与缘起

随着城市的迅速发展，乡土遗产面临着诸多挑战。在农村地区，传统的农村建筑可以代表一种能够唤起情感和感觉的文化遗产，通常被改造成向游客提供住宿、饮食服务和农业活动的场所（De Montis et al.，2015）。对一些游客来说，乡土建筑代表一种显著的资产，因为它结合了建筑的历史环境，并激发了许多城市居民关于过去的想象。乡土建筑大多是过去的传统形式。Oliver认为对传统的有意识和创造性的改造，可以适应当前的需求和环境。在这里，传统的建筑形式和材料融入了一个共同的概念框架。

旅游部门的文献，较少关注农村地区的传统建筑（Leanza et al.，2016）。然而，建筑旅游，是最新的全球旅游趋势之一（Willso et al.，2007）；人们因建筑而被吸引去参观一个目的地。越来越多的证据凸显了乡土遗产助力乡村可持续发展的潜力。然而，20世纪80年代的某些因素使这个特殊的旅游主题发生了剧变，旅游和遗产结合了起来（Franklin，2003）。Urry（1990）认为，生产和消费模式的转变导致了旅游业和遗产活动的趋同。旅游市场变得更加多样化，越来越多的游客选择排他性、差异化和独特的个人体验（Apostolakis，

2003)。因此，要在新的形势下开发当地的自然资源以及当地的建筑遗产。

传统建筑对于东美村而言，早期以自然遗址——仙人井景区作为观光旅游点的政策想象是东美村观光发展的源头。之后，观光政策往石头厝保存方向移转，原本仅将石头厝视为观光的对象物，是一个被凝视的客体（gazed object），并不注意对其的保存，也不重视石头厝历史原貌的价值。在当时的观光旅游概念中，旅游目的在于"远离现实"，将旅游目的地构建为一个"差异地点"，而非要求其具有历史、文化与地方生活的内涵。直到 2002 年农业部决定对渔民实施转产转业，东美村进行嬗变与重建，石头厝成为休闲的商品消费对象，凸显了乡土遗产助力乡村可持续发展的潜力。

本研究将会从东美村渔业发展起源时开始进行探讨，一直到目前遗产与旅游产业融合的阶段。主要是考虑到发展历程的整体性，以作为分析东美村产业景观的背景脉络，从 2002 年至今 20 余年的时间历程。另外，在空间变迁的结构上，主要是对东美村 2008 年后渔民转产转业，由衰转盛的产业历程进行探讨，以分析其空间变迁的影响因素，以及如何开发出新的地方参与通道及乡土景观遗产，让渔民得以产生新的能动性，投入东美村观光产业的营造中，以及每个时期产业的景观结构组成，以说明东美村渔业空间的重要特质与发展优势。

二、东美村发展脉络

东美村位于平潭岛东部，海边风景秀丽。东美村属于典型的沿海渔村，即地处沿海且以海洋资源为主要生存来源的自然村落，是依据历史传承而自然积聚起来的"事实上的群体"（图 5 - 13）。"以海为田，以鱼为食"是东美村典型的生活方式（朱晓芳，2007）。东美村古村落与仙人井的景村一体化示范区被列为景观保护区，东海仙境每年接待游客十几万人，占整个平潭岛游客的 10％。2014 年，东美村被列入第三批中国传统村落名录。回顾东美村聚落活化发展近十年的历程，可以观察到石头厝渔场景观已开始从"物质遗产保护"与"传统文化保护"的议题转向围绕乡土遗产与旅游的议题。

东美村 20 余年的发展历程可分为三个阶段，第一个阶段为 2004 年之前，东美村还没有完成转产转业，这时渔村主要产业为捕捞业，渔村在长久的历史发展过程中形成了一个稳定的模式，呈现出传统渔村的普遍特点。20 世纪 90 年代以来，我国近海渔业资源急剧衰退，特别是在《中日渔业协定》（2000 年）、《中越北部湾渔业协定》（2000 年）和《中韩渔业协定》（2001 年）的签署生效之后。2002 年，农业部决定对渔民实施转产转业。东美村渔民世代以海洋渔业资源为生，以海洋捕捞为业。20 世纪 90 年代，曾经因年捕鱼超万吨

图 5-13　东美村现状

而获得平潭县 1993 年、1994 年"渔业明星村"称号。第二个阶段为 2005—
2007 年，作为渔业大省，地方政府响应农业部号召，积极开展渔业生产结构
调整。东美村完成了转产转业，村中从事捕捞产业的人口大幅减少，转产转业
的渔民家庭开始投资远洋运输业，其间，远洋运输市场的崩溃直接导致了渔村
家庭的破产。东美村的渔民家庭转产转业后形成了多种生计形式。渔民就地转
产逐渐转化为产业文化资产保存与再利用的概念。然而，渔业文化资产虽有文
化资产价值与再利用的潜力，却仍有许多限制与阻碍之处。例如，产业结构转
型逐渐脱离原使用脉络，转为文化观光、文化商品或渔村形象塑造等，以及村
落人口老龄化或外移等。第三个阶段是 2008 年后，东美村渔民转产转业的方
向为海上运输业与渔业休闲旅游产业相结合，使渔民能够体验渔业活动和农业
生活，渔民家庭成员之间互动紧密，渔民与邻居之间合作关系密切，并促进了
当地社区的振兴（图 5-14）。

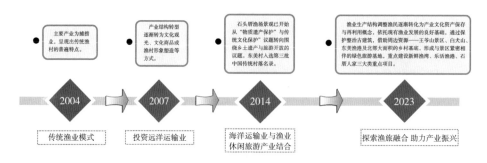

图 5-14　东美村发展脉络

从消费力所延展出来的社会大众对休闲娱乐的需求，加上各种交通建设条
件支撑，东美村成为观光游憩重点。东美村与仙人井景区实现"景村一体化"，
增添东美古迹与自然景观，为平潭掀起一波看古迹的观光风潮。到平潭除了吃

海鲜、骑自行车、看夕阳外，"欣赏古迹"抒发"思古幽情"成为新兴的假日文化休闲活动。东美村在努力培育乡土遗产与旅游方面取得了良好进展，也有不足之处，如渔民转产转业后，传统渔村共同体的生产方式与业缘关系重构；传统乡村对景观文化价值的认知与地方归属感有待加强等。

本研究试图解决以下问题：乡土建筑遗产可以是什么？地方特征如何转化为旅游产业发展的资源？旅游产业的发展如何重塑传统村落的社会凝聚力？我们将乡土遗产与旅游活动理解为来自不同文化体系的人与物之间的相逢、互动与汇合。对于一个历史悠久的小渔村而言，旅游不仅能带来新的经济产能，也能带来新的地方形貌与地方文化。本研究的意义在于为嬗变与重建中的传统村落遗产与旅游发展提供实例研究。

三、研究区域与数据收集

东美村，位于海坛岛东北凸出部，依山傍水，三面临海，东邻台湾海峡，南与岚城乡接壤，西与中楼乡相邻，东北与东庠乡隔海相望（图 5 - 15）。属

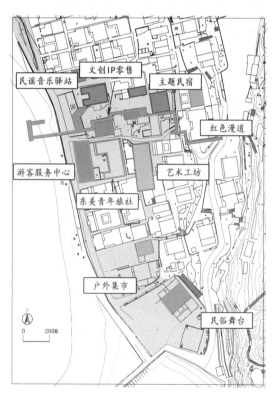

图 5 - 15　东美村区位图

南亚热带半湿润海洋性季风气候，湿润、温暖，年平均气温为 19.2℃。这个小小的村落沿山而筑，依山临海。东美村毗邻仙人井景区，就像被一个神秘的仙人环抱。仙人井是一个天然海蚀洞，如一口巨大的水井，一侧与大海相邻。东美村建于明代，至今已有 400 余年的历史，曾是平潭最早的渔市古街之一，是远近闻名的渔家商埠和海防要塞。

根据 Charmaz（2014）的方法，首先使用开放代码总结相关细分市场，然后，在集中编码中，通过合并、对比和解释开放编码来开发类别。由此产生的主题基于数据，因此代表了参与者的潜在心理结构，而不是预先存在的理论概念。主题被多次合并和分割。开放编码和集中编码没有严格顺序，而是相互联系的。

在东美村，旅游业始于 2015 年，重点是徒步旅行。下面我们结合代表人物（分别给予代号 DM1、DM2、DM3 等）的看法进行分析：①DM1，社区领导者；②DM2，古厝保护工作组组长，退休教师；③DM3，在地居民，一个曾在石头厝生活的老者；④DM4，民宿经营者；⑤DM5，在地渔民；⑥DM6，旅游项目负责人。

四、结果与分析

（一）石头厝作为乡土遗产

地方习俗是东美村石头厝、渔场景观再利用的有利因素。东美村里保留了相对完整的古民居，有将近百年的历史。据村中《高氏族谱》记载，明朝时高氏祖先迁居于流水镇东美村，至今已有 400 多年。建筑的方式受当地环境资源的影响，没有受过任何正式训练的人在一系列当地习俗的指导下建造房屋，如东美村宗教礼教的观念非常深厚，石头厝的平面功能是根据家庭人口和长幼秩序而定的。石头厝的建造技术中，蕴含很多民间习俗和文化，其中最主要的就是尺寸模数，民居传统和功能决定了建筑和美学的选择。东美村石头厝试图阐明一系列赋予它独特身份的原因。受访者 DM1，社区领导者，说：

"这是两栋被废弃了 30 多年的古厝，要修复谈何容易。我请村里的老工匠帮忙，尽量保持石头厝的原始风貌；有些施工工艺已失传，他们就想办法到即将拆迁的石头厝寻找结构件。"

"沿着山谷可以找到东美村修缮后用于民宿、渔业生产和养殖的小屋。识别出原始建筑形态，有丰富的建筑特征，表现了居住在这些建筑中的东美渔民的努力。"

基于石头厝的渔场景观有利于乡土遗产再生。石头厝创建了相互关联的空间资源（如渔场景观），以支持遗产与旅游实践，并兼顾实践空间与自然的亲密度。人口减少，未使用的建筑数量增加，使得历史建筑的再利用成为渔村的一个重要问题。石头厝经历了这样一个嬗变过程，从朴素的石头厝，到凝重的废墟，再到渔村景观文化遗产。从 2018 年起，平潭相继制定了《旅游民宿管理办法》《乡村民宿管理办法》《乡村旅游与民宿发展规划》等一系列具有可操作性的管理办法。而且，地方文化遗产部门出版了一本信息手册，要求渔民在修复、维护和建造新建筑时考虑旧建筑传统。到目前为止，正在经历变革的主要石头厝建筑群体，必须符合渔民生活的公共空间（古井、戏台、寺庙、宗祠家庙）的氛围。从石头厝主体感受来说，东美村展示了街巷机理，甚至小路、古道与界碑等都是村落族人认同的载体，并创建了相互关联的空间资源，以支持遗产与旅游实践。受访者 DM2，古厝保护工作组组长，退休教师，说：

"到目前为止，旅游对传统的建筑环境只有轻微的影响。一些渔民认为旅游创造了新的机会，他们已经慢慢开始申请许可来改造破旧的建筑。"

"这个渔民也是一名木匠，他制订了计划，并实际修复和扩大了建筑。新扩建的规模不大，但引入了各种现代便利设施，但早期建筑留下的大部分旧材料都被重新利用了。"

"57 岁的村民正是看到东美村的发展前景，去年将自家房子改造成民宿，并于去年 11 月开始营业。他说：'因为年纪开始大了，没有别的事情干，我就想开家民宿，为游客提供服务，希望他们到村里可以玩得尽兴，树立起东美村的旅游口碑。'"

受访者 DM6，旅游项目负责人，说：

"早期，东海仙境景区对当地经济拉动作用较小。主要原因有：景区门票费用主要是旅游局收取，每年返还村里的各种维护费用，东美村村民可以在景区内售卖产品，但是由于景区游客呈现季节性等特点，靠售卖东西获得的收入有限；景区周边基础设施很不完善，游客就餐、住宿难。诸多问题造成游客观景体验不佳，大都只是短暂半日、一日游，对当地经济拉动作用不明显。"

"之前看有的民宿实际条件和民房差不多，没有特色，更别提配套设施了。但是这边的民宿给我的感觉就很好，不仅住的环境好，还有吃、喝、购、娱等相关配套设施。"

综上所述，分析表明，石头厝的渔场景观特征有助于东美村乡土遗产再生。在东美村，原本存在于地形、自然资源和建筑环境之间的整合在一定程度上得到了改变。传统渔场景观的形象作为一个可行的概念继续存在，一方面，源于代代相传的东美村石头厝改造、修理和调整，使东美村建筑保持了活力，这些石头厝是"经验的容器",保存了操作实践和知识遗产;另一方面,由于该地区被列为景观保护区,所有与石头厝有关的申请都由文化遗产管理计划进行考虑。其中包括愿意改变自己的行为方式和日常生活方式的人。

(二)遗产旅游与地方特征的恢复

"景村一体化"促使东美村地方特征恢复和观念转变,并发挥了关键作用。东美村的特点是有渔业系统、传统作物、当地产品、土地使用和渔业实践以及与农业活动相关的建筑。东美村紧邻仙人井景区,结合旅游资源与产品开发,古渔村围绕"区域—节点—要素"形成"景村一体化"。"景村"包括各种原始渔场建筑与仙人井,仙人井是各种海蚀综合作用形成的海蚀竖井。从 20 世纪 90 年代起,仙人井就作为旅游景区开始运营,每年吸引约 27 万人次前来观光游览。东美古村以保护与传承村庄历史文化为前提,集音乐表演、当代艺术、文化展览、在地风物、传统民艺、生态美食、文创零售、健康疗愈等于一体。"景村一体化"向游客呈现遗产的经济效能,以及东美村地方特征的恢复。受访者 DM1,社区领导者,说:

"目前我们村在大力发展旅游,村落变化非常大,特别是路。原来两轮车进来都费劲,现在四轮车都能轻松开进来,大家出行更方便了。"

"一些过去残破荒废的石头厝已经一改旧貌,质朴的、精致的陈设……每一处改造都令人耳目一新。"

受访者 DM3,在地居民,一个曾在石头厝生活的老者,说:

"以前,对石头厝生活的印象除了热闹,还有密不透风的作息安排,以前村民大多都是捕鱼的,实在太辛苦了,我洗衣服,洗鼎灶……他准备出海,个个忙着做事情……以前非常辛苦,下雨天也没空,洗鼎灶、桌椅等,我们一直觉得东美村资源不错,希望能往旅游方向转型。"

长期参与渔业活动的渔民作为定居点的管理者发挥着重要作用。东美村立足独特的区位和生态优势,借助"景村一体化"项目,主动融入仙人井景区开发,人们愿意为旨在创造补充收入的新活动贡献力量。另一个重要原因是,20 世纪 70 年代初对所有权的改变使得渔民有可能将部分山地出售给民宿经营者,这在一定程度上加快了平潭渔民转产转业的进程。受访者 DM1,社区领导者,说:

"目前本村有 18 艘作业渔船,渔民以近海捕捞作业为主,从事捕捞业的渔民仍然采取的是家庭联合经营的形式。当前本村有 1/3 的男性劳动力在海洋运输船上工作。经过转产转业,东美村的经济活动变得多元化,村民的职业也变得多样化。"

受访者 DM4,民宿经营者,说:

"坐在露台看着蓝眼泪，很惬意。在自家民宿就能观赏蓝眼泪。"

综上所述，"景村一体化"项目，使得东美村打破原生态渔业生产方式，正由传统的渔业向"渔业＋旅游服务业"等方向转变与发展。"景村一体化"向我们展示了作为重要文化景观的渔场，如何通过连接人、自然和渔业来重新焕发活力。东美村渔民恢复渔场区，使得人们重新体验了类乡村社区的生活方式和环境。

（三）社会凝聚力

东美村旅游发展的成功有赖于认识到民众长期参与渔业活动和人际交流的重要性。转产转业之前的渔村有紧密的地缘关系。东美村自古以渔业为生，村中的渔船最顶峰时可达 50 艘。自 2002 年始，面对日益枯竭的海洋资源，地方政府开始逐步对沿海渔民实施转产转业政策。转产转业之前的渔村，因海洋捕捞的特性，渔民流动性较低，渔民群体之间形成了较为紧密的地缘关系。转产转业后，渔村日常生活中的"熟人社会"特征也随地缘关系弱化而逐渐消失。东美村旅游开发展示了渔村的历史，但其主要目的是展示进步和加强创造共同意识所需的根源，形成影响村民的关系网。

渔民群体之间的地缘关系是东美遗产旅游发展的有利因素。随着转产转业的进行，渔民群体之间的地缘关系发生了改变。例如，东美村转产初期出海捕鱼祈求妈祖仪式的简化以及渔民参与积极性的下降，使得传统渔村的海洋信俗文化弱化，凝聚力下降，传统渔村的文化边界也日渐消亡。结合对东美村具有历史基础的资源利用，渔区日益增长的休闲产业为渔民提供了新的经济来源，使渔民家庭的生产方式从单一的捕捞业变化为多种生产方式，渔民群体恢复了往昔的合作关系。受访者 DM5，在地渔民，说：

"我们渔民之间都像是患难兄弟，感情很深。我们这些老人年轻时一直跟海打交道，一辈子最熟悉的人都是一起捕鱼的人。搞合作社的时候，大家是共同生产的。后来虽然改革了，也必须得家庭合作才行。"

"出海捕鱼的人大多会祈求妈祖保佑。过去，每年农历三月廿三是妈祖的诞辰日，也是我们村里比较热闹的节日，从装饰福船，到准备祭祀的喜面、喜包、红蛋，每一件事情渔民都积极参与。但渔民转产以来，村里这种公共祭祀活动就没有之前那么热闹了。"

"在以前，平时的补网、扫网的事都是一起做的，为了生活，大家是你帮我，我帮你的关系。"

社会网络交织在形成社会凝聚力方面发挥着至关重要的作用。东美村的渔业生产、加工、销售与旅游等环节的协作促进了村内外各家庭之间的合作，群体成员之间以及协会之间的运作也是社会网络交织（图5-16）。渔民发起了一个松散的网络，合作向游客推销该地区，游客得到参与渔场管理、去钓鱼等机会，村里有很好的沙滩港口，盛产优质海鲜，各类资源丰富。原有渔村群体成员与外来社会团体间的关系逐渐转变成地方组织与来自外地的新商家以及外来访客、外来民宿经营者的关系。于此，内外社会网络交织在形成社会凝聚力方面发挥着重要的作用。受访者DM1，社区领导者，说：

"在这种变迁过程中，渔民的发展选择完全是自由的，许多渔民转产转业，投身民宿业、餐饮业、休闲观光业等。村民高传碌说，一个多月前，他们公司购入5艘游艇，专门为游客提供海上环行、海钓等服务，时下正值旅游旺季，每天平均可以接待100余名游客。"

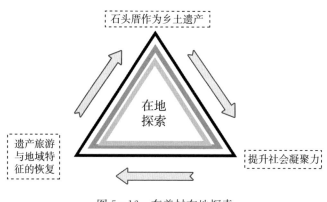

图5-16　东美村在地探索

五、地方特征的恢复与遗产旅游

乡土遗产是一个具有持续展开特性的空间载体，且遗产的概念有助于整合不同时期、不同人群在空间上的施作记录与意义构建。联合国教科文组织（UNESCO）在保护世界遗产的过程中，通过重要的公约、宪章、宣言等整合有形、无形文化遗产，倡导区域性整合等。东美村案例研究了乡土建筑资源、遗产、旅游之间的关系，旨在探索多功能乡土建筑资源对东美村振兴的作用。研究结果表明，东美村发展了一个包括渔业生活、乡土建筑生产、生态环境和社区关怀在内的有凝聚力的社会网络。正如Ryan（2005）所说，从积极的方面来看，遗产旅游可以通过经济利润、保护自然、保存文化以及给社区带来自豪感而使当地人受益。总体而言，东美村制造遗产的过程正在发生，这符合以可持续的方式保护乡土建筑的原则。

东美村乡土遗产再生的实施，不仅为渔业景观创造了物理空间的形式和特征（石头厝、渔场、"景村一体化"），而且提供了与人们生活质量相关的不同非渔业生产性活动和设施。列斐伏尔（Lefebvre）在其著作《空间的生产》中提出，每个社会为了能够顺利运作，其逻辑必定要生产出与之相适应的空间。因此，社会和空间相互构建，空间成为人类社会活动的产物，它随着现代消费社会形成和扩散。Jansen 等（2013）提出，传统农业景观在其形态、历史、栖息地方面是独特的，因此，在其文化、经济资源及用途方面也是独特的。Vellinga 呼吁采取更有活力的方法，将传统解释为"对过去经验的有意识和创造性的适应，以满足当前的需要"。调查结果显示，基于石头厝的乡土遗产再生具有创造性的协作过程，包括各种场所的设计、开发和修复，以及用于渔业、休闲旅游和环境教育。通过对历史建筑的研究，人们从文化的角度理解了地方特征的恢复和观念的转变所带来的变化，这种转变导致了从孤立层面到集体层面的转变。

在东美村，今天的乡土遗产是渔业景观与渔民作为定居点的管理者的集合体。研究结果表明，村庄按照政府的指示进行建设，与地区政府分享利润（Antlöv，2003）。乡村遗产可以看作是对空间的另一种想象的贡献，在这种意义上，当人们相互作用并面对当前的社会经济挑战时，他们通过创造一个"成为"的地方来改变居住的地方。

本案例研究已发展为与居民互动的渔村共同体。正如 Fuentes 等所指出的，乡土遗产再生的社会功能为渔村社区带来经济、社会、文化和景观利益。对东美村的研究表明，乡土遗产再生实施过程的特点是合作、相互学习和经验共享，如石头厝的建设，这依赖于一个有凝聚力的社会网络，主要源于与渔村传统中亲朋好友的牢固关系（图 5 - 17）。

六、小结

本研究看到了乡村文化遗产与社会经济元素交织在一起，具有支持社区恢复和促进其进一步发展的潜力，同时始终利用创新来帮助增强社会凝聚力、创造就业机会和实现可持续的社会变革。在此基础上，如何发挥创新体系在乡村振兴中的潜力，则需要引起足够重视。东美村积极响应渔民转产转业政策。该方案实际上涉及引进原创和多样化的规划能力，作为社区未利用资源的杠杆。东美村阐述了影响当代中国社会乡土建筑的共同因素（历史上存在于地形、经济适应和建筑形式之间的整合），作为乡土建筑重要性的认识，东美村就是这方面的成功案例。其说明如何使乡土建筑对可持续旅游业做出贡献，并在脆弱景观的可持续发展中发挥作用，这包括将乡土建筑解释为一种可行的建筑形

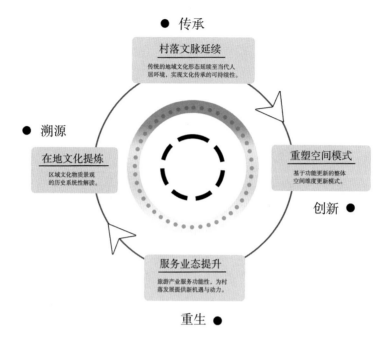

图 5-17　东美村在地实践过程

式，为发展和找出新的创造性解决方案提供空间。主要发现如下。

（1）地方习俗是东美村石头厝、渔场景观再利用的有利因素，基于石头厝的渔场景观提供了包括自然、半自然和人造空间等类型的多样化区域。

（2）遗产与旅游的成功发展有赖于认识到民众长期参与渔业活动、人际交流和社区服务的重要性，以及上述活动对社区的形塑作用。

（3）东美村发展了一个囊括渔业生活、农作物生产、"景村一体化"、生态环境和社区关怀的有凝聚力的社会网络。

通过探索该社区的成功经验，本文旨在确定中国乡村不同形式的乡土遗产，并从本土视角探讨乡土遗产的潜力。显然，石头厝渔场景观的再利用是一个需要解决的重要问题，将乡土遗产与成功的文化旅游联系在一起的特色在一定程度上被用来在旅游市场上推广渔业景观。当这片土地上仍然居住着渔民和进行着渔业生产时，他们设法使这种资产"活"起来；他们将渔场向游客开放，让游客参与其中。正如一个正在试点的有趣项目所证明的那样，当地的历史和与渔业所扮演的角色相关的故事具有进一步发展的巨大潜力。因此，渔民的发展困境并非不可解决，关键在于在政府合理规划的基础上针对渔村发展、渔民就业、渔民权益保护等问题完善相关的法律和政策，有序开发渔村、拓宽渔民就业渠道等。结果表明，乡土遗产再生的社会功能，为渔村社区带来经济、社会、文化效益。

☁ 本章小结

联合国关于文化与发展的第 66/208 号决议和关于文化与可持续发展的第 68/223 号决议，确认了文化是经济发展的工具。其方式如下：文化产业、文化旅游与传统生计。本章案例分析了嵩口如何让当地社区参与遗产保护，以及文化资源在创意旅游中的有效开发，以期探讨地方性形构经验与创意旅游问题。研究结果表明，文化是一个重要的工具，可促进社会凝聚和稳定、环境可持续发展。挖掘日常生活中的"地方感"并使其成为乡村发展的一种手段，已成为当代传统村落更新、改造设计的一个重要课题。

创新系统理论和范式启示我们，遗产活动在发展创新型地方经济、创意社区和实现可持续发展方面发挥着重要作用。乡村区域创新体系中的传统主体是企业、大学和研究机构等中介机构。本章借庄寨培育一个生态系统，供参与者创造新的技术、管理和制度知识等。通过分析永泰庄寨参与修改传统知识以创造新产品的"中介者"的运作，提高遗产活动的发展潜力。研究结果表明，乡村振兴的创新需要"中介者"的社会创新，以有效地促进资源的流动和不同主体之间的协作。

在世界范围内，节日和地方特别活动是区域发展战略中的关键要素。节日和地方特别活动被广泛认为对当地的经济发展作出了重要贡献，本章以妈祖巡香为例，探讨了节日的创造和旅游对地方现在面貌的影响。本章试图剖析该地社区振兴的成功经验。首先，民间自发组织是推动地方节庆旅游业发展的有利因素。其次，传统仪式的文化景观特征有助于地方产业发展。分析表明，文化推广被作为一种提高对当地传统文化认识的工具，节日旅游和地域文化资源的关系处于更大的系统观光框架中。预期的最终状态是形成一个更可持续、更有特色、维护良好社会以及凝聚民心的社区。

随着城市的迅速发展，乡土遗产这一文化类型面临着诸多挑战。本章东美村案例以其转产转业带来渔村共同体的流变为背景，试图剖析该地社区乡土遗产与旅游发展的经验。首先，基于石头厝的渔场景观，创建了相互关联的空间资源，以支持遗产与旅游实践并兼顾实践空间与自然的亲密度；其次，在地方特征的恢复和观念的转变中，"景村一体化"发挥了关键作用；最后，渔村共同体的根基在形成社会凝聚力中发挥着至关重要的作用。研究结果表明，乡土遗产再生的社会功能，为渔村社区带来经济、社会、文化效益。

第六章　乡村景观的省思、精进与视野

第一节　现象观察与价值认知

  多功能的系统思维是探索人类与环境耦合系统中文化和景观建筑的潜在理论结构的一个有用思维方法。本研究首先以景观、乡村、乡村文化遗产以及多功能等相关理论，作为构建福建 9 个案例乡村景观研究模式的基础，阐述乡村景观多功能带来的问题与现象，进一步作为福建乡村景观遗产保存的实证研究论据，诠释福建 9 个案例的地方文化遗产的价值与意义。在 9 个案例实证研究方面，主要通过对文史资料的回顾与研析以及实质环境的调查，探讨在乡村景观多功能系统思维的视角下福建乡村景观遗产变迁的历史，以及通过福建乡村景观遗产保存运动诠释地方人文记忆的价值与意义。接着通过对 9 个案例的省思，检视 9 个案例中实现乡村景观多功能的过程，论述地方发展与保存的关系，以及通过对现代发展的考察检视发展与保存的问题，继而拟定 9 个案例乡村在乡村景观多功能下地方遗产保存的发展定位与目标，作为未来发展与保存的参考依据。

一、现象观察

  中国乡村是长期自发生长起来的社会共同体，传统乡村是人们在相同的人文、民俗和生活习惯下生产、生活的场所。乡村景观不是一个稳定的实体，而是一种体现历史过程的人类与自然相互作用而形成的产物、格局、特定景观行为、形态和内涵的景观类型（刘滨谊等，2005）。本研究案例中的乡村景观作为福建区域内活动产生的人文景观，一定程度上反映了乡村居民的日常交往活动、民俗礼仪以及文化特质；乡村景观的变化集中反映了乡村实践发展的时空演化特征，可以发现乡村景观实践是一个动态变化的概念范畴（杨惠雅，2022）。

  通过现象观察福建 9 个案例"景观乡村"的保存特质，我们提出了"景观乡村"的关键词，并将其文化性、动态性与社会的适应性循环相结合，以构建一个概念框架，用以指导景观、文化系统和人们对弹性和可持续性的反应。

（一）文化性：历史文化与"景观乡村"范畴

本研究中的 9 个案例代表的是一个族群经年累月互动下的文化产物，包含聚落、产业与历史文化结合的区域，它代表的是一个特定群体的文化圈，其区域范围随着文化互动与变迁而有所改变。从"景观乡村"的角度来看，文化的整体最具有文化与自然交互作用下的多样性，本研究探索霞浦滩涂、屏南木拱廊桥、培田古民居等传统景观风貌特征，发现其存在着景观的特殊性与文化的内在联系性，其构成要素包括地域、自然属性，风水格局、街巷网络与文化传承方法，显示出文化多样的地域景观特征。因此，对"景观乡村"的理解需要用文化的视角来在多个时空尺度上认识组织生态、社会和经济条件之间的联系。我们回顾了"乡村景观"的定义和观点，以及可持续的文化规划思维，以开发一个新的"景观乡村"框架。

（二）动态性：持续变动的"景观乡村"形态

产业是一个地方居民维生的方式，反映了当地居民生活的形态方式，也是"景观乡村"中人与自然重要的联结方式，因此产业与村落是紧密相关的。本研究中 9 个案例的乡村产业都是以种植业或渔业为主，政策、技术、环境造就了目前所看到的农田景观或渔业滩涂景观；即使现在土地达到一个稳定的状态，它的景观还是会依照气候、季节而有所改变，因此景观的呈现含有许多时间层面的变化因素，动态性的景观以产业景观改变为最多（黄明泰，2009），其次为传统村落的建筑形态，传统村落的建筑形态以传统合院为主，这些合院不能满足生活需求时，许多人会加以改建或新建，因此传统村落建筑纹理会受到改变（图 6-1）。

（三）社会性：地方感的"景观乡村"价值

从本研究案例中的景观环境来看，福建地区宗教项目和民居等相关乡村景观元素都与其他地区并无太大差异，但这块区域的特殊性在于，人与社会呈现出的聚落、景观脉络及价值性的不同在于族群属性不同，区域内所显现的是人构建跟环境的互动所展现出的生命力，因为"人"的特殊性，聚落选址、环境选择、生产模式、信仰形式等，都具有其价值，其价值是以当地族群的特殊性来指认的，因此这样会构建出特殊性的意义。例如，妈祖文化旅游节所带来的"妈祖"观光戏剧化现象，就是一个涉及宗教信仰、民俗文化、政治权力、两岸关系、观光产业、地方经济、景观建筑和饮食生活的超级复杂议题。

对"景观乡村"的社会现象，还有赖于更多理论观点与经验现象相互验

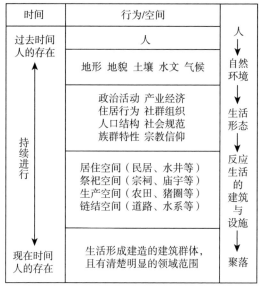

图 6-1 聚落因子架构

证。如文化人类学、社会心理学、政治经济学和日常生活地理学等，必须对个案进行长期深入的调查研究和深描分析。

本研究借由"景观乡村"文化的内涵分析，描绘出"景观乡村"在时空分布和理念范型上的初步轮廓，从概念上逐步阐明"景观乡村"的社会意涵与空间逻辑，观察其给各地方带来的现象与问题，最后在结合经验资料和理论观点的过程中，进一步将分析的触角延伸到"景观乡村"的社会脉络与政经根源。基于此，本研究提出针对"景观乡村"的整体性、多功能与文化等价值研究的范式，在已有"景观乡村"研究范式的基础上进行改进和扩展，为"景观乡村"的研究提供另一个视角，为实现区域"景观乡村"的可持续发展奠定理论基础。

二、整体性、多功能与文化价值认知

（一）整体性价值的认知

Antrop（1997）的景观分类原则分为四大项：整体架构性、连接性、完整性、真实性。整体性中又有个别独特性。发源于德国、丹麦的生态村落理念以生态、社会、文化和精神四个方面作为发展永续社区的基本架构。

在全球的文化遗产保护实践中，法国独树一帜地倡导了"将环境、生活方式及自然和文化遗产视为一个整体"的先进保护理念。这一理念在圣·克劳德矿区的克勒索蒙锡生态博物馆中得到了淋漓尽致的体现，该博物馆不仅是法国生态博物馆中的佼佼者，拥有深远的影响力，同时也是早期生态博物馆的典范之作。始建于 1978 年的克勒索蒙锡生态博物馆，其核心使命在于守护并传承勃艮第地区自 16 世纪以来丰富的地下采矿历史与文化。在这一进程中，当地社区通过"地布兰泽矿厂和人类协会"这一平台，与地方政府及科研团队紧密合作，共同肩负起博物馆的日常运营与长远发展。协会不仅珍藏了海量的文物、纪录片和档案资料，还积极策划各类展览、学术讲座，并编纂出版相关著作，以多元化的形式向公众传播矿区文化。尤为值得一提的是，博物馆充分发挥了原矿产工人的独特价值，他们作为志愿者，以其亲身经历和深厚情感，成为游客导览中不可或缺的一部分。

从景观的整体性价值认知出发，英国乡村景观保护开始关注所有区域的景观敏感度，要求在开发乡村地区的同时，保护大范围乡村景观的质量和特征。如 1986 年的《农业法案》推出了环境敏感区计划，鼓励农民维持某种景观特征。1996 年，前乡村委员会和英格兰自然署共同完成了《英格兰特征地图》（*The Character of Englandmap*），根据自然因素和文化因素将英格兰细分为 159 个景观特征区，描述了每一个区域的特征、决定特征的影响因素以及每个区域主要的变化压力（田丰，2008）。综上，进一步说明不仅被认定的景观需要保护，整个乡村地区都属于景观范畴，需要进行整体性的保护。

整体性价值体现为人地关系遵循人与自然和谐共生的理念。人地关系是地理学研究的核心理论与主要内容，同时也是景观生态学的重要理论之一。与西方发达国家相关研究相比，服务于国家和区域发展战略的实证研究是中国人地关系研究的特色（李扬等，2018）。本研究中传统村落作为乡村景观的典型代表，基于乡村景观视角，可形成如下特性认知。

（1）有机整体性。即"景观乡村"中自然力与人工力较为均衡，并彼此交织，传统村落乡村景观中"三生"系统高度融合，"三类景观"空间交错，进而形成有机的整体（王云才，2011）。

（2）结构层级性。传统村落"景观乡村"作为复杂系统，由若干相互联系的亚系统组成，各亚系统又由其下一级亚系统组成，各层级之间相互作用，最终构成完整结构。

（3）时间异质性。在时间维度上，根据"格局-过程"原理，可知传统村落"景观乡村"的演变驱动力、生态过程、景观格局始终在变化（吴雷等，2022）（图 6-2）。

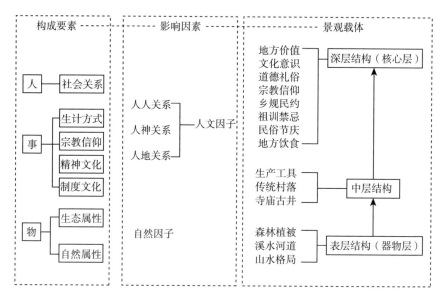

图6-2 传统村落乡村景观"人、事、地、物"构成要素与景观载体的分析框架

（二）多功能价值的认知

20世纪末，多功能主义的乡村发展促使人们反思乡村的含义，提出"农业不再构成乡村经济的基础，农村地区多样化发展是保持农村活力和可持续发展的前提"（Gallent et al.，2008）。多功能主义成为乡村发展的主导方向，英国政府对绿带和国家公园的目标做出相应调整，将已有的14条绿带作为联系城市与乡村的重要结构，其发展从严格限制开发转向鼓励多功能性的发挥（Amatim et al.，2006）。从地方发展史与当地人角度来看，景观的多功能性具有重要性、地方性、独特性、意义、价值与认同等层面的意涵。在推进农业经济发展时，德国注重乡村地方特征的保护，将生态、文化与经济发展相结合，在泰乌罗镇，农民因农业现代化而拥有更多的空闲时间，利用这些时间，他们推进了居民参与的地方文化发展，印制了自己的明信片，创办镇刊，编纂镇史，创办自己的网站，举办读书节等（邓辉，2012）。从跨学科的视角研究"景观乡村"多功能性更能综合评估景观功能，对景观做出更合理的规划（刘道玉，2020）。因此，"景观乡村"多功能性从社会学、政治学、经济学和伦理学等多学科角度进行研究成为趋势。

（三）文化价值的认知

联合国教科文组织在1987年制定的《世界文化发展十年：行动纲领》(1988—1997)中非常明确地表示："将文化置于发展的中心位置"应被当作人

类发展行动的指导思想。2001 年，《世界文化多样性宣言》于联合国教科文组织大会的第三十一届会议上问世，谈及文化多样性是人类的共同遗产、人权角度对文化多样性的保障、文化能力建设等方面。2016 年，正式启动联合国"2030 年可持续发展议程"，"文化""创意"及"文化多样性"被纳入议程。文化发展的动力来自内部与外部，日本学者富永健一认为存在于社会体系内部或外部的两种因素导致了社会的变迁，引发了社会的内因发展和外因发展（富永健一，1992），由此，内因是发展的根本动力，外因是发展的条件。

（1）本研究调研表明，游大龙仪式、蟳埔女性节日表演与东美村乡土建筑的景观特征，是"文化""创意"及"文化多样性"的表现，与联合国教科文组织提出的观点相符合。乡村文化景观遗产不只是单一建筑或建筑群，而是整体格局的呈现，包括道路、聚落建筑、农田、宗教、医疗、行政机构彼此在空间上与文化实践上的关系。在历史发展的构建过程中，通过自然条件、人类活动、时间变化、具体元素四个部分说明文化景观的形成与转变，以及在遗产概念上所呈现的空间观。通过游大龙仪式、蟳埔女性节日表演与东美村乡土建筑的分析，推演出中国对地区遗产的空间识别架构，配合福建的特殊历史与社会文化发展脉络，将经济发展、地方派系、族群竞和、土地政策、地方营造、宗教等因素纳入，呈现出民众对遗产的多元论述，这样的多元论述使得遗产成为仪式的景观空间识别概念。这样的结果有助于将世界遗产的概念转译到中国社会进行诠释，以及将空间观落实到日常生活中观察。本研究对遗产的定义与 Tolina Loulanski 对遗产的定义相同，他认为遗产的概念承载的正面意义是通过遗产能够了解文化与地景，这些都是社区所关切的事情，以保留人们所需的归属感与认同感，并传承到下一世代。关于地域文化的多样性，每个地域中独特的自然环境、生态系统、生产能力与生活方式，会产生千差万别的自然力与人工力，其合力驱动"景观乡村"形成与演变，产生多样化的传统村落，并主要体现在乡村景观要素的构成、格局及功能上。

（2）在空间的不同类型中，通过一个文化的概念，在日常生活中具体呈现出空间的多元性，同时包括自然与文化、物质与非物质等层面，这个概念具有丰富的时间观与象征性，可以承载自然的演化范畴与文化的历史纵深。

（3）遗产是一个具有持续展开特性的空间载体，有助于整合不同时期、不同人群在空间上的施作记录与文化意义构建。

（4）在地方的生活、生产、生态（简称"三生"）中，生活发展出文化、艺术、节庆与特色美食，而生产发展出特色产业、农产品加工、工艺技术，生态发展出特色民宿、生态环境与自然景观。在"三生"中，衍生出多元的"三产"，形塑出地方特有的"文化"与"旅游"（蔡富滇，2019）。

由此可见，文化发展视角把地域文化景观看作是一个具有一定空间次序的、独具特色场所标志的有形综合体，以文化发展的方式去研究街区巷弄与人居环境功能的相互关系，努力反映人性的精神渴求，在文化人类学、社会学、景观哲学等理论中挖掘我国传统文化精华，建立起整体性、多功能与文化价值认知。

三、问题的反省意识

在研究乡村发展的层面上，乡村实践多，理论研究提升少；表象描述多，深入分析少；区域整体性研究少，单体建筑研究多。而在研究文化旅游层面上，古村落是文化旅游关注的主要焦点。近年来，乡村景观和文化价值在中国已逐渐得到认可，而古村落旅游业正以嵩口作为范例进行发展。许多文献研究了区域振兴的各种作用、功能和收益，但是其在中国解决乡村经济社会问题的潜力却被人们忽略了，很少受到与其他发展方式同样的关注。

上述内容显示，在"景观乡村"整体性价值、多功能价值与文化价值认知上拥有一体两面的结果。现试图回到日常生活批判的基本立场，对中国近年来乡村景观蓬勃发展的旅游体验现象进行一个"回归生活，贴近地方"的粗浅反省。例如，大量兴起的旅游体验适时地舒缓了日常生活中多重异化的生存状态，让紧张繁忙的现代生活有了更多喘息的时间和空间。不过，这些丰富多元的现代节庆也犹如一把双刃剑，尤其是它在时空上密集频繁扩散分布，已经近乎反客为主。长久以来，在中国乡村景观的实践中，相对地忽略了文化、社会与经济在乡村景观中的功能角色。到了世纪变迁，文化虽然在乡村再生/活化策略上获得越来越多的重视，但在乡村规划这个空间专业与学术领域，仍未得到正视。问题的原因就在于以下几个方面。

（1）对乡村发展历史纹理不尊重，对古迹的文化灵敏度严重不足，对地方文化销蚀危机的规划回应相当欠缺，地方性的文化景观日渐消失，这给传统乡村地域文化景观的继承和发展带来巨大的威胁，并引起研究者的高度关注。

（2）乡村景观遗产旅游发展尚处于初级阶段，民众对乡村景观遗产的认知、遗产旅游管理水平均有一定欠缺（任伟等，2018）。

（3）公众参与"景观乡村"营建在国内尚处于初始阶段，存在参与地域小、参与程度低、参与制度不健全、参与方法不完善等问题（杨静，2011）。

因此，构建乡村景观营建中公众参与式设计的评价指标体系，是促进自上而下与自下而上的民智、民意相结合，激发乡村新活力的关键所在。需要特别指出的是，除了对"景观乡村"旅游体验活动保持开放包容的乐观态度之外，经过适当的沉淀和反省，我们也应该开始对这些为数众多但是大同小异的旅游体验，展开评估工作。让精致的现代节庆和平常的地方文化相互辉映，形成一种松紧有致的生活/节庆节奏。那么，未来的节庆发展，或许可以从传统岁时节庆和新兴现代节庆的递嬗发展中，找到一个以节庆升华来落实日常生活的神奇契机，进而重拾人本主义地理学者段义孚在《地方爱》中不断强调的人地联结与情感归托（Tuan，1994）。以上都深刻地提出了我们所必须正视的种种问题及创新试验的可能性，试图在"景观乡村"多功能服务的希望与严酷的环境挑战当中，提出最佳的解决方案与平衡机制。

第二节 "景观乡村"的精进与视野

一、社会参与之地方性形构

《感官体验》一书中写道："只有当光线充足的时候，我们才能看得见；只有嘴里有食物的时候，我们才能够品尝；只有在与人或事物接触的时候，我们才能够触摸；只有声音够响时，我们才能听；但我们却随着每一次的呼吸，时时在嗅闻（Ackerman，2009）。"

（一）调研概览与优化实践

调研显示，近六成项目明智地保留了原住民及民俗文化，以班贝克古城为例，其作为中世纪瑰宝，居民的原住保护是成功的核心要素。1991 年，欧盟发起的 Leader 项目，旨在振兴中欧乡村经济，通过组建地方行动小组（LAG），实现了内生动力与外源资源的有效整合，展现了内生发展模式的典范，成为欧洲乡村复兴的社会实践蓝本。H193 项目更是全方位支持农林业、生态保护、气候适应及社区建设，促进了多维度发展。英国政府则在立法与管理基础上，着重构建可持续乡村社群，激励社区主动参与环境保护。其《2010—2015 乡村经济与社区战略》不仅聚焦于经济增长，更强调与乡村社区的紧密沟通，提升居民福祉。通过构建乡村农业网络及社区行动平台，政府与乡村间建立起互动桥梁，确保政策制定更加贴近乡村实际需求，实现了上下联动的良性治理。

（二）安溪农业文化遗产的社区参与

安溪茶业遗产的守护实例凸显了茶庄园作为文化遗产活化引擎的重要地位，其成功不仅促进了地区发展，更深刻塑造了社区风貌。初期，面对经济欠发达的现状，安溪乡村依托茶叶产业，组建多个地方行动小组，驱动经济转型升级。2009—2010 年，地方政府连续出台《法国葡萄酒庄园模式学习借鉴方案》与《茶叶庄园加速建设指导意见》，正式拉开茶叶庄园规模化建设的序幕。茶叶经济的蓬勃发展中，女性力量日益彰显，她们在促进可持续发展遗产方面展现出独特价值，如强化人际纽带、促进代际交流、丰富非正式教育内涵、创新茶品（如铁观音）、以及自然资源的保护与合理利用等。铁观音农业遗产与历史学、艺术史、民族学及民俗学紧密交织，展现了深厚的文化底蕴。GI-AHS 高度认可女性在生物多样性保护中的核心作用，她们作为传统知识的守护者，对生态维护至关重要。尤为值得一提的是，安溪铁观音女茶师非遗传习所的成立，为女性提供了传承与创新的舞台，培育了一代又一代能够融入"人茶共生"生态、全生命周期传递铁观音非遗技艺的女茶师。因此，提升农村女性能力，不仅是推动农业农村发展的关键路径，也是保障粮食安全、促进营养改善的有效策略，对实现可持续发展目标具有不可估量的贡献。

（三）法国"文化遗产日"与社区联系

法国于 1984 年率先创立"文化遗产日"，这一盛事每年吸引逾 1200 万访客，极大地促进了公众与文化遗产间的情感联结与认知共鸣。社区，作为遗产地的生命力所在与社会结构的基石，承担着遗产价值传承的重任（韩锋，2012）。然而，在早期的遗产保护实践中，往往缺乏对遗产整体性的深刻理解与关怀，导致当地社群与遗产之间缺乏有效的联动机制。彼时，教育与展示未被充分视为凝聚社会力量的重要途径，社会结构与社区构成亦未被纳入遗产保护的考量范畴，致使社区空间元素的内在联系难以展现。更为遗憾的是，文化景观常被片面地视为建筑物及其附属设施的集合，而忽视了其中蕴含的活动与生产范畴、以及在地文化与日常生活的深度融合，未能全面呈现文化景观作为生活全景不可分割的一部分。

（四）嵩口与培田的社区参与实践

嵩口乡土遗产的实践揭示了教育与展示作为社会凝聚力量的重要性，通过与社区的深度合作，全面融入遗产的各个维度。嵩口社区在地方性构建与遗产管理上展现了典范，其台湾打开联合团队通过让社区成员直接或间接参与项目，实现了最佳的地方性塑造与遗产管理模式。为深化社区参与，理解居民对遗产的多样化使用至关重要，如嵩口通过故事讲述绘制文化遗产地图，促进了遗产识别与发展规划的多元参与。Jeannotte（2015）指出，参与是挖掘社区固有知识的途径，居民在网络与对话中分享独特故事，增强了对文化遗产的认知。因此，提升"老人会"的角色，利用故事讲述升级参与方式，对于促进居民的有意义参与至关重要，尤其是通过个人交流这一农村参与的高效方式。

　　培田参与式社区大学的案例，则展示了从"复原式保存"向"智慧再生"的文化转型，构建了集学习、休闲、照护于一体的历史性区域，融合了历史、空间、产业等元素。2010 年，培田客家社区大学的成立，标志着社区资源的有效整合，通过理事会、社区大学及创意网络，推动产业进驻与社区营造，如腰鼓队、十番乐队及生活博物馆的活跃，以及春耕节的举办，均体现了以居民为主体的社区活力。培田社区大学作为治理核心，通过策略应用提供参与诱因，如老人福利政策，以"有伴、有乐趣、有午餐"等吸引力，激发居民的内在参与动力，形成了社区参与的"拉力"。

　　从培田客家社区大学的实践中，我们深刻认识到其作为地方治理核心单元的独特价值。它不仅是推动社会公民意识养成的"推力"，更是巧妙融合了"参与""回应"与"行动"三大层面，精准定位了社区营造的方向与目标。在这一进程中，社区公民参与的"推力"与"拉力"相互交织，共同构成了社区发展的内在动力。培田社区大学的在地实践与"抢救淡水河行动"等特色项目，让地方工作者深刻洞察到民间社会自觉对于地域社会的重要性。在公民教育的框架下，学习如何成为公民社会的积极参与者，对于提升居民的生活品质至关重要。然而，传统教育体系中往往忽视了民主公民素养的培养，导致许多成人对社区公共事务保持距离。社区大学的出现，填补了这一空白，它提供了一个共同参与的平台，让居民在实践中学习合作，深刻体会到民间社团在生活世界中的力量与角色。社区成长学的核心，在于通过公民养成学习的多元机制，激发居民的自主学习能力，进而"活化社区网络，释放社会活力，促进公共参与，构建公民社会"。培田的参与式社区经验，为我们提供了宝贵的启示：

　　（1）社会资本是社区动员的关键。人力资本作为社会资本的重要组成部分，对于社区营造至关重要。社区发展协会作为政府与地方之间的桥梁，其跨部门联结的能力与广泛的网络覆盖，是确保社区项目成功的关键。

　　（2）社区精英的领导作用不可忽视。无论是社区参与还是社区营造，都需要在地精英的引领，他们以其独特的视野与行动力，成为推动社区再造的重要力量。

　　（3）社区认同与资源网络的构建相辅相成。随着社区发展协会推动的社区营造项目取得成效，社区意识的凝聚将产生乘数效应，吸引更多资源，形成更强大的社会能量。

　　（4）社区参与与景观文化保育的深度融合是必由之路。景观文化保育是社区发展的目标，而社区参与则是实现这一目标的手段。通过沟通与参与，协调各方利益与诉求，才能在保护文化遗产的同时，促进社区的和谐发展。

（五）永泰庄寨的遗产实践与社区参与

第四章永泰庄寨的遗产实践揭示了遗产地社区民间组织在文化景观保育中的积极作用。这些组织不仅重视游客为遗产地带来的经济收益，更深入挖掘了游客所带来的社会与文化价值，这对于遗产的保护、管理及"活化"至关重要。正如 Zhang RR 与 Smith L（2019）所指出，游客为遗产地带来的远不止经济上的收益，更多的是社会与文化的正向影响。以西递宏村为例，居民愿意留守本土，游客则在访谈中表达了对真实体验与情感满足的高度评价。在永泰庄寨的文化景观保育与地方创生实践中，遗产中介者通过社会共创策略，将社区参与、经济发展与"文化景观保育"紧密结合。2018 年 12 月的乡村振兴论坛·永泰庄寨峰会上，政府主导了庄寨的整体空间规划，而社区居民、文艺界与社运人士均参与了规划的协商与转译过程。通过"公司＋专业合作社＋农户"等合作模式，以及民宿的融入，打造了一体化的庄寨旅游体验。

爱荆庄宗亲理事会在"代际传承"方面成效显著。其职责涵盖村内联络、政府对接及与企业、同姓族人的联络，通过政策、资金、技术与人力等多方面的支持，推动庄寨修缮工作。值得一提的是，宗亲理事会还根据保护需求发展了青年联谊会，实现了老中青的接力传承。青年联谊会的问卷调查结果显示，半数受访者视自己为爱荆庄保护开发的主体，17.6％的人接受以开发促保护的理念，85％的人关注保护工作。这反映了在保护的意识与动员上其祖先的观念、宗族互助习俗深入人心（李耕、张明珍，2018）。爱荆庄宗亲理事会通过展示"正统化"谱系图，有效化解了族群内部的纷争，并在保护文物的同时，创新了民俗活动，如提议每年大年初四与十月初一的扫墓聚餐，既传承了传统，又注入了新的活力。

十多年的公民参与历程，展现了中国传统亲属制度的层次结构，以及从宗族中衍生出的历史感、归属感、道德感与责任感。人们对生存环境的保护诉求、对集体记忆的珍视及对祖先的崇敬，构成了村落文化传承的内在动力。爱荆庄的宗亲动员不仅局限于建筑修缮，更扩展到加强族人交流、传承优良家风家教，从记忆、组织与物质三个维度强化了宗亲的文化身份认同。这一实践不仅根植于爱荆庄独特的人文历史与建筑艺术，更为国内民间组织在宗庙遗产保存与申报亚太地区文化遗产保护奖方面提供了宝贵的经验与启示。

永泰庄寨的宗亲乡土遗产保护实践，为我们揭示了遗产保护的新维度：它不再局限于对古迹的单一保护、修复与展示，而是更加注重遗产的活化利用，以及如何使其适应并服务于当代社会的多元化需求。通过深入研究、全面评估、细致记录，并唤醒沉睡的历史记忆与村庄传统，我们不仅能够助力个人、群体乃至国家层面的社会认同构建，还能显著提升地区的知名度，为旅游内容增添丰富的文化内涵。

（1）在庄寨遗产实践的问题分析层面，我们强调从权益关系人的视角出发，特别是要深入理解在地社区对于地区景观特色的独特认知与情感联结。

（2）在提出庄寨遗产保护的对策时，我们着重考虑资源与社群两大核心要素。

（3）而在庄寨遗产实践行动计划的实施阶段，我们倡导从永续发展的角度出发，综合考虑环境、经济与社会三大方面。

（六）社区发展协会与民间保护组织

Putnam 等（1992）指出，个人资本唯有嵌入一个紧密相连、互惠互利的社会关系网络中，方能发挥其最大效能。本研究据此提出，社区发展协会的核心本质，在于构建一个能够凝聚社区内部网络的组织实体。探讨其形成机制，两大要素不可或缺：一是"代理机制"，二是"集体行动的扩散效应"。特别是在"观光中介者"所促成的"集体行动扩散"中，积极的社区居民通过投入社会资本于集体行动，能够激发出远超简单累积的乘数效应。本研究深刻洞察到地方性特色构建与遗产社区参与实践的迫切需求。

在完善社区参与模式的机制方面，关键在于构建一套健全的机制体系、确保资金充足、激发居民积极参与，并培育成熟的民间组织（NGO）（金一等，2015）。以法国"乡村和特色小镇协会"为例，该保护协会自1975年在布列塔尼大区成立以来，便致力于推动跨地区的保护互助网络。起初，它仅是一个关注6 000人以下传统村落和小城镇遗产的地方性保护组织，而后逐渐发展成为覆盖全国的保护网络。其成功之处在于与地方政府建立了紧密的合作机制，以民众的力量影响并引导政府决策。具体而言，协会的目标聚焦于两大方面：

（1）确立乡村和特色小镇遗产的遴选与保护标准。协会制定的《质量保证宪章》，作为国家法律条文的有益补充，明确规定了入选村镇需承担的近30项具体义务。

（2）与政府携手，为规模较小、资金有限的村镇提供全方位的支持，包括资金援助、技术指导以及保护网络的构建。通过整合遗产保护、文化传承、规划制定、住宅改善及旅游发展等多领域资源，助力市镇管理者更有效地开展遗产保护工作（万婷婷，2019）。

（七）社会资本、社区学习与永续社区

在社会资本积累与社区教育融合方面，社区参与的过程实质上是居民自我教育的深化过程。例如，通过编纂并发放遗产保护宣传手册，不仅增强了居民

的保护意识，也促进了知识的普及。同时，组建民间非政府组织（NGO），以其独特的号召力，有效激发了社区居民的参与热情与积极性（金一等，2015）。澳洲的"社区学习与研究中心"便成功探索出一套社会资本与社区学习的互动模式，该模式涵盖参与者间的深度互动、由此产生的潜在资源挖掘，以及预设目标的实现路径。具体而言，参与对社会资本的增值作用体现在：一是通过参与，成员间逐渐形成了普遍的互惠规范；二是参与促成的网络互动，极大促进了信息的沟通与协调，为公共舆论的形成及个人价值的提升提供了平台；三是参与还催生了新的网络联结，为解决问题构建了合作共赢的模式（Putnam et al.，1992）。

以美国新泽西州的"永续社区"计划为例，该计划作为资源整合与认证并重的典范，自 2009 年启动以来，已吸引全州 354 个城市（占新泽西州城市总数的 57%，覆盖 65% 的新泽西人口）注册参与，并有 94 个直辖市荣获认证（其中 4 个银级城镇，90 个铜级乡镇）。其成功经验值得借鉴，核心特色包括：构建全面的评估体系，搭建政府－民间组织的合作伙伴关系，确保行动方案的有效实施，广泛开展教育普及与技术指导，以及提供实质性的奖励与补助。

"永续社区"治理模式，根植于地方社群意识与日常生活，是推动城市转型升级、增强公民政治参与力的关键所在（Orr，2007）。它不仅培养了民主政治在日常生活中的实践，还强调了公众参与决策过程的广泛性，这是永续发展取得成功的基石。美国政府通过构建"整合式创新"思维，将"永续社区"理念付诸实践，建立了融合社会行为科学、评比机制、经济及财税政策的综合体系，旨在平衡"环境保护""经济发展"与"社会正义"三大永续发展原则，为社区治理提供了新范例。

（八）景观立法与公众参与

随着乡村功能的多元化发展，从传统的农业生产延伸至景观保育、生物多样性维护等复合领域，促进政府、私营机构、社会组织与民众间的沟通协作，已成为国际间推动景观可持续管理的普遍共识。在景观立法的参与架构上，日本率先由地方团体展开广泛实践，随后由学术界在国家层面予以推动；韩国则依托地方自治团体的力量推进景观立法进程。荷兰、德国、英国及日本等国，在价值理念上均明确景观为公众共有资源，并在法律框架内嵌入了公众参与机制，鼓励多元利益主体广泛参与及权力下放。例如，荷兰将利益相关者的愿景融入环境规划文本之中；英国在景观特征评估（LCA）过程中，规定了公众参与的正式流程，强调景观所有者感知对景观价值评估的重要性（马源等，2013）。这一系列举措确保了审美取向、文化模式及人类活动等景观要素在政策制定中得到充分考量。

与此同时，景观立法的价值导向也在发生转变，从聚焦核心景观资源逐渐扩展至常态景观资源及广泛景观特征区域。规划体系亦由"自上而下"的"官方决策"模式，向"自下而上"的"公众参与"模式转型。如英国的《国家公园与乡村通行法》、德国的《联邦自然保护法》及日本的《自然公园法》等，均通过设立国家公园或保护区，对具有显著价值的自然景观、野生动植物及文化遗产实施严格的法律保护。在推进二十一世纪地方永续发展议程的过程中，决策整合与执行机制的设计显得尤为重要。根据英国环境、食品与农村事务部的建议，该机制的设计应涵盖以下四个方面：首先，如何确保永续发展行动真实反映公民参与的事实与意见表达？其次，明确永续发展的具体行动方案，界定责任主体及部门间的协作机制；再次，建立永续发展行动成效的评估体系；最后，确定评估永续发展行动持续、调整或变更的基准与准则。

综上所述，地方社区作为景观社会经济价值的核心承载体，其经济发展状况与自治能力的高低，对乡村景观的演变路径具有深远影响。在我国偏远乡村地区，普遍存在着发展相对滞后、居民自治意识薄弱等现实问题。乡村景观研究的核心议题之一，即深入探究社区居民的意识形态与真实需求，这些议题既紧迫又充满挑战，关乎当下与未来的可持续发展。面对乡村居民对公共空间的迫切需求及对集体利益的深切关注，我们需通过积极引导居民自治，有效激活乡村的内在活力。因此，重视乡村景观的多元化发展视角、促进乡村景观资源的协同管理，以及深化乡村社区居民的参与程度，是确保乡村景观自然风貌与文化遗产得以延续的关键所在。

二、历史文化层面的意义

联合国教科文组织正积极推进一项名为"耕种"的宏伟计划，该计划有幸获得欧洲共同体的慷慨资助，旨在探索并构建一种以农村复兴为核心的创新模式，旨在强化文化和自然遗产在可持续发展中的第四支柱地位，同时为农村地区带来经济增长、社会融合及环境可持续性的多重效益。此计划深入挖掘那些能够巩固文化在可持续发展中核心作用的经验与指标，倡导一种更为全面且深入的遗产保护理念。这一理念强调，地方文化是通过多种要素综合塑造其建筑环境的：包括与自然景观的和谐共生、本土农业模式与实践、城市空间布局、社会组织结构、建筑工艺技术、民俗传统，以及那些触动人心的口头传说与历史记忆（Pola，2019）。

以美国备受赞誉的拉菲特国家历史公园为例，其通过精心设计的共享价值文化遗产体验活动，生动展现了环境、历史与人文文化遗产如何协同作用于地区独特文化的塑造与传承之中。公园内的阿卡迪亚文化中心，作为连接过去与未来的桥梁，通过一系列现场互动体验，让访客得以近距离向当地艺术家学习卡真特色的文化遗产技艺，同时与卡真语学生交流，感受卡真人法语方言的独特魅力。具体实践包括：

（1）即兴创作表演：基于卡真民间故事的丰富素材，鼓励访客参与即兴创作与表演，不仅激发了参与者的语言与表演艺术潜能，更营造了一种沉浸式的文化艺术体验氛围，让文化遗产活灵活现地展现在大众面前。

（2）附加价值共享：采用产品与创意服务的线性组合策略，实现了体验者与当地社区的深度互动与价值共享。这种策略不仅丰富了体验内容，创造了更多元、更具创意的产品组合，还促进了文化遗产的可持续利用与社区经济发展，实现了文化遗产保护与社会发展的双赢局面（Werthner et al.，2004）。

（一）地域景观与文脉间的关联

从嵩口乡土遗产案例中可以看出，文化资源的功能是在当地人中创造服从、忠诚、合作、地方主动性。嵩口乡土遗产改造坚持"尊重自然、尊重历史"原则，也是用最小投入实现最大活化的务实举措。正如 Smith（2006）所述，遗产不是静态的对象，而是发生在一个动态的协商过程中，为了当前的社会和文化效益而对过去进行改造。嵩口的端公庙继续将遗址作为公共场所，这种对遗产地的管理应该承认那些给它们注入文化价值的人们的过去和现在的价值。

从培田村内生式发展地方文化资源案例可以看出，创办社区大学是内生式发展地方文化资源实践的方式，愉快的工作、学习、互动和放松的环境利于发展地方文化资源和仪式恢复与创新。充分利用村庄的资源优势、传统技能、地方文化等，既可以发挥特色优势，又可以形成差异化竞争。文化资源与遗产之间存在不少差异，如在物质层面上，不同于以建筑物为主的文化资产，遗产更强调物质与非物质的文化意涵；在经验层面上，乡村文化资源的概念集中于视觉的凝视，遗产则扩大到感官知觉的体验层面以及使用者观点，同时考量人、地、时、事、物等层面的整合；在位置与地景层面上，乡村文化资源着重场所到目的地的规划与发展，遗产则进一步探索空间与景点的实践意义；在时间层面上，文化资源处理的时间观着重于过去与现在，遗产通过其传承的责任与公有财产的性质，更将时间延伸至即将到来与未来。遗产的概念可衔接全球遗产论述的风潮，使遗产研究有更多的理论对话平台。

（二）遗产作为社会、经济、文化生活网络的交汇

英国遗产委员会每年夏季举办的"历史再现"活动以历史重现为主题，是

欧洲最大的历史主题活动。家庭露营地体验活动让体验者自己参与设计并扮演感兴趣的历史人物，每个人都身临其境地成为英格兰上下千年某特定历史时期的鲜活演绎者与创造者。家庭参与体验者来到露营地与当地居民共同讨论并亲手制作服饰与生活用具，创意演绎生活习俗或作战场景。孩子们在角色扮演中，站在自己演绎的每个历史人物肩膀上与他们一同经历特定历史事件，成就自己的奇妙创意之旅。不仅有"历史再现"活动，还有遍布全英国大大小小的文化与历史遗产主题活动，通过自己的创意让历史重现，亲手发掘其中所蕴含的文化遗产的巨大魅力与丰富的内在文化价值（范长征，2017）。

闽浙木拱廊桥案例表明，文化遗产不能从单一的空间与时间去理解，应该涵盖人与环境互动所产生的关系与历程。廊桥文化旅游节、廊桥巡回展推出了木偶戏会演比赛、廊桥美食小吃节、民俗活动、非遗技艺展示等文化体验活动，在廊桥文化园举办了闽浙木拱廊桥联合申遗图片展和中国木拱桥传统营造技艺图展。浙闽两省开创数市县合作研究保护与管理木拱廊桥的先河，迈出了跨域合作的第一步。闽浙木拱廊桥遗产联合申遗官网、中国廊桥网、温州市廊桥文化学会联合倡议闽浙联合申遗七县开展"廊桥精神"大讨论活动。闽浙木拱廊桥从地方人士的"爱遗、护遗"行动出发，结合导览解说配套的策略联盟，建立遗产标识解说系统、建设遗产展示馆等。

回顾闽浙木拱廊桥20年申遗历程，从其中可以观察到阐述的主题已开始围绕遗产社会议题、遗产教育议题、遗产空间拓展议题、价值构建等。随着时间的推移，木拱廊桥发生了变化，在地居民认识到恢复、修理和持续维护有利于更好地保护环境，遗弃会有利于故意篡改或导致快速腐烂。"中国木拱桥传统营造技艺"被列入了联合国《急需保护的非物质文化遗产名录》，这给闽浙两省木拱廊桥在地居民带来了极大的鼓舞。沿着木拱廊桥和周边乡土建筑可以找到用于居住、生产、农业工作和饲养的农舍和小屋，它们不仅仅是一个个单一的原始建筑形态，而且具有丰富的传统建筑特征。这些表现了居住在这些建筑中的闽浙居民的承诺和努力。由此可见，文化与社区行动要持续开展。

闽浙木拱廊桥案例涉及了政治、社会、城市、地景、区域变迁和文化意象等多方面，这个进程创造了闽浙社会不断发展的空间性，创造了空间—时间结构，这是一组不可分割的观念主题所展示的诸多方面。

通过社区文化特色、社区资源、发展主题、社区产业、地方营造项目、传统保存类别、社区大事记等，勾勒出地方遗产概念如何在日常生活中运作。

日常生活中的再创造使地方遗产成为文化记忆。在后现代主义者的眼中，景观是一种"文化的意象"，可以提供形象、"文本"等（Ashmore，et al.，

1999）。英国城乡规划理论与实务的构建者 Patrick Geddes 认为，城乡规划的基石应根植于三个专业，即人类学、经济学与地理学，而规划师不应只是个制图员。他强调规划之前就必须调查，也就是要把乡村景观中复杂的历史、组成结构与记忆、价值与信仰以及人群特征等都整合到规划中。嵩口恢复传统建筑遗产案例表明，以横街历史的拼贴重构地域空间故事，杂货铺、老邮局、私塾和茶馆等场所承载着居民的共同记忆，是日常生活与地方知识的"真实性"营造，其目的是以一种更加坚实和可感知的方式创造和加强对领土的归属感。嵩口的实践为该项目赋予具体的形状，目的是确定和研究历史遗产的身份。正如 Bessière（1998）所说，遗产可以被认为是主观的，因为它与集体的社会记忆有关。社会记忆作为一个民族的共同遗产，通过仪式化的实践确认了遗产的文化和社会身份。共同文化遗产作为一种仪式代码出现。对遗产的日常体验，遗产在日常生活中的再创造和插入，使遗产成为文化记忆的一个基本部分，成为一个民族身份的一部分。开展活动的重点是：①加强身份资源的保护；②支持恢复能够增加景点吸引力的景观；③保证并同时确保维护严重遭受遗弃和退化的文化遗产。

由此可见，在嵩口开展的文化活动有助于维护地方艺术和任何相关考古遗址的价值、地方相关的文化习俗和信仰。任何文化规划计划都需要考虑这些遗址的精神和文化价值，而不仅仅是文化实践的物质表现。

（三）全球在地化下新乡土文化空间

全球化的时空压缩效应，突显时间结构改变物质的空间距离，并打破界限，通讯技术与大众传媒促使乡村在人、资本与信息的空间流动，更具网络联结性。通过意大利的地区文化迹象、古代定居系统的迹象，仍然可以很好地感知，无论是作为物质制品还是作为非物质的证据，考古遗址和遗迹都散布在农村；农业生物多样性遗产，如古罗马的土地分割标志给人以深刻印象，在波河流域和许多其他欧洲地区仍然可见；古代道路网和跨人类活动的痕迹驱使道路中叠加了当前道路网络的一些特征；依此类推，几个世纪以来，用于转移牛羊的转运路线一直是重要的远程通信路线，也有利于相关地区的商品和文化交流。例如，意大利南部各地区，也在创建基础设施网络以支持绿色交通，为实现羊圈的旅游和文化价值制定了项目，并提出了倡议。

蟳埔的案例表明，蟳埔在遗产的价值阐释、构建，遗产的发掘、保护与管理等方面均处于独特地位。2021 年泉州申遗成功，作为中国第 56 处世界遗产，泉州欲在国内的竞争中寻求立足点，必须在全球化的文化普世性、文化流动中展示其区域独特性。而彰显历史特殊性的重要途径之一，即在动态的全球在地化脉络中，借由文化扎根；如蟳埔作为泉州最具性格的渔村之一，用地方特有遗产"妈祖巡香"发展文化经济，并再形塑"创意渔村"的意象。

永泰黄氏"父子三庄寨"入选《2022年世界建筑文物观察名录》。研究观察与访谈的永泰庄寨宗族组织，启动乡土遗产保存的参与方式之独特性，凝聚许多遗产与观光的在地化行动，产生对空间的新认识，注入地方特有历史传统与人文精神的文化产业，这不是旧有空间观念的恢复或重构，而是以遗产概念进行的全新构建。尽管永泰庄寨在承接国际上世界遗产的观念时，会有法律方面与行政单位推行上的落差，但是在社区对地方遗产的构建与认同上，通过宗族组织修缮保护与观光营造的历程，确实提升了民众对遗产与文化遗产的认知与保存意愿。

由以上案例可得出以下结论：

（1）在日常生活实践中，寻求与社区发展主题结合的各种可能性，也就是说，要解决妈祖巡香与永泰庄寨衔接国际遗产观念的困境。

（2）除了期望从空间透过地景而运作的社会组织与象征构建，还要进一步厘清遗产与空间识别，在遗产保存与再利用的辩证中，确实可以慢慢摸索出适合妈祖巡香与永泰庄寨本土的遗产论述。蟳埔妈祖巡香与永泰黄氏"父子三庄寨"为文化空间开发提供了新的方法、手段和技术。

五个案例可充分展现福建地区的社会文化空间与社会文化经济发展的多元性与丰富度。此五个案例分别代表认知文化经济作为乡村再生引擎的不同类型。它们基本上属于Scott论述的认知文化劳动力集聚增长，而带动新经济资本积累，促使社会再生产的地方化现象（图6-3）。

三、经济生活层面之考量

国外一些地方节庆早已成为国际观光和区域文化的代名词，如巴西里约热内卢的嘉年华会、英国的爱丁堡艺术节、法国亚维侬艺术节、奥地利的萨尔斯堡音乐节、泰国泼水节、日本札幌雪祭等，每年为当地带来可观的观光人潮和丰厚的经济收益。而日本旅游立国战略从旅游学与经济学的角度来定义，无论是产业旅游或是健康旅游都是有助于达成区域活性化并带动区域发展的策略（金子杨，2016）。

在国内外相关研究和文献资料相对有限，尤其是缺乏对中国乡村景观的旅游体验现象整体了解的情况下，本研究从文化治理的节庆政治、统理文化的节庆技术、文化消费的节庆产业、消费文化的商业节庆和解放生活的节庆革命等方面探索其内在逻辑。在过去20年间，中国乡村开始出现节庆生产和文化旅

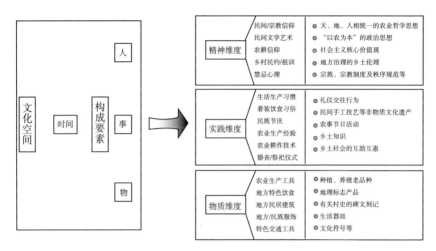

图 6-3　发展语境下的文化空间结构图

游的热潮，逐渐改变现代社会的生活节奏与地方关系。这些从 2000 年以来开始涌现的现代节庆，让乡村变成一个宛如"节庆之乡"的现代奇观。不同名目和各种形式的各类新兴节庆活动犹如雨后春笋般地大量涌现，密密麻麻地填满整个行事历，如元宵灯节、春耕节、妈祖文化旅游节等，加上不定期推出的各类大型文艺展览、花卉博览会。正如 Cornet（2015）所言，在中国，与世界其他地方一样，旅游业被引入偏远农村和民族地区，作为一种现代化工具，可以促进经济和文化发展。春耕节、游大龙仪式以及妈祖巡香的岁时节庆除了沿袭原乡传统之外，还加入调和时空差异与衔接新旧文化的新传统，进而形成传统岁时节庆。它们充分融合了农业社会的生产方式、民间信仰、社会习俗，并以祭祀、庙会、市集、游艺和宴饮等方式，体现出传统节庆兼具神圣与狂欢特性的"热闹"气氛。

妈祖巡香、游大龙被国家登记为"重要无形民俗文化遗产"，"所有者及管理者"或地域社会的民间组织发挥着核心作用。在营造手法和节庆空间的生产方式中，节日旅游提高了对当地传统文化的认识。春耕节、游大龙仪式以及妈祖巡香包含四大元素。

（1）主题化，借由故事的包装营造出想象的空间，像是童话故事、异国情调、历史古迹等。

（2）复合消费，将不同的消费项目加以结合，如住宿、餐厅、看秀、游乐、购物等，构成一种套装式的旅游行程和复合式的消费体验。

（3）商品化，利用图文联想将主题乐园的旅游经验延伸到日常生活的商品消费上（吴郑重，2011），如 T 恤、马克杯、玩偶等带有主题元素的纪念商品。

（4）表演劳务，让接触游客的服务工作变成一种表演，以展现主题的情境和气氛，例如让女性身着地方特色服装表演来娱乐游客等。

整体而言，以春耕节、游大龙仪式以及妈祖巡香为代表的消费空间试图将商品与服务的消费经验"搬上舞台"，形成一种如真似幻的系统地景。由此可见，各种新兴的现代节庆、节庆地景，在形式和内涵上造就了崭新的地方感。

本研究借用与节庆地景类似的原型概念"节日旅游发展对当地传统的文化意识和仪式、节庆观光的创新"来说明节庆地景的形塑过程中产生了另类体验的消费需求。将节庆地景的空间生产发展为营销地方、提振产业与推广文化的节庆技术。可以看出，传统节日可以对文化资源、旅游资源等各种资源进行配置，促进传统文化、现代文化与现代旅游业深度融合，形成具有竞争力的现代化产业集群。传统文化的活化方式有以下几种。

（1）年度或季节性的大型文化活动制度化动员。

（2）传统民俗节庆等民间活动的文化资源动员，中国各地邻里单元拥有的寺庙极多，各庙宇所祀主神的庆典分布在农历不同时点，应结合庆典与空间，借以制度化营造在地性与认同。

（3）结合古迹与历史街区等资源动员，通过古迹活化，推动文化产业化与产业文化化（周志龙等，2013）。

由上述成功的遗产创意实践可见，创意节日活动与民众微创意模式是文化遗产开发的重要活动形式。创意旅游并非单一的业态，而是包含一系列文化、创意、历史、社会与经济行为的具有多附加价值与多重产业效应的链条。当代英美文化遗产旅游开发倾向于不再把文化遗产的呈现内容贴上泛泛而论的传统标签，而是与大力倡导的"文化＋产业"的各种民众微创意模式紧密相连（范长征，2017）。宾夕法尼亚州西南部，以匹兹堡为核心区域的"钢铁之河"国家遗产区，是由美国联邦政府正式认定的国家级文化遗产宝地，它囊括了八个因钢铁产业而声名显赫的县份。此遗产区的宗旨在于展现、解读并推动当地钢铁制造业文化遗产的保护与利用。其中，标志性的实地遗址如凯利熔炉、炼钢厂遗址等，均深刻体现了该地区独特的钢铁文化特色。为了进一步活化这一文化遗产，遗产区携手艺术家们共同打造了一个充满创意的涂鸦艺术区，并以此为依托，每月定期举办都市创意艺术研讨会及钢铁业文化遗产开放日活动。这些活动不仅为访客提供了深入探索钢铁产业历史与文化的宝贵机会，还让他们在浓厚的文化氛围中，参与学习并共同创作出融合都市风情与钢铁元素的创意艺术作品，实现了文化遗产与现代艺术的完美交融。

对第四章永泰观光中介者的现况调研表明，观光中介者介入历史脉络与文化产业发展，是乡村景观之产业特色。永泰乡村复兴论坛是配合地方举办乡村复兴论坛永泰庄寨峰会的产物，重视原有地点的历史记忆，而缺乏后续的产业发展，以及空间性质未能寻找出结合点，使得最鲜明的遗产一度出现经营与定位问题。永泰庄寨成为许多策展活动、周边社区和居民休闲活动所在，成为文创业者贩卖文创商品地、育成中心等，从原本的废弃闲置的庄寨空间，转型成福州文创艺术展演平台及文化观光景点。此外，乡村复兴论坛永泰庄寨峰会积极接触国际数字技术，聚发文创产业的产值与能量。Terkenli 等（2006）强调，乡土建筑景观的转变需要关注空间和文化景观的文化协商与诠释。Diane Barthel 也认为乡村遗产保存作为历史、传统与记忆的体现，成为营造文化景观的再现方式，用来界定在地社群的集体时空想象。因此，观光中介者介入乡村景观，包含保存对象的选择、诠释以及历史脉络指认等社会过程，必须将遗产的历史脉络与文化产业发展纳入对空间的构建历程中。

第四章平潭东美古村落现况调研表明，对渔业和渔村空间采取多功能和多部门的综合方法（石头厝渔场景观、"景村一体化"示范样板区）可能不仅会给历史上的渔村景观带来未来，而且会给它们所包含的许多不同的遗产资源带来未来，这些遗产资源有助于塑造它们的特征。从这个角度来看，传统的石头厝渔场景观是人与环境关系的最综合和最有特色的标志，从而成为解释历史乡村景观的一个非常重要和有效的工具。特别是传统的农场建筑，代表了生产需求的有效解决方案，与当时共享的技术知识可用性相一致，并符合功能主题和当地的环境和社会文化条件。文化景观必须有历史，有价值，具有特征，更重要的是让我们的子孙去看向未来。石头厝经历了这样一个嬗变过程，从朴素的大型农宅，到凝重的废墟，再到景观化的遗产。因此，地方营造对文化产业与社区结合的思考，应当采取更为积极的策略，深度访查地方特性，而不仅是接受官方补助的引导。

根据世界旅游组织 2004 年通过的原则，所有增长都需要以领土的可持续性为基础，旅游业必须充分考虑其当前和未来的经济、社会和环境影响，满足游客、行业、环境和社区的需求。平潭东美古村落乡村旅游可被视为一种可持续的活动，并可作为可持续和可再生能源推广的基础。平潭东美古村落在2002 年进行渔民转产转业，提供社区导览服务与旅游规划，由地方大学协助提供乡土教学的团体行程，社区旅游处在发展阶段。这阶段出现许多外来投资者，他们兴建具有生态与地景特色的优质民宿，结合地方文化与生态资源发展体验性观光活动。从 2003 年开始，进一步将东美村打造成为"景村一体化"示范样板区。实施集音乐表演、当代艺术、文化展览、在地风物、传统民艺、生态美食等于一体的乡村振兴再造计划。作为一个探索式的个案研究，与东美村特质比较相像的，是同样曾因林业、矿业盛极一时的台湾地区苗栗县南庄乡，地方旅游产业发展形塑南庄现今呈现的区域特性，南庄由自然环境、历史遗产、外在的政治与经济力量以及内在的文化与社会结构共同组成，在各级媒体论述之下南庄逐渐成为一个可辨识的区域，是大众心目中赏樱花、吃鳟鱼、饮咖啡的休闲去处。

可持续的遗产旅游开发也被国际社会提上议程，保护的主体由政府层面逐渐扩大到公众层面。虽然平潭东美古村落缺乏年轻且充满活力的社会群体，渔民转产转业这些问题已经成为平潭东美古村落乡村景观保存与发展的结构性问题，但是，平潭东美村旅游业的发展可以为当地社区成员提供新的陆上就业机会，从而使整个经济和社会受益。须田宽（2001）提出，产业旅游是指将具有高度历史文化价值的产业文化财产（机器、器具、工厂遗址）、生产现场、产业制品等作为旅游资源，以达到人与人交流的目的，从而进一步提出产业旅游是指到某一具有特殊历史意义的基地，进行观光。而某些带有丰富的历史文化与人们共同经历的景观，则带有极大的旅游开发价值。

在英国，以莎士比亚文化遗产为主题的戏剧节创意性地为多元文化体验群体搭建了广阔平台，英国利物浦莎士比亚戏剧节活动为当地孩子和成人开设戏剧课程、艺术教育研讨班和开展社区教育计划，还邀请当地社区参与由当地居民和专业艺术家共同改编和参演的系列莎翁经典剧，作为崭新的文化创意体验尝试。戏剧节把莎翁文化遗产主题活动从最初的剧场表演扩展到与表演相关的教育计划，推广至本地区的学校和社区。与其主题相同的活动是英国最大的青年戏剧节，已经有来自全英 1 000 多所学校的教师、学生在全英 120 家剧院参与合作演出活动（范长征，2017）。英美国家的参与性文化体验，标志着文化遗产旅游从大众转向小众，个性化定位的创意型旅游成为文化遗产可持续发展新趋向（王璇，2013）。

案例分析表明春耕节、游大龙仪式以及妈祖巡香吸引了产业的聚集，能动、自主地产生新的"结构-功能"，完成"传统-现代"的转型，促进现代文化与仪式文化、春耕节与旅游的深度融合。因此，从本质上来讲仪式也是一种结构性遗产。由此，可以认识到以下几点。

（1）旅游被视为可促进区域发展及地区意象重塑。霞浦案例表明滩涂景观不只是一种新型的景观遗产，更是演进过程中的一种价值视野，旅游已成为霞浦渔业景观生产的重要部分。节庆旅游往往被认为是文化景观活化复兴的最活跃的驱动方式。从地方旅游营造的角度来看，霞浦滩涂文化景观有多元生态与田园景观，如度假村、渔场、旅游学院、特色民宿、濒临绝种的水草、多种保育类动物的栖息地等，丰富的旅游资源可以发展出具有自然与人文特色的主题行程。从文化景观的角度来看，霞浦滩涂最具有文化与自然交互作用下的多样性；从霞浦地方发展史与当地人角度来看，其具有重要性、地方性、独特性、意义、价值与认同等层面的意涵。

（2）节日和地方特别活动被当作影响区域发展战略的关键要素，被广泛认为它们为地区的经济发展做出了重要贡献，因为它们为促进旅游业发展、增加商业成果和当地的外来投资提供了机会。

（3）在推动遗产地的可持续管理以创造乡村景观经济价值的过程中，遵循国际古迹遗址理事会和 IFLA 的行动标准至关重要。这要求我们深入理解乡村景观及其遗产价值，并据此制定保护、可持续管理、通信和传输等具体措施。这些措施不仅关乎景观经济价值的提升，更在于确保景观质量的持续优化，为各类经济活动的蓬勃发展奠定坚实基础。

以美国加州纳帕溪谷为例，其成功的乡村景观经济价值创造模式值得我们深思。纳帕溪谷凭借 240 余家酒厂形成的独特产业集群，吸引了无数游客纷至沓来。周末与假日，通往这片葡萄酒天堂的道路车水马龙，旧金山各大饭店内纳帕溪谷观光指南热销，酒厂周日的免费试饮与打折促销更是成为一大亮点。加之周边遍布的美景与餐厅，共同构筑了纳帕溪谷丰富多彩的观光体验，极大地提升了加州整体观光经济的产值。

在此基础上，我们更应重视"地方文化产业"的独特魅力。这一概念不仅强调了文化的独特性、个性化与在地性，更将其与地域环境、历史文化紧密相连。它包含三个核心层面：一是环境层面，要求我们在利用环境资源时务必负起责任，全力保护遗产与生物多样性；二是社会文化层面，致力于文化遗产的守护、社区价值的传承以及跨文化关系的促进；三是经济层面，力求通过文化产业的发展减轻贫困，为所有利益相关者带来实实在在的社会经济利益。

因此，在规划旅游目的地时，我们必须充分考虑游客的多元化需求，特别是他们对真实、有背景体验的追求。通过精心策划与设计，提供差异化的旅游产品，以独特的文化体验留住老游客，吸引新游客。唯有如此，我们才能在激烈的市场竞争中脱颖而出，实现旅游目的地的可持续发展。

综上所述，乡村旅游利用自然环境、田园环境、农产品以及乡村遗产、通俗传统和民族文化，旨在提供游客参观、娱乐和购物的机会，同时促进就业和增加农民收入。而通过文化治理的节庆政治、统理文化的节庆技术、文化消费的节庆产业和消费文化的商业节庆等具体线索进一步追溯中国乡村各种现代节庆的政治经济根源与社会文化脉络，可以为后续系统地深入探究多功能的乡村景观体验奠定基础。由此，关注乡村景观发展的另一种视野、乡村景观资源，是为了从经验与理论等不同方面逐步掌握中国乡村现代节庆现象的初步轮廓与概括内涵。

四、乡村景观之生态功能

安溪铁观音现况调研表明，应把农业和文化遗产之间的联系，看作主要是历史传承的体现，强调对生物多样性保护具有重要意义的农业系统、农业技术、农业物种、农业景观和农业文化（闵庆文等，2009）。首先，安溪通过巧妙融合聚落与田园（特别是茶庄园），构建了一个集自然、半自然及人造空间于一体的多元化区域体系。这一体系不仅展现了丰富多样的空间资源，更通过景观特征如茶林梯田、自然与人的紧密联系等元素，赋予了安溪农业文化遗产独一无二的保存特色。这种保存模式不仅保护了自然生态，也维护了当地独特的文化景观，使得安溪的农业文化遗产在众多案例中脱颖而出。

其次，茶庄园作为安溪茶农业文化遗产的核心载体，其重要性不言而喻。农业文化遗产的成功发展，离不开科学合理的旅游路线规划。通过精心设计的旅游线路，我们不仅能够引导游客深入体验茶庄园的魅力，还能有效促进社区的发展与形塑。茶庄园因此成为连接游客与社区、文化与自然的桥梁，推动了农业文化遗产的活化与传承。

最后，在社会层面，农业文化遗产的保存与利用对于增强社会凝聚力和振兴社区具有不可估量的价值。通过结合农业文化遗产的保护与社区发展，我们可以激发居民的归属感与自豪感，促进社区内部的团结与合作。同时，农业文化遗产的活化还能为社区带来新的发展机遇，吸引外部资源流入，从而推动社区的全面振兴。

安溪铁观音农业文化遗产整合古民居资源，修旧如旧，串点成线，将西坪镇茶文化和闽南古民居文化相结合，更是整合了周边的百年泰山楼、茶禅寺等特色旅游资源，目前已初步建成云岭、华祥苑、高建发等特色茶庄园22座，每年吸引消费人数超200万，旅游收入约12亿元。因此，茶业景观中斑块、廊道和基质所被赋予的结构和功能属性，及在此基础上进行的不同类型景观要素的功能组合，最终对形成多功能农业景观的景观格局框架构建尤为重要（汤茜等，2020）。

农业与文化遗产之间的紧密联系在国际层面得到了愈发广泛的认知与重视。近年来，挪威在其农业政策文件中明确强调了农业在保护文化遗产方面不可或缺的作用，这一议题也已然成为世界贸易组织谈判、经济合作与发展组织报告以及欧盟文件中的核心关注点，凸显了其全球性的关注价值。在实践中，农业被赋予了双重角色：一方面，它有时被视为对文化遗产构成潜在威胁的因素；另一方面，它又是文化遗产不可或缺的守护者。这种复杂而微妙的双重作用在挪威得到了深刻的认可，并且特别强调了农业部门作为文化遗产管理者的关键职责。将挪威的实际情况与国际上的相关文献进行细致对比，我们可以清晰地发现，北欧的学术与实践文献为挪威所倡导的"积极耕作对于保护农业文化遗产至关重要"的观点提供了有力的支撑。然而，与此同时，经济合作与发展组织的文件则更倾向于将农业与文化遗产之间的联系视为一种主要基于历史维度的关联，将农业视作一个与当前活跃生产系统相对独立的领域，并将其与民间传说、乡愁情感以及特定的旅游产品等概念相联系（Karoline，2006）。

霞浦滩涂景观现况调研表明，从文化景观的角度看，霞浦滩涂景观最具有文化与自然交互作用下的多样性，关于滩涂景观的乡村旅游可被视为一种可持续的活动。霞浦滩涂景观与竹江岛妈祖走水民俗活动文化景观的保护工作不仅得到了有效实施，还通过社区层面的积极参与和行动实现了文化价值的深度挖掘与增值。从国家文化遗产发展史与当地人角度来看，其具有重要性、地方性、独特性价值与认同等。

本次研究观察与访谈的住家几乎都参与了滩涂相关的文化活动。这种落实家户内物质保存的历史记忆，具体转化成许多精彩的遗产论述，呈现出居民对滩涂的丰富认知，甚至高过对霞浦相关文史的认知。例如，霞浦妈祖信俗于2017年被认定为第五批省级非物质文化遗产。妈祖走水民俗活动，在竹江岛上已传承600余年了。近年来在地方营造之外，凝聚了许多遗产保护与观光旅游的在地化行动，注入了地方特有的历史传统与人文精神，这是对遗产概念的全新构建。霞浦竹江岛滩涂景观是用特定社会的共同信仰和活动去塑造建筑环境的空间形式和物理环境，对竹江岛的历史与当代的意义构建，包含了不同人群的诠释取向，构成遗产的丰富内容。不同利益团体与不同时期在不同村落居住的人，各自有不同的遗产论述与对社区前景的看法，这些对遗产的多元性构建都丰富了遗产论述。学者指出，文化景观的观念蕴含着归属、杰出、重要性、地方性、意义、价值和独特性等，有助于阐述世界遗产的概念。因此，滩涂景观需要在研究方法和分析手段上创新，解构与发现霞浦滩涂景观作为地域景观（自然与人文），从中获取作为可持续和可再生能源推广的方法。

　　尽管欧洲城市在过去两个世纪中经历了显著的发展，但广大地域仍保持着其农村特质，广泛分布着农业、林业及畜牧业等活动。这些活动不仅是乡村景观的基石，更在塑造景观特色与推动其动态变化中发挥着核心作用。因此，要全面解读乡村景观的历史价值，就必须从观赏者、使用者等多重维度深入剖析地方文化，精准识别那些与社区活动紧密相连的景观要素。

　　进一步而言，景观具有"编码价值"的独特功能，它能够将历史记忆牢牢镌刻于地域之中，进而转化为宝贵的文化遗产。作为连接过去与未来的桥梁，以景观为核心的视角能够巧妙地将历史观点融入地方、考古及传统遗址的解读之中，为遗产的解释、规划及管理提供坚实的理论基础与实践指导。通过这一视角，我们不仅能够更好地理解和保护乡村景观的历史文化价值，还能为其未来的可持续发展注入新的活力与可能。

　　总而言之，农业、自然、健康和社区之间有着紧密的联系，这意味着生活环境在保证人类健康生活方式和增进福祉方面具有潜力。探讨如何构建多功能农业景观，应以景观尺度下的人地关系为主线，注重运用地理学、景观生态学和经济学等多学科的相关理论与研究方法，深入分析景观中的"人"与"地"的特征属性及相互作用关系。

本章小结

　　农业、自然、健康和社区之间有着紧密的联系，本研究也论述了社区参与、节庆旅游品牌、仪式空间美学、文化创意、乡村景观再生政策与治理间的相互关系，并反思消费人群的培育及透过所谓"由下而上"的新文化、创意或设计社群的培育，希望为在地邻里带来新的美学刺激与文化活动，动员与融入传统社区与居民，从而达成以文化规划为导向的乡村景观再生。

　　本章节主要通过阐述9个案例实现乡村景观多功能的过程，检视9个案例在现代发展中衍生的问题，并以对发展与保存的省思、考察，诠释9个案例的经济层面的考量与历史纹理的意义等。此外，指出9个案例在现今发展过程中，应以多功能与整体性作为出发点，调适保存与发展的关系，使地方历史纹理与人文记忆不仅能保存，亦能带来发展，以达到对9个案例永续保存与发展，以下兹分述本章节探讨发展与保存关系之成果。

　　就"历史脉络"而言，本研究案例的文化价值不仅在于许多珍贵的古迹、历史建筑、传统街屋、聚落等有形文化资产，更在于在历史长河中发展出来的种种无形文化资产，如蟳埔的宗教信仰、春耕节、游大龙等宗教活动，蔚然成风的诗书文学、自然成长的空间纹理、源于血缘或地缘的聚落形式与生活圈，角头庙影响圈及隘门防御圈的邻里组织，衍生自宗教信仰的神桌、雕刻、锡艺、灯笼、彩绘、制香等。

就"文化样态"而言，泉州蟳埔甲头组织、在地居民的长老系统、永泰庄寨的宗族理事会、姑田的祭祀公会、嵩口的庙宇神明会等至今仍是地方事务运作基本机制，因此，无形文化资产保存若能得到生活系统组织的支持，或者能与生活系统组织的运作相结合，就较有可能让无形文化资产保存成为地方人们生活的环节，并得到良好的经营维护。换个角度想，当地方组织系统涵养着无形文化资产保存时，无形文化资产保存也同时能维护地方组织系统的良好运作。

就"生活系统"而言，一座传统市场能成为城镇的无形文化资产，一方面，是因为它不但能满足许多居民每天生活饮食所需，也能满足一年四季节庆的特殊需求。另一方面，它的运作方式立足于当地特殊的人际关系、产业关系、地缘关系、文化关系（尤其是与庙宇的关系）等。因此，当庙宇节庆带动了许多特殊需求时，市场摊贩也通过提供节庆所需来提醒人们节庆的到来及支撑着节庆绵延运作。

就"生活方式"而言，无形文化资产是社区人们生活纹理中的哪一个角色呢？当大人带着孩子在夕阳下漫步时，或者在一年四季的变化中，人们的空间阅读是什么呢？大人在此地会教导孩子什么呢？这些答案中就蕴含了地方感的最重要来源。

由上述内容来看，无形文化资产保存不仅是记录、传承、推广而已，更需以无形文化资产及人们在此地的历史脉络、文化样态、生活系统及生活方式来进行整体思考与实践。地方人们的生活方式、文化价值、人际关系等地方文化的重要内涵因无形文化资产的维护而得到深厚发展，也是无形文化资产维护人们的另一层意思。无论如何，为了保护作为乡村景观一部分的无形文化资产，如果存在平衡的变化动力和发展活力，就应该加强；如果没有就应该引进以确保复原力。今天的新农村表达了对可持续生活方式、文化发展模式和更高生活质量的追求，含蓄地为历史乡村景观的复兴提供了新的机遇。最后，需要一个整体的方法和多学科的合作，以便有效地综合许多文化观点，这些观点涉及文化规划乡土景观的主题。

参 考 文 献

阿尔伯托·佩雷兹-戈麦兹，2018. 建筑在爱之上 ［M］. 邹晖，译. 北京：商务印书馆.

安德鲁斯，2014. 风景与西方艺术 ［M］. 张翔，译. 上海：上海人民出版社.

巴莫曲布嫫，2008. 非物质文化遗产：从概念到实践 ［J］. 民族艺术（1）：6-17.

鲍梓婷，周剑云，周游，2020. 英国乡村区域可持续发展的景观方法与工具 ［J］. 风景园林，27（4）：74-80.

彼得·丹尼尔斯，迈克尔·布莱德萧，丹尼斯·萧，等，2014. 人文地理学导论：21世纪的议题 ［M］. 邹劲风，顾露雯，译. 南京：南京大学出版社.

毕胜，赵辰，2003. 浙闽木拱廊桥的人居文化特殊意义 ［J］. 东南文化（7）：52-56.

蔡富湞，2019. 地方创生策略之研究——以产业六级化为例 ［D］. 台北：国立台北教育大学.

蔡建明，2010. 借鉴欧洲葡萄酒庄园模式 促进铁观音产业转型升级——安溪茶业界赴意大利法国考察情况报告 ［J］. 中国茶叶（9）：20-22.

蔡晴，2006. 基于地域的文化景观保护 ［D］. 南京：东南大学.

曹昌智，邱跃，2015. 历史文化名城名镇名村和传统村落保护法律法规文件选编 ［M］. 北京：中国建筑工业出版社.

曾盈馨，2020. 从理论到实践：新北市里环境认证计划执行之研究——以中和区为例 ［D］. 台北：淡江大学.

常青，2013. 风土观与建筑本土化 风土建筑谱系研究纲要 ［J］. 时代建筑（3）：10-15.

陈德峰，2004. 儒学终极价值及其对当代信仰文化建设的启迪 ［J］. 求实（4）：39-41.

陈林森，魏欣欣，2019. 安溪成立铁观音女茶师非遗传习所 ［EB/OL］.（2019-03-10）［2023-01-26］. http://www.qzwb.com/gb/content/2019/03/10/content_5959128.htm.

陈明宝，2011. 沿海滩涂养殖经营制度演化研究 ［D］. 青岛：中国海洋大学.

陈其南，1999. 台湾社区营造的轨迹 ［M］. 台北：台北文建会.

陈倩，2009. 试论英国景观特征评价对中国乡村景观评价的借鉴意义 ［D］. 重庆：重庆大学.

陈顺和，2016. 聚落景观的保存与活化——关于嵩口古镇复兴的台湾实践思维 ［J］. 装饰（9）：107-109.

陈晓悦，姚李燕，陈进燎，等，2021. 闽浙木拱廊桥文化遗产的时空布局与演变 ［J］. 中国园林（5）：139-144.

陈奕龙，2021. 渔村文化视域下的闽南蚝壳屋建筑保护开发研究—— 以福建省泉州市浔浦

村为例 [J]. 安徽建筑 (8)：9 - 12.

陈莹盈，张伟弘，2018. 福建霞浦官方传播与游客感知形象的差异分析 [J]. 厦门理工学院学报 (4)：1 - 6.

陈钰凡，贺勇，浦欣成，2022. 宗族文化视角下传统村落保护及发展研究——以安徽省绩溪县尚村为例 [J]. 华中建筑 (2)：150 - 154.

程惠珊，尤达，刘群阅，等，2020. 嵩口古镇小气候与游览路径空间特征之关系研究 [J]. 中国园林 (6)：83 - 88.

仇粲华，陈蕾，刘丹丹，等，2022. 南岳古镇乡土建筑的营建模式研究——以北支街为例 [J]. 华中建筑 (7)：170 - 175.

初松峰，蔡宣皓，侯实，2018. 永泰庄寨的营建特色与防御智慧 [J]. 华中建筑，(12)：22 - 25.

丛桂芹，2013. 价值建构与阐释 [D]. 北京：清华大学.

戴维·莱瑟巴罗，2018. 地形学故事：景观与建筑研究 [M]. 刘东洋，陈洁萍，译. 北京：中国建筑工业出版社.

丹尼尔·西尔，特里·克拉克，2019. 场景：空间品质如何塑造社会生活 [M]. 祁述裕，吴军，等，译. 北京：社会科学文献出版社.

单霁翔，2008. 乡土建筑遗产保护理念与方法研究（上）[J]. 城市规划 (12)：33 - 39.

单霁翔，2009. 乡土建筑遗产保护理念与方法研究（下）[J]. 城市规划 (1)：57 - 66.

邓辉，2012. 世界文化地理 [M]. 北京：北京大学出版社.

邓位，2006. 景观的感知：走向景观符号学 [J]. 世界建筑 (7)：47 - 50.

蒂姆·克雷斯韦尔. 2006. 地方：记忆、想象与认同 [M]. 徐苔玲，王志弘，译. 台北：中群学出版有限公司.

丁成际，2014. 当代乡村文化生活现状及建设 [J]. 毛泽东邓小平理论研究 (8)：39 - 42.

段进，季松，2015. 问题导向型总体城市设计方法研究 [J]. 城市规划 (7)：56 - 62.

段义孚，王志标，2017. 空间与地方：经验的视角 [M]. 北京：中国人民大学出版社.

范水生，朱朝枝，2007. 新农村建设背景下的福建省农业女性化问题研究 [J]. 福建农林大学学报（哲学社会科学版）(6)：28 - 33.

范长征，2017. 英美文化遗产创意旅游与"参与式"体验 [J]. 甘肃社会科学 (4)：216 - 220.

费孝通，2012. 乡土中国 [M]. 北京：北京大学出版社.

冯智明，2013. 人类学仪式研究的空间转向——以瑶族送鬼仪式中人、自然与宇宙的关系建构为例 [J]. 广西师范大学学报（哲学社会科学版）(1)：45 - 50.

弗兰姆普敦，2004. 现代主义：一部批判的历史 [M]. 张钦楠，等，译. 上海：生活·读书·新知三联书店.

伽达默尔，1999. 真理与方法 [M]. 洪汉鼎，译. 上海：上海译文出版社.

富永健一，1992. 社会学原理 [M]. 严立贤，等，译. 北京：社会科学文献出版社.

盖伦特，云蒂，基德，等，2015. 乡村规划导论［M］. 闫琳，译. 北京：中国建筑工业出版社.

甘久航，2013. 试论屏南木拱廊桥的文化生态保护［D］. 北京：中国艺术研究院.

龚迪发，2013. 福建木拱桥调查报告［M］. 北京：科学出版社.

巩叶，邹元昊，2020. 培田村地域性景观成因及其特征研究［J］. 中外建筑（8）：50-53.

郭晓彤，韩锋，2021. 欧洲乡村景观价值解读与评估方法对中国的启示［J］. 中国园林（1）：110-115.

郭旃，2009. 世界文化遗产的标准及申报方法和程序［J］. 中国名城（2）：4-11.

国家文物局.2007. 国际文化遗产保护文件选编［M］. 北京：文物出版社.

韩锋，2010. 文化景观——填补自然和文化之间的空白［J］. 中国园林，26（9）：7-11.

韩锋，2012. 探索前行中的文化景观［J］. 中国园林（5）：5-9.

韩锋，2013. 亚洲文化景观在世界遗产中的崛起及中国对策［J］. 中国园林，29（11）：5-8.

韩洁，王元珍，2022. 文化景观价值认知对中国传统村落保护的启示［J］. 城市建筑（9）：89-94.

何环珠，肖秀春，徐淑媚，2022. 茶产业中性别与发展研究［J］. 中国市场（14）：121-124.

何思源，焦雯珺，闵庆文，2022. 自然受益目标下食物系统转型研究：基于全球重要农业文化遗产（GIAHS）的解决方案［J］. 生态与农村环境学报（10）：1249-1257.

何兴华，2019. 城市规划下乡六十年的反思与启示［J］. 城市发展研究（10）：1-11.

贺友霖，1999. 汉字与文化［M］. 北京：警官教育出版社.

侯锦雄，李素馨，2014. 妈祖信仰绕境仪式的文化景观阅读［J］. 文资学报（8）：1-24.

侯锦雄，1998. 乡村景观变迁之研究——锦水村山地聚落景观评估［J］. 东海学报（36）：1-18.

黄晖菲，2015. 妈祖信俗在地化的发展与演变——以泉州蟳埔村、沙格村民俗活动为例［J］. 莆田学院学报（6）：7-12.

黄丽坤，2015. 基于文化人类学视角的乡村营建策略与方法研究［D］. 杭州：浙江大学.

黄明泰，2009. 传统聚落以文化景观为保存方式之研究——以云林县"七欠"地区为例［D］. 台北：国立云林科技大学.

黄昕珮，2008. 论乡土景观——Discovering Vernacular Landscape与乡土景观概念［J］. 中国园林（7）：87-91.

贾金玺，2017. 日本文化遗产"活用"的经验与启示［J］. 人民论坛（22）：114-115.

江育，骆荧荧，王珺婷，等，2021. 基于游客感知形象与行为意向的茶文化旅游研究——以安溪茶庄园旅游为例［J］. 茶叶通讯（2）：353-360.

蒋英州，2018. 内卷与外舒：乡村社会稳态式发展的一种机制解释框架——基于A村的十年观察［J］. 江西师范大学学报（哲学社会科学版）（4）：42-48.

角媛梅，张丹丹，2011. 全球重要农业文化遗产：云南红河哈尼梯田研究进展与展望［J］.

云南地理环境研究（5）：1-6.

揭鸣浩，2006. 世界文化遗产宏村古村落空间解析［D］. 南京：东南大学.

金一，严国泰，2015. 基于社区参与的文化景观遗产可持续发展思考［J］. 中国园林（3）：
　　106-109.

金子杨，2016. 日本安倍新经济政策的观光立国战略之研究［D］. 台北：淡江大学.

凯瑞斯·司万维克，2006. 英国景观特征评估［J］. 世界建筑（7）：23-27.

柯兆云，2018. 全域旅游视角下永泰传统村落文化的保护与发展［J］. 福州党校学报（4）：
　　72-75.

肯·泰勒，韩锋，田丰，2007. 文化景观与亚洲价值：寻求从国际经验到亚洲框架的转变
　　［J］. 中国园林（11）：4-9.

莱奥内拉·斯卡佐西，王溪，李璟昱，2018. 国际古迹遗址理事会关于乡村景观遗产的准
　　则——2017 产生的语境与概念解读［J］. 中国园林，34（11）：5-9.

雷鹏，周立，2020. 农村新产业、新业态、新模式发展研究——基于福建安溪茶庄园产业
　　融合调查［J］. 福建论坛（人文社会科学版）（4）：172-181.

李畅，2016. 从乡居到乡愁——文化人类学视野下中国乡土景观的认知概述［J］. 中国园
　　林，32（9）：29-32.

李春玲，李绪刚，赵炜，2020. 基于古诗词语义解析的乡村景观认知——以成都平原为例
　　［J］. 中国园林（5）：76-81.

李耕，张明珍，2018. 社区参与遗产保护的延展与共度——以福建永泰庄寨为例［J］. 广
　　西民族大学学报（哲学社会科学版）（1）：95-103.

李耕，2019. 规矩、示能和氛围：民居建筑遗产塑造社会的三个机制［J］. 文化遗产（5）：
　　61-70.

李建军，2017. 英国传统村落保护的核心理念及其实现机制［J］. 中国农史（3）：115-124.

李晶晶，2022. 中国乡土建筑遗产价值认识的发展与演变［J］. 自然与文化遗产研究（2）：
　　54-60.

李坤，2016. 体验经济模式下的茶文化旅游发展［J］. 福建茶叶（5）：170-171.

李乾文，2005. 日本的"一村一品运"动及其启示［J］. 江苏农村经济（9）：36-37.

李琼玉，1994. 游客农村景观意象之研究［D］. 东海大学.

李素馨，侯锦雄，1999. 休闲文化观光行为的规范：以原住民观光为例［J］. 户外游憩研
　　究，12（2）：25-38.

李胎鸿，1986. 观光行政［M］. 台北：淑馨出版社.

李文华，2014. 亚洲农业文化遗产的保护与发展［J］. 世界农业（6）：74-77.

李文震，林孔团，2021. 乡村振兴视角下传统地域特色民居的活化研究——以福建省永泰
　　庄寨 IP 化为例［J］. 青岛农业大学学报（社会科学版）（1）：32-38.

李扬，汤青，2018. 中国人地关系及人地关系地域系统研究方法述评［J］. 地理研究（8）：

1655-1670.

李永乐，2014. 类型演变视角下世界文化遗产认知动向研究——兼论我国世界文化遗产申报策略［J］. 江苏师范大学学报（哲学社会科学版）（5）：80-85.

李自雄，2014. 论中国生态美学的原生性及其美学形态［J］. 中州学刊（1）：96-100.

连锦添，2022. 一片古庄寨的时代新貌［N］. 人民日报，2022-04-12（12）.

联合国教科文组织，世界文化与发展委员会，2006. 文化多样性与人类全面发展——世界文化与发展委员会报告［M］. 张玉国，译. 广州：广东人民出版社.

斯蒂芬·威廉斯，刘德龄，2018. 旅游地理学——地域、空间和体验的批判性解读［M］. 3版. 张凌云，译. 北京：商务印书馆.

联合国教科文组织世界遗产中心，国际古迹遗址理事会，国际文物保护与修复研究中心，等，2007. 国际文化遗产保护文件选编［M］. 北京：文物出版社.

梁晶璇，郑琼娥，2019. 安溪茶庄园发展路径探索——以法国酒庄为借鉴［J］. 中国茶叶加工（3）：9-13.

梁淑溟，2005. 中国文化之要义［M］. 上海：上海人民出版社.

林本岳，2014. 眺望系统在城市景观风貌规划中的应用初探——以南海金融区景观风貌规划为例［J］. 广东园林（6）：27-32.

林箐，王向荣，2022. 原型、场所、体验［J］. 中国园林（5）：6-13.

林夏斌，黄华达，陈淑萍，等，2017. 廊桥景观综合评价研究［J］. 宁德师范学院学报（哲学社会科学版）（1）：56-60.

林志宏，2010. 世界遗产与历史城市［M］. 台北：台湾商务印书馆.

刘滨谊，陈威，2005. 关于中国目前乡村景观规划与建设的思考［J］. 小城镇建设（9）：45-47.

刘聪德，2008. 台湾在国际社会的永续发展［J］. 新世纪智库论坛（44）.

刘大均，胡静，陈君子，等，2014. 中国传统村落的空间分布格局研究［J］. 中国人口·资源与环境（4）：157-162.

刘道玉，2020. 多功能景观视角下的茶文化景观［J］. 区域治理（3）：251-253.

刘贵杰，严谨，黄桂丛，2015. 海洋资源勘探开发技术和装备现状与应用前景［M］. 广州：广东经济出版社.

刘世定，邱泽奇，2004. "内卷化"概念辨析［J］. 社会学研究（5）：96-110.

刘淑娟，2015. 欧美国家非物质文化遗产法律保护经验对我国的启示［J］. 华侨大学学报（哲学社会科学版）（2）：79-84.

刘武兵，2022. 欧盟共同农业政策2023—2027：改革与启示［J］. 世界农业（9）：5-16.

刘妍，2011. 浙闽木拱桥类型学研究——以桥板苗系统为视角［J］. 东南大学学报（自然科学版）（2）：430-436.

龙花楼，胡智超，邹健，2010. 英国乡村发展政策演变及启示［J］. 地理研究（8）：1369-1378.

卢峰，王凌云，2016. 建筑学介入下的乡村营造及相关思考——当代建筑师乡村实践中的启示 ［J］. 西部人居环境学刊（2）：23-26.

鲁可荣，朱启臻，2008. 新农村建设背景下的后发型农村社区发展动力研究 ［J］. 农业经济问题（8）：46-49.

鲁可荣，2009. 后发型农村社区发展动力研究——对北京、安徽三村的个案分析 ［M］. 合肥：安徽人民出版社.

陆鸣，苏峰，王丽云，2004. 妇女与茶业可持续发展探讨 ［J］. 中国茶叶（4）：25-27.

陆元鼎，2005. 从传统民居建筑形成的规律探索民居研究的方法 ［J］. 建筑师（3）：5-7.

罗琳，1998. 西方乡土建筑研究的方法论 ［J］. 建筑学报（11）：57-59.

罗颖，张依萌，张玉敏，等，2021. 中国世界文化遗产2020年度保护状况总报告 ［J］. 中国文化遗产（5）：64-79.

吕龙，吴悠，黄睿，等，2019. "主客"对乡村文化记忆空间的感知维度及影响效应——以苏州金庭镇为例 ［J］. 人文地理（5）：69-77.

吕宁，2018. 《"一国一项"申报限制等规则的背景及出台——近期实施保护世界文化和自然遗产公约的操作指南》修订追踪研究 ［J］. 中国文化遗产（1）：17-27.

吕舟，1999. 历史环境的保护问题 ［J］. 建筑史论文集，11（1）：208-218.

吕舟，2008. 中国文化遗产保护三十年 ［J］. 建筑学报（12）：1-5.

马红坤，毛世平，2019. 欧盟共同农业政策的绿色生态转型：政策演变、改革趋向及启示 ［J］. 农业经济问题（9）：134-144.

马彦红，袁青，冷红，2017. 生态系统服务视角下的景观美学服务评价研究综述与启示 ［J］. 中国园林（6）：99-103.

马源，边宇，2013. 韩国的农村景观建设及其启示 ［J］. 国际城市规划（6）：105-109.

麦琪·罗，韩锋，徐青，2007. 《欧洲风景公约》：关于"文化景观"的一场思想革命 ［J］. 中国园林（11）：10-15.

孟令敏，赵振斌，张建荣，2018. 历史街区居民地方依恋与制图分析——以商南西街为例 ［J］. 干旱区资源与环境（11）：106-113.

米切尔，2014. 风景与权利 ［M］. 杨丽，万信琼，译. 南京：译林出版社.

闵庆文，孙业红，2009. 农业文化遗产的概念、特点与保护要求 ［J］. 资源科学（6）：914-918.

倪梁康，2008. "建筑现象学"与"现象学的建筑术"关于现象学与建筑（学之关系的思考）［J］. 时代建筑（6）：6-9.

诺伯·舒兹，2010. 场所精神：迈向建筑现象学 ［M］. 施植明，译. 武汉：华中科技大学出版社.

欧洲理事会，2000. 欧洲景观公约 ［EB/OL］.（2008-02-06）［2019-05-15］. https：//www.coe.int/en/web/landscape.

彭建，刘志聪，刘焱序，2014. 农业多功能性评价研究进展 ［J］. 中国农业资源与区划

（6）：1-8.

彭建，吕慧玲，刘焱序，等，2015. 国内外多功能景观研究进展与展望［J］. 地球科学进展（4）：465-476.

平松守彦，1982. 一村一品运动——日本振兴地方经济的经验［M］. 上海国际问题研究所日本研究所，译. 上海：上海翻译出版公司.

乔丹，柯水发，李乐晨，2019. 国外乡村景观管理政策、模式及借鉴［J］. 林业经济（7）：116-123.

秦红增，2012. 乡土变迁与重塑——文化农民与民族地区和谐乡村建设研究［M］. 北京：商务印书馆.

邱建生，汪明杰，张树威，等，2018. 乡村振兴战略视角下的地方性知识与乡村治理——以培田客家古村落为例［J］. 福建农林大学学报（哲学社会科学版）（2）：6-12.

瞿振元，李小云，王秀清，2006. 中国社会主义新农村建设研究［M］. 上海：社会科学文献出版社.

任伟，韩锋，杨晨，2018. 英国乡村景观遗产可持续发展模式——以英国查尔斯顿庄园为例［J］. 中国园林（11）：15-19.

任晓改，2013. 武汉市旅游名镇名村资源评价及开发对策研究［D］. 武汉：华中师范大学.

阮翠冰，林忠，程启羽，2014. 霞浦滩涂旅游摄影中气候资源优势的评析［J］. 宁德师范学院学报（自然科学版）（3）：263-265.

芮德菲尔德，2013. 农民社会与文化：人类学对文明的一种诠释［M］. 王莹，译. 北京：中国社会科学出版社.

石峰，郝少波，2008. 鄂西北南漳地区堡寨聚落探析［J］. 新建筑（5）：82-85.

松平彦.1985. 一村一品运动［M］. 王翊，译. 石家庄：河北人民出版社.

孙程程，2020. 探析宗族与古村落文化遗产的保护——以桂林市毛村为个案［J］. 传媒论坛（1）：132-133.

孙枫，汪德根，2017. 全国特色景观旅游名镇名村空间分布及发展模式［J］. 旅游学刊（5）：80-93.

孙华，2020. 文化遗产概论（上）——文化遗产的类型与价值［J］. 自然与文化遗产研究（1）：8-17.

孙洁，2014. 无形文化遗产构建及内涵的再思考——以日本“和食”申遗历程及其变化为例［J］. 贵州社会科学（3）：10-15.

孙业红，闵庆文，成升魁，等，2006. 农业文化遗产旅游资源开发与区域社会经济关系研究——以浙江青田“稻鱼共生”全球重要农业文化遗产为例［J］. 资源科学（4）：138-144.

孙芝婷，郑观文，2021. 福建霞浦滩涂文化旅游发展的策略［J］. 黑河学院学报（9）：48-50.

泰勒，1988. 原始文化［M］. 杭州：浙江人民出版社.

汤茜，丁圣彦，2020. 多功能农业景观：内涵、进展与研究范式［J］. 生态学报（13）：

4689 - 4697.

唐留雄，2005，浙闽木拱廊桥"世界遗产"价值分析与保护开发对策研究 ［D］. 北京：北京第二外国语学院学报（3）：73 - 77.

陶思斯，2020. 摄影活动驱动下的地方建构到地方依恋 ［D］. 昆明：云南大学.

陶伟，2001. 中国"世界遗产"的可持续旅游发展 ［M］. 北京：中国旅游出版社.

田丰，2008. 英国保护区体系研究及经验借鉴 ［D］. 上海：同济大学.

涂人猛，1993. 内源式乡村发展理论的渊源及发展 ［D］. 经济评论（4）：21 - 25.

万婷婷，2019. 法国乡村文化遗产保护体系研究及其启示 ［J］. 东南文化（4）：12 - 17.

汪民，金曼，2013. 日本"文化的景观"发展及其启示 ［J］. 中国园林（11）：14 - 17.

汪原，2008. 迈向新时期的乡土建筑 ［J］. 建筑学报（7）：20 - 22.

王刚，2013. 沿海滩涂保护法律问题研究 ［D］. 青岛：中国海洋大学.

王贵祥，2016.《中国营造学社汇刊》的创办、发展及其影响 ［J］. 世界建筑（1）：20 - 25.

王国恩，杨康，毛志强，2016. 展现乡村价值的社区营造——日本魅力乡村建设的经验 ［J］. 城市发展研究（1）：13 - 18.

王佳音，2017. 京西北明长城沿线堡寨村落的乡土建筑初探 ［J］. 中国文化遗产（2）：81 - 89.

王诺，1994. 系统思维的轮回 ［M］. 大连：大连理工大学出版社.

王圣华，谭剑，2019. 从 ICOMOS 评估报告解析 2018 泉州申遗 ［J］. 中国文化遗产（5）：72 - 77.

王甜甜，2020. 欧文·朱伯景观感知理论研究 ［D］. 济南：山东大学.

王旭烽，2009. 女性与茶——初探女性在茶叶文明中的地位与作用 ［J］. 农业考古（5）：121 - 128.

王璇，2013. 法国文化政策下的文化遗产保护 ［J］. 财政监督（27）：65 - 67.

王瑶，2018. 乡村耕读文化的游学转译：福建培田历史文化名村的再生式遗产化 ［J］. 福建农林大学学报（哲学社会科学版）（4）：5 - 11.

王云才，2004. 乡村景观旅游规划设计的理论与实践 ［M］. 北京：科学出版社.

王云才，2011. 基于破碎度分析的传统地域文化景观保护模式 ［J］. 地理研究（1）：10 - 22.

王紫雯，2008. 多功能景观概念在可持续景观规划中的运用 ［J］. 城市规划（2）：27 - 33.

韦锦城，2015. 福建木拱廊桥的造型艺术研究 ［D］. 重庆：重庆大学.

温迪·J·达比，2011. 风景与认同：英国民族与阶级地理 ［M］. 张箭飞，赵红英，译. 南京：译林出版社.

温艳蓉，2013. 闽西客家民俗体育非物质文化遗产的传承模式——以连城姑田游大龙的考察为例 ［J］. 搏击（武术科学）（1）：93 - 95.

吴必虎，肖金玉，2012. 中国历史文化村镇空间结构与相关性研究 ［J］. 经济地理（7）：6 - 11.

吴德进，陈捷，2019. 要素集聚下特色小镇建设引领乡村振兴研究 ［J］. 福建论坛（人文社会科学版）（1）：146 - 152.

吴雷，雷振东，武艳文，等，2022. 乡村景观视角下传统村落现代营建监测数据库研究 [J]. 南方建筑 (3)：98 - 106.

吴顺情，谢静思，2017. 全国重要农业文化遗产　安溪铁观音茶文化系统的保护、管理与利用 [J]. 福建农业 (8)：11 - 15.

吴郑重，2011. 节庆之岛的现代奇观：台湾新兴节庆活动的现象浅描与理论初探 [J]. 地理研究 (54)：69 - 95.

西蒙·冈恩，2012. 历史学与文化理论 [M]. 韩炯，译. 北京：北京大学出版社.

向延平，2013. 区域内生发展研究：一个理论框架 [J]. 商业经济与管理 (6)：86 - 91.

向勇，2019. 创意旅游：地方创生视野下的文旅融合 [J]. 人民论坛·学术前沿 (11)：64 - 70.

肖笃宁，李秀珍，高峻，等，2003. 景观生态学 [M]. 北京：科学出版社.

肖笃宁，李秀珍，1997. 当代景观生态学的进展和展望 [J]. 地理科学 (4)：69 - 77.

肖竞，李和平，曹珂，2018. 文化景观、历史景观与城市遗产保护——来自美国的经验启示 [J]. 上海城市管理，27 (1)：73 - 79.

谢海潮，2019. 永泰庄寨：南方民居防御建筑的奇葩 [N]. 福建日报 . 2016 - 01 - 07.

谢建国，2014. 连城姑田游大龙及其制作技艺初探 [J]. 艺苑 (5)：90 - 91.

须田宽，2002. 产业观光 [M]. 东京：交通新闻社.

徐娜娜，2014. 论中国传统宗族文化对当代文化养老的影响 [J]. 湖南社会科学 (4)：10 - 12.

徐青，韩锋，2016. 西方文化景观理论谱系研究 [J]. 中国园林 (12)：68 - 75.

徐晓佩，2017. 本地化翻译特征研究 [J]. 考试周刊 (88)：65 - 66.

许建和，严钧，宋晟，2015. 土地资源约束下的湖南地区乡土建筑营造特征比较研究 [J]. 华中建筑 (4)：123 - 126.

闫琳，2010. 英国乡村发展历程分析及启发 [J]. 北京规划建设 (1)：24 - 29.

杨惠雅，2022. 中国乡村景观实践发展历程梳理 (1949—2022 年)[J]. 园林 (6)：10 - 17.

杨静，2011. 规划公众参与的转型研究——以南京市为例 [J]. 城市发展研究 (12)：101 - 107.

杨忍，刘彦随，龙花楼，等，2015. 中国乡村转型重构研究进展与展望——逻辑主线与内容框架 [J]. 地理科学进展 (8)：1019 - 1030.

杨若琛，苏畅，赵建晔，等，2022. 国际化视野下的乡村景观感知——以日本冲绳恩纳村为例 [J]. 风景园林 (9)：107 - 112.

杨姗儒，2009. 台湾文化资产再利用为博物馆之探讨：以古迹与历史建筑为例 [D]. 台北：国立成功大学.

杨志刚，2001. 文化遗产研究集刊：第 2 辑 [M]. 上海：上海古籍出版社.

叶建平，朱雪梅，林垚广，等，2018. 传统村落微更新与社区复兴：粤北石塘的乡村振兴实践 [J]. 城市发展研究 (7)：41 - 45.

叶欣童，2020. 守护文化瑰宝 让古庄寨"活"在当下——永泰县人大常委会发挥代表作用助力历史文化遗产保护纪实 [J]. 人民政坛 (8)：20 - 21.

叶欣童，2022. 永泰庄寨列入世界建筑文物观察名录 [N]. 福州日报，2022-03-07.

一朴，2019. 白云生处有人家 张培奋与他的庄寨情缘 [J]. 政协天地 (1)：40-41.

于开宁，娄华君，郭振中，等，2004. 城市化诱发地下水补给增量的机理分析 [J]. 资源科学 (2)：68-73.

于立，2016. 英国乡村发展政策的演变及对中国新型城镇化的启示 [J]. 武汉大学学报（人文科学版）(2)：30-34.

袁敬，林箐，2018. 乡村景观特征的保护与更新 [J]. 风景园林 (5)：12-20.

苑利，顾军，2016. 农业文化遗产保护实践中容易出现的问题 [J]. 中国农业大学学报（社会科学版）(2)：111-118.

苑利，顾军，2022. 传统仪式类遗产保护研究 [J]. 中央民族大学学报（哲学社会科学版）(5)：151-159.

张兵华，胡一可，李建军，等，2019. 乡村多尺度住居环境的景观空间图式解析——以闽东地区庄寨为例 [J]. 风景园林 (11)：91-96.

张兵华，赵亚琛，李建军，等，2022. 基于视域分析模型的永泰庄寨多情景空间组构特征解析 [J]. 福州大学学报：自然科学版，51 (2)：155-162.

张宸嘉，方一平，陈秀娟，2018. 基于文献计量的国内可持续生计研究进展分析 [J]. 地球科学进展 (9)：969-982.

张丹，2011. 19 世纪以来欧洲国家景观政策研究 [D]. 天津：天津大学.

张国超，唐培，2016. 我国世界文化遗产管理体制改革研究 [J]. 东南文化 (3)：6-12.

张姣姣，洪波，2018. 不同属性人群对原风景的景观偏好研究 [J]. 风景园林 (5)：98-103.

张军，2005. 论无形文化遗产在旅游开发中的有形化利用 [J]. 中南民族大学学报（人文社会科学版）(3)：42-45.

张可永，2009. 地域文化对福建寿宁木工廊桥建筑的影响 [J]. 艺术研究 (4)：1-3.

张鹏，梅杰，2022. 欧盟共同农业政策：绿色生态转型、改革趋向与发展启示 [J]. 世界农业 (2)：5-14.

张丕万，2018. 地方的文化意义与媒介地方社会建构 [J]. 学习与实践 (12)：111-118.

张青，2019. 当代中国社会结构变迁与乡村司法之转变 [J]. 中国农业大学学报（社会科学版）(5)：20-33.

张伟明，2011. 近代以来中国文物保护制度的实践及效果分析 [J]. 中国国家博物馆馆刊 (6)：138-149.

张文明，牟维勇，张孝德，2015. 乡村文化复兴开启文化为王新时代——第三届中国乡村文明发展论坛综述 [J]. 经济研究参考 (66)：58-61.

张小雨，袁勇麟，2022. 乡村文化空间的再生产与地方文创产业的新探索——以永泰县嵩口镇为例 [J]. 福建艺术 (2)：37-44.

张彦霞，2021. 晚清民国时期安溪茶生产与贸易研究 [J]. 农业考古 (5)：101-109.

张育铨，2012. 社区总体营造脉络下的观光发展：花莲丰田社区的观光人类学分析 ［D］. 台北：国立清华大学．

张育铨，2012. 遗产做为一种空间识别：花莲丰田社区的遗产论述 ［J］. 民俗曲艺（6）：193-231.

赵润，2022. 日本有形与无形文化遗产保护制度的差异——以"有形文化财"与"无形文化财"的对比为例 ［J］. 自然与文化遗产研究（2）：73-79.

赵勇，张捷，章锦河，2005. 我国历史文化村镇保护的内容与方法研究 ［J］. 人文地理（1）：68-74.

珍妮·列侬，韩锋，2012. 乡村景观 ［J］. 中国园林（5）：19-21.

镇列评，兰菁，蔡佳琪，2017. 基于触媒理论的传统村落复兴策略研究——以福建省培田村为例 ［J］. 福建建筑（8）：1-4.

郑敏莉，2022. 乡村建设行动的"嵩口模式"：文化创新的特色化机制 ［J］. 甘肃农业（5）：102-105.

中共福州市委宣传部，永泰县人民政府，2018. 嵩口模式 ［M］. 福州：福建人民出版社．

中国古迹遗址保护协会，2019. 关于乡村景观遗产的准则 ［EB/OL］.（2019-09-17）［2023-1-26］. http://www.icomoschina.org.cn/download_list.php? class=33#.

钟斐，2009. 女性与茶——适合自己的茶才是最好的茶 ［J］. 农业考古（5）：169-171.

钟荣誉，2020. 省文史馆组织馆员赴永泰调研 ［J］. 政协天地（12）：53.

周超，2008. 日本法律对"民俗文化遗产"的保护 ［J］. 民俗研究（2）：26-35.

周芬芳，陆则起，苏旭东，2011. 中国木拱桥传统营造技艺 ［M］. 杭州：浙江人民出版社．

周年兴，俞孔坚，黄震方，2006. 关注遗产保护的新动向：文化景观 ［J］. 人文地理（5）：61-65.

周星，2013. 民间信仰与文化遗产 ［J］. 文化遗产（2）：1-10.

周艳梅，陈望衡，齐君，2021. 环境美学视角下中国风景园林史教学研究 ［J］. 园林（2）：42-46.

周怡，2002. 贫困研究：结构解释与文化解释的对垒 ［J］. 社会学研究（3）：49-63.

周政旭，贾子玉，2022. 仪式景观与地方认同的互构：以黔中屯堡聚落抬舆仪式为例 ［J］. 贵州民族研究（1）：86-91.

周志龙，辛晚教，2013. 都市文化与空间规划刍议 ［J］. 都市与计划（4）：305-323.

周重林，太俊林，2015. 茶叶战争——茶叶与天朝的兴衰：修订版 ［M］. 武汉：华中科技大学出版社．

朱霞，周阳月，单卓然，2015. 中国乡村转型与复兴的策略及路径——基于乡村主体性视角 ［J］. 城市发展研究（8）：38-45.

朱晓芳，2007. 明清以来福建沿海渔民研究 ［D］. 福州：福建师范大学．

庄淑姿，2000. 乡村类型之研究 ［D］. 台北：台湾大学．

卓友庆，卢丹梅，2020. 融合多功能理念的乡村景观重构策略研究——以梅州市青塘村规划为例 [J]. 小城镇建设（7）：41 – 48.

邹振环，2014. "空间. 时间. 世间"专题引言 [J]. 东亚观念史集刊（6）：27 – 33.

奥野健男，1972. 文学における原风景 [M]. 东京：集英社.

赤坂信，2005. 1930 年代の日本における"郷土风景"保存论 [J]. 日本造园学会志，8（12）：59 – 65.

高橋康夫，2012. 都市・建築史学と文化的景観 [M]. 京都：国立文化財機構奈良文化財研究所.

宮口侗廸，2009. 新地域を活かす [M]. 东京：原書房.

恵谷浩子，2012. 農村計画学・造園学における文化的景観 [M]. 京都：国立文化財機構奈良文化財研究所.

瀬田史彦，2013. 无形文化財としての统芸能の保存承と地域の支援のあり方にする研究：下伊那地方の人形璃の事例より [J]. 計画行政，36（3）：36 – 44.

Adams K M, 2005. Generating theory, tourism, and "world heritage" in Indonesia: ethical quandaries for anthropologists in an era of tourist Maniad [J]. Napa bulletin, 23 (1)：45 – 59.

Adorno T W, Bernstein J M, 2020. The culture industry: selected essays on mass culture [M]. London: Routledge.

Alisan A, 2013. Tea, a touchstone for understanding Findikli, transformations in agricultural landscapes: a cultural landscape case study for Findikli-Rize, Turkey [D]. Denver: University of Colorado.

Amati M, Yokohari M, 2006. Temporal changes and local variations in the functions of London's green belt [J]. Landscape and urban planning, 75 (1 – 2)：125 – 142.

Anderson B, Communities I, 1991. Reflections on the origin and spread of nationalism [M]. London and New York: Verso.

Antlöv H, 2003. Village government and rural development in Indonesia: the new democratic framework [J]. Bulletin of Indonesian economic studies, 39 (2)：193 – 214.

Antonson H, Jacobsen J K S, 2014. Tourism development strategy or just brown signage? Comparing road administration policies and designation procedures for official tourism routes in two Scandinavian countries [J]. Land use policy, 36：342 – 350.

Antrop M, 1997. The concept of traditional landscapes as a base for landscape evaluation and planning: the example of Flanders Region [J]. Landscape and urban planning, 38 (1 – 2)：105 – 117.

Antrop M, 2000. Background concepts for integrated landscape analysis [J]. Agriculture, ecosystems & environment, 77 (1 – 2)：17 – 28.

Antrop M, 2004. Landscape change and the urbanization process in Europe [J]. Landscape and urban planning, 67 (1 - 4): 9 - 26.

Antrop M, 2005. Why landscapes of the past are important for the future [J]. Landscape and urban planning, 70 (1): 21 - 34.

Appleton J, 1996. The experience of landscape [M]. Chichester: Wiley.

Aplin G, 2007. World heritage cultural landscapes [J]. International journal of heritage studies, 13 (6): 427 - 446.

Apostolakis A, 2003. The convergence process in heritage tourism [J]. Annals of tourism research, 30 (4): 795 - 812.

Arnstein S R, 1969. A ladder of citizen participation [J]. Journal of the American institute of planners, 35 (4): 216 - 224.

Ashmore W, Knapp A B, 1999. Archaeologies of landscape: contemporary perspectives [M]. New York: Wiley-Blackwell.

Ballesteros E R, Ramirez M H, 2007. Identity and community-reflections on the development of mining heritage tourism in Southern Spain [J]. Tourism management, 28 (3): 677 -687.

Bandarin F, Oers R, 2014. Reconnecting the city: the historic urban landscape approach and the future of urban heritage [M]. New York: John Wiley & Sons.

Barnes T J, Duncan J S, 2013. Writing worlds: discourse, text and metaphor in the representation of landscape [M]. London: Routledge.

Baudrillard J, 1994. Simulacra and simulation [M]. Michigan: University of Michigan Press.

Bessière J, 1998. Local development and heritage: traditional food and cuisine as tourist attractions in rural areas [J]. Sociologia ruralis, 38 (1): 21 - 34.

Bianchini F, Greed C H, 1999. Cultural Planning and Time Planning [M]. Lunden: Routledge.

Botterill D, Platenkamp V, 2012. Key concepts in tourism research [M]. Los Angeles: Sage.

Bourassa S C, 1991. The aesthetics of landscape [M]. London: Belhaven Press.

Boyer M C, 1995. The great frame-up: fantastic appearances in contemporary spatial politics [J]. Spatial practices, 23 (1): 81 - 109.

Bramwell B, Lane B, 1993. Sustainable tourism: an evolving global approach [J]. Journal of sustainable tourism, 1 (1): 1 - 5.

Brandt J, 2003. Multifunctional landscapes-perspectives for the future [J]. Journal of environmental Sciences, 15 (2): 187 - 192.

Brooke D, 1994. A countryside character programme [J]. Landscape research, 19 (3): 128 - 132.

Brown D, 1999. Mayas and tourists in the Maya world [J]. Human organization, 58 (3): 295 - 304.

Brown J, Mitchell N J, Beresford M, 2005. The protected landscape approach: linking nature, culture and community [M]. Gland, Switzerland: IUCN.

Bruwer J, 2003. South African wine routes: some perspectives on the wine tourism industry's structural dimensions and wine tourism product [J]. Tourism management, 24 (4): 423 - 435.

Bucaciuc A, Prelicean G, Chaşovschi C, 2020. Low touch economy and social economy in rural heritage rich communities impacted by COVID - 19 crisis [J]. LUMEN Proceedings, 13, 398 - 409.

Butler R, Hall C M, Jenkins, J, 1997. Tourism and recreation in rural areas [M]. New York: John Wiley and Sons Ltd.

Campagna M, 2014. The geographic turn in Social Media: opportunities for spatial planning and Geodesign [C] //Proceedings of Computational Science and Its Applications-ICCSA 2014: 14th International Conference, Guimarães, Portugal, June 30 - July 3, 2014.

Cerreta M, Inglese P, Manzi, M L, 2016. A multi-methodological decision-making process for cultural landscapes evaluation: the green lucania project [J]. Procedia-social and behavioral sciences, 216, 578 - 590.

Cerutti A K, Beccaro G L, Bruun S, et al., 2016. Assessment methods for sustainable tourism declarations: the case of holiday farms [J]. Journal of cleaner production, 111, 511 - 519.

Chang T C, 2005. Place, memory and identity: imagining "New Asia" [J]. Asia Pacific viewpoint, 46 (3): 247 - 253.

Charmaz K, 2014. Constructing grounded theory [M]. Los Angeles: Sage.

Chen J, Yin X, Mei L, 2018. Holistic innovation: an emerging innovation paradigm [J]. International journal of innovation studies, 2 (1): 1 - 13.

Cohen I A, Sofer M, 2017. Integrated rural heritage landscapes: the case of agricultural cooperative settlements and open space in Israel [J]. Journal of rural studies, 54: 98 - 110.

Cole S, 2007. Beyond authenticity and commodification [J]. Annals of tourism research, 34 (4): 943 - 960.

Cooke P, 2004. The role of research in regional innovation systems: new models meeting knowledge economy demands [J]. International Journal of technology management, 28 (3 - 6): 507 - 533.

Cornet C, 2015. Tourism development and resistance in China [J]. Annals of tourism research, 52: 29 - 43.

Cosgrove D, Daniels S, 1988. The iconography of landscape: essays on the symbolic representation, design and use of past environments (Vol. 9.) [M]. Cambridge: Cambridge University Press.

Darby W J, 2020. Landscape and identity: geographies of nation and class in England [M]. London: Routledge.

Daugstad K, Rønningen K, Skar B, 2006. Agriculture as an upholder of cultural heritage? conceptualizations and value judgements – A Norwegian perspective in international context [J]. Journal of rural studies, 22 (1): 67 – 81.

De Blij H J, Murphy A B, Fouberg E H, 1982. Human geography: culture, society, and space [M]. New York: Wiley NY.

de Jong U M, 2002. Blairgowrie: the meaning of place [J]. Urban policy and research, 20 (1): 73 – 86.

De Montis A, Ledda A, Ganciu A, et al., 2015. Recovery of rural centres and "albergo diffuso": a case study in Sardinia, Italy [J]. Land use policy, 47: 12 – 28.

Deal B, Gu Y, 2018. Resilience thinking meets social-ecological systems (SESs: a general framework for resilient planning support systems [J]. PSSs. J. Dig. Landsc. Archit, 3: 200 –207.

Dee C, 2004. 'The imaginary texture of the real…' critical visual studies in landscape architecture: contexts, foundations and approaches [J]. Landscape research, 29 (1): 13 –30.

Deffontaines J, Thenail C, Baudry J, 1995. Agricultural systems and landscape patterns: how can we build a relationship? [J]. Landscape and urban planning, 31 (1 – 3): 3 – 10.

Derrett R, 2003. Making sense of how festivals demonstrate a community's sense of place [J]. Event management, 8 (1): 49 – 58.

Duncan N, 2004. Landscapes of privilege: The politics of the aesthetic in an American suburb [M]. London: Routledge.

Duncan J S, 2005. The city as text: the politics of landscape interpretation in the Kandyan Kingdom [M]. Cambridge: Cambridge University Press.

Dwyer L, Mellor R, Mistilis N, et al., 2000. A framework for assessing "tangible" and "intangible" impacts of events and conventions [J]. Event management, 6 (3): 175 – 189.

Echtner, C M, Ritchie J B, 1993. The measurement of destination image: an empirical assessment [J]. Journal of travel research, 31 (4): 3 – 13.

Edson G, Dean D, 2013. Handbook for museums [M]. London: Routledge.

Elkins J, 1994. The poetics of perspective [M]. Cornell: Cornell University Press.

Ermischer G, 2004. Mental landscape: landscape as idea and concept [J]. Landscape research, 29 (4): 371 – 383.

Esposito M, Cavelzani, et al., 2006. The world heritage and cultural landscapes [J].

Número patrocinado por，4（3）：409.

Evonne Y，Akira N，Kazuhiko T，2016. Comparative study on conservation of agricultural heritage systems in China，Japan and Korea ［J］. Journal of resources and ecology，7 （3）：170 – 179.

Fairclough G，Herring P，2016. Lens，mirror，window：Interactions between historic landscape characterisation and landscape character assessment ［J］. Landscape research，41 （2）：186 – 198.

Falassi A，1987. Time out of time：essays on the festival ［M］. New Mexico：University of New Mexico Press.

Fan S，Chan-Kang C，Qian K，et al.，2005. National and international agricultural research and rural poverty：the case of rice research in India and China ［J］. Agricultural economics，33（53）：369 – 379.

Farina A，2000. The cultural landscape as a model for the integration of ecology and economics ［J］. BioScience，50（4）：313 – 320.

Filipova M，2008. Challenges before the achievement of a sustainable cultural tourism ［J］. Tourism and hospitality management，14（2）：311 – 322.

Firbank L，Bradbury R B，McCracken D I，et al.，2013. Delivering multiple ecosystem services from enclosed farmland in the UK ［J］. Agriculture，ecosystems & environment，166：65 – 75.

Folke C，Carpenter S，Elmqvist T，et al.，2002. Resilience and sustainable development：building adaptive capacity in a world of transformations ［J］. AMBIO：A journal of the human environment，31（5）：437 – 440.

Forman R T T，2008. The urban region：natural systems in our place，our nourishment，our home range，our future ［J］. Landscape Ecology，2008，23（3）：251 – 253.

Franklin A，2003. Tourism：an introduction ［M］. Los Angeles：Sage.

Friedmann J，1987. Planning in the public domain：from knowledge to action ［M］. Princeton：Princeton University Press.

Gallent N，Juntti M，Kidd S，et al.，2008. Introduction to rural planning：economies，communities and landscapes ［M］. London：Routledge.

Garau C，2015. Perspectives on cultural and sustainable rural tourism in a smart region：the case study of Marmilla in Sardinia（Italy）［J］. Sustainability，7（6）：6412 – 6434.

Garnett T，Appleby M C，Balmford A，et al.，2013. Sustainable intensification in agriculture：premises and policies ［J］. Science，341（6141）：33 – 34.

Garofoli G，2002. Local development in Europe：theoretical models and international comparisons ［J］. European urban and regional studies，9（3）：225 – 239.

Geertz C, 1973. The interpretation of cultures [M]. New York: Basic Books.

Getz D, Page S J, 2019. Event studies: theory, research and policy for planned events [M]. London: Routledge.

Godschalk D R, 2003. Urban hazard mitigation: creating resilient cities [J]. Natural hazards review, 4 (3): 136 – 143.

Goodwin H, Santilli R, 2009. Community-based tourism: a success [J]. ICRT Occasional paper, 11 (1): 37.

Gu Y, Deal B, 2018. Coupling systems thinking and geodesign processes in land-use modelling, design, and planning [J]. Journal of digital landscape architecture, 3: 51 – 59.

Gulickx M, Verburg P, Stoorvogel J, et al., 2013. Mapping landscape services: a case study in a multifunctional rural landscape in The Netherlands [J]. Ecological indicators, 24: 273 –283.

Gullino P, Larcher F, 2013. Integrity in UNESCO world heritage sites. a comparative study for rural landscapes [J]. Journal of cultural heritage, 14 (5): 389 – 395.

Hamdi N, Goethert R, 1998. Urban development and urban design: deciding the parameters [J]. Urban Design International, 3 (1 – 2): 23 – 31.

Hampton M P, 2005. Heritage, local communities and economic development [J]. Annals of tourism research, 32 (3): 735 – 759.

Harmon J, 2008. Charting the unknown: how computer mapping at Harvard became GIS by Nick Chrisman [M]. New York: Wiley Online Library.

Harvey, D C, 2001. Heritage pasts and heritage presents: temporality, meaning and the scope of heritage studies [J]. International journal of heritage studies, 7 (4): 319 – 338.

Herring P C, 1998. Cornwall's Historic Landscape: presenting a method of historic landscape character assessment [M]. Cornwall: Cornwall Archaeological Unit, Cornwall County Council.

Holling C S, 1973. Resilience and stability of ecological systems [J]. Annual review of ecology and systematics, 4 (1): 1 – 23.

Hughson J, Inglis D, 2001. "Creative industries" and the arts in Britain: towards a third way in cultural policy? [J] International journal of cultural policy, 7 (3): 457 – 478.

Hung W-L, Yang, M-S, 2005. Fuzzy clustering on LR-type fuzzy numbers with an application in Taiwanese tea evaluation [J]. Fuzzy sets and systems, 150 (3): 561 – 577.

Ingold T, 1993. The temporality of the landscape [J]. World archaeology, 25 (2): 152 – 174.

Innes J E, Booher D E, 1999. Consensus building and complex adaptive systems: a framework for evaluating collaborative planning [J]. Journal of the American planning association, 65 (4): 412 – 423.

Ivanova P, 2013. Creativity and sustainable tourism development [J]. Economics, 21 (2): 13.

Jackson J B, 1997. The abstract world of the hot-rodder [J]. Landscape, 7 (2): 22 - 27.

Jansen-Verbeke M, Mckercher B, 2013. Reflections on the myth of tourism preserving "traditional" agricultural landscapes [J]. Journal of resources and ecology, 4 (3): 242 - 249.

Janssen J, Luiten E, Renes H, et al. , 2017. Heritage as sector, factor and vector: conceptualizing the shifting relationship between heritage management and spatial planning [J]. European planning studies, 25 (9): 1654 - 1672.

Jeannotte M S, 2016. Story-telling about place: engaging citizens in cultural mapping [J]. City, culture and society, 7 (1): 35 - 41.

Johnson W C, 1984. Citizen participation in local planning in the UK and USA: a comparative study [J]. Progress in planning, 21: 149 - 221.

Johnston R, Gregory D, Pratt G, et al. , 2000. The Dictionary of human geography [M]. Oxford: Blackwell Publishers Ltd.

Jones M, 2003. The concept of cultural landscape: discourse and narratives. Landscape Interfaces: Cultural Heritage in Changing Landscapes, 1 (1): 21 - 51.

Jorgensen B S, Stedman, R C, 2001. Sense of place as an attitude: lakeshore owners attitudes toward their properties [J]. Journal of environmental psychology, 21 (3): 233 - 248.

Kander A, Malanima P, Warde P, 2014. Power to the people [M]. Princeton: Princeton University Press.

Kaplan S, 1987. Cognition: environmental preference from an evolutionary perspective [J]. Environment and behavior, 19: 3 - 32.

Karoline D, Katrina R, Birgitte S, 2006. Agriculture as an upholder of cultural heritage? Conceptualizations and value judgements—A Norwegian perspective in international context [J]. Journal of Rural Studies, 22 (1): 67 - 81.

Kelly R, Macinnes L, Thackray D, et al. , 2000. The cultural landscape: planning for a sustainable partnership between people and place [M]. London: ICOMOS-UK.

Kitterlin M, Yoo M, 2014. Festival motivation and loyalty factors [J]. Tourism & management studies, 10 (1): 119 - 126.

Konu H, 2015. Developing a forest-based wellbeing tourism product together with customers-an ethnographic approach [J]. Tourism management, 49: 1 - 16.

Koohafkan P, Cruz M J D, 2011. Conservation and adaptive management of globally important agricultural heritage systems (GIAHS) [J]. Journal of resources and ecology, 2 (1): 22 - 28.

Kwon O, 2001. Multifunctionality: applying the OECD framework. a review of literature in

Korea [R]. Report to OECD Directorate for Food, Agriculture and Fisheries.

Landorf C, 2009. A framework for sustainable heritage management: a study of UK industrial heritage sites [J]. International journal of heritage studies, 15 (6): 494 - 510.

Landry C, 2012. The creative city: a toolkit for urban innovators [M]. London: Routledge.

Leanza P M, Porto S M, Sapienza V, et al., 2016. A heritage interpretation-based itinerary to enhance tourist use of traditional rural buildings [J]. Sustainability, 8 (1): 47.

Lee J, 2007. Experiencing landscape: Orkney hill land and farming [J]. Journal of rural studies, 23 (1): 88 - 100.

Lefebvre H, 1991. Critique of everyday life [M]. London: Verso.

Lefebvre H, 2004. Elements of rhythm analysis [M]. London/New York: Continuum.

Leitao A B, Ahern J, 2002. Applying landscape ecological concepts and metrics in sustainable landscape planning [J]. Landscape and urban planning, 59 (2): 65 - 93.

Li M, Wu B, Cai L, 2008. Tourism development of world heritage sites in China: a geographic perspective [J]. Tourism management, 29 (2): 308 - 319.

Linton D L, 1968. The assessment of scenery as a natural resource [J]. Scottish geographical magazine, 84 (3): 219 - 238.

Liu Y, Li Y, 2017. Revitalize the world's countryside [J]. Nature, 548 (7667): 275 - 277.

Long H, Liu Y, 2016. Rural restructuring in China [M]. Journal of Rural Studies, 47: 387 -391.

Loulanski T, 2006. Revising the concept for cultural heritage: the argument for a functional approach [J]. International journal of cultural property, 13 (2): 207 - 233.

Lovell S T, Mendez V E, Erickson D L, et al., 2010. Extent, pattern, and multifunctionality of treed habitats on farms in Vermont, USA [J]. Agroforestry systems, 80 (2): 153 - 171.

Lynch K, 1960. The image of the city [M]. Cambridge: Cambridge MA, 208.

MacCannell D, 1999. The tourist: a new theory of the leisure class [D]. Berkeley. CA: University of Berkeley.

MacKay K J, Fesenmaier D R, 1997. Pictorial element of destination in image formation [J]. Annals of tourism research, 24 (3): 537 - 565.

MacKrell P, Pemberton S, 2018. New representations of rural space: Eastern European migrants and the denial of poverty and deprivation in the English countryside [J]. Journal of rural studies, 59: 49 - 57.

Madsen L M, Adriansen H K, 2004. Understanding the use of rural space: the need for multi-methods [J]. Journal of rural studies, 20 (4): 485 - 497.

Marks R, 1996. Conservation and community: the contradictions and ambiguities of tourism in the Stone Town of Zanzibar [J]. Habitat international, 20 (2): 265 - 278.

Martin B R, 2016. Twenty challenges for innovation studies [J]. Science and public policy, 43 (3): 432 – 450.

McCabe S, 2009. Who needs a holiday? Evaluating social tourism [J]. Annals of tourism research, 36 (4): 667 – 688.

McHarg I L, History A M, 1969. Design with nature [M]. New York: American Museum of Natural History New York.

McMorran C, 2008. Understanding the "heritage" in heritage tourism: ideological tool or economic tool for a Japanese hot springs resort? [J] Tourism geographies, 10 (3): 334 –354.

Meeus J, Wijermans M, Vroom M, 1990. Agricultural landscapes in Europe and their transformation [J]. Landscape and urban planning, 18 (3 – 4): 289 – 352.

Min J C, 2012. A short-form measure for assessment of emotional intelligence for tour guides: development and evaluation [J]. Tourism management, 33 (1): 155 – 167.

Morrison R, Barker A, Handley J, 2018. Systems, habitats or places: evaluating the potential role of landscape character assessment in operationalising the ecosystem approach [J]. Landscape research, 43 (7): 1000 – 1012.

Morse S W, 2009. Smart communities: how citizens and local leaders can use strategic thinking to build a brighter future [M]. New York: John Wiley & Sons.

Nash D, Akeroyd A V, Bodine J J, et al. , 1981. Tourism as an anthropological subject [and comments and reply] [J]. Current anthropology, 22 (5): 461 – 481.

Nature I C, Fund W W, 1980. World conservation strategy: living resource conservation for sustainable development (Vol. 1.) [M]. Gland, Switzerland: IUCN.

Naveh Z, 2001. Ten major premises for a holistic conception of multifunctional landscapes [J]. Landscape and urban planning, 57 (3 – 4): 269 – 284.

Norberg J, Cumming G, 2008. Complexity theory for a sustainable future [M]. Columbia: Columbia University Press.

Nowicka K, 2022. The heritage given: cultural landscape and heritage of the Vistula Delta Mennonites as perceived by the contemporary residents of the region [J]. Sustainability, 14 (2): 915.

Nyaupane G P, Morais D B, Dowler L, 2006. The role of community involvement and number/type of visitors on tourism impacts: a controlled comparison of Annapurna, Nepal and Northwest Yunnan, China [J]. Tourism management, 27 (6): 1373 – 1385.

Oppermann M, 1996. Rural tourism in southern Germany [J]. Annals of tourism research, 23 (1): 86 – 102.

Orr M, 2007. Transforming the city: community organizing and the challenge of political change [M]. San Francisco: Studies in Government & Public.

O'Sullivan D, Jackson M J, 2002. Festival tourism: a contributor to sustainable local economic development? [J]. Journal of sustainable tourism, 10 (4): 325 – 342.

Peng J, Liu Z, Liu Y, et al., 2015. Multifunctionality assessment of urban agriculture in Beijing city, China [J]. Science of the total environment, 537: 343 – 351.

Phillips A, Union W C, 2002. Management guidelines for IUCN category V protected areas: protected landscapes/seascapes (Vol. 9.) [M]. Gland, Switzerland: IUCN.

Pickett S T, Burch W R, Dalton S E, et al., 1997. A conceptual framework for the study of human ecosystems in urban areas [J]. Urban ecosystems, 1: 185 – 199.

Plieninger T, Höchtl F, Spek T, 2006. Traditional land-use and nature conservation in European rural landscapes [J]. Environmental science & policy, 9 (4): 317 – 321.

Pola A-P, 2019. When heritage is rural: environmental conservation, cultural interpretation and rural renaissance in Chinese listed villages [J]. Built heritage, 3 (2): 64 – 80.

Poria Y, Butler R, Airey D, 2003. Tourism, religion and religiosity: a holy mess [J]. Current issues in tourism, 6 (4): 340 – 363.

Prentice R, 1993. Tourism and heritage attractions [M]. London: Routledge.

Putnam R D, Leonardi R, Nanetti R Y, 1992. Making democracy work: civic traditions in modern Italy [M]. Princeton: Princeton University Press.

Qian N, 2008. Missing women and the price of tea in China: the effect of sex-specific earnings on sex imbalance [J]. The quarterly journal of economics, 123 (3): 1251 – 1285.

Ramos I L, 2010. Exploratory landscape scenarios' in the formulation of 'landscape quality objectives [J]. Futures, 42 (7): 682 – 692.

Real E, Arce C, Sabucedo J M, 2000. Classification of landscapes using quantitative and categorical data, and prediction of their scenic beauty in north-western Spain [J]. Journal of environmental psychology, 20 (4): 355 – 373.

Renes J, 2015. Historic landscapes without history? a reconsideration of the concept of traditional landscapes [J]. Rural landscapes, 2 (1): 1 – 11.

Richards G, 2011. Creativity and tourism: the state of the art [J]. Annals of tourism research, 38 (4): 1225 – 1253.

Richards G, Wilson J, 2006. Developing creativity in tourist experiences: a solution to the serial reproduction of culture? [J] Tourism management, 27 (6): 1209 – 1223.

Riguccio L, Russo P, Scandurra G, et al., 2015. Cultural landscape: stone towers on Mount Etna [J]. Landscape research, 40 (3): 294 – 317.

Ryan C, Cave J, 2005. Structuring destination image: a qualitative approach [J]. Journal of travel research, 44 (2): 143 – 150.

Salerno R, 2018. Far-sightedness vs. emergency: a matter for "Not Outstanding" European cultural landscapes [J]. Buildings, 8 (3): 39.

Scazzosi L, 2004. Reading and assessing the landscape as cultural and historical heritage [J]. Landscape research, 29 (4): 335 – 355.

Schauman S, 1988. Countryside scenic assessment: tools and an application [J]. Landscape and urban planning, 15 (3 – 4): 227 – 239.

Schein L, 1999. Performing modernity [J]. Cultural anthropology, 14 (3): 361 – 395.

Scott A J, Shorten J, Owen R, et al. , 2011. What kind of countryside do the public want: community visions from Wales UK? [J]. GeoJournal, 76 (4): 17 – 436.

Scott M J, Canter D V, 1997. Picture or place? a multiple sorting study of landscape [J]. Journal of environmental psychology, 17 (4): 263 – 281.

Selman P, 2008. What do we mean by sustainable landscape? [J]. Sustainability: science, practice and policy, 4 (2): 23 – 28.

Selman P, 2010. Centenary paper: landscape planning-preservation, conservation and sustainable development [J]. Town planning review, 81 (4): 381 – 407.

Sharr A, 2007. Heidegger for architects [M]. London: Routledge.

Smith C, Jenner P, 1998. The impact of festivals and special events on tourism [J]. Travel & tourism analyst (4) 73 – 91.

Smith L, 2006. Uses of heritage [M]. London: Routledge.

Smith V L, 2012. Hosts and guests: the anthropology of tourism [M]. Pennsylvania: University of Pennsylvania Press.

Soliva R, 2007. Landscape stories: using ideal type narratives as a heuristic device in rural studies [J]. Journal of rural studies, 23 (1): 62 – 74.

Sonne L, 2012. Innovative initiatives supporting inclusive innovation in India: social business incubation and micro venture capital [J]. Technological forecasting and social change, 79 (4): 638 – 647.

Spirn A W, 1988. The poetics of city and nature: towards a new aesthetic for urban design [J]. Landscape journal, 7 (2): 108 – 126.

Stankova M, Vassenska I, 2015. Raising cultural awareness of local traditions through festival tourism [J]. Tourism & management studies, 11 (1): 120 – 127.

Steiner F R, 2012. The living landscape: an ecological approach to landscape planning [M]. California: Island Press.

Stern E, 2010. Windows to the past: subjective landscape relics in Israel [J]. Horizons in geography, 76: 5 – 26.

Stevens D, 2005. Neo-rural architecture [J]. Build. mater (13): 4 – 7.

Stilgoe J R, 2005. Landscape and images [M]. Virginia: University of Virginia Press.

Stovel H, 2007. Effective use of authenticity and integrity as world heritage qualifying conditions [J]. City & time, 2 (3): 21 – 36.

Stronza A, 2001. Anthropology of tourism: forging new ground for ecotourism and other alternatives [J]. Annual review of anthropology, 30 (1): 261 – 283.

Taylor K, Lennon J, 2011. Cultural landscapes: a bridge between culture and nature? [J]. International journal of heritage studies, 17 (6): 537 – 554.

Terkenli T S, d'Hauteserre A-M, 2006. Landscapes of a new cultural economy of space [M]. Berlin: Springer.

Tress B, Tress G, 2003. Communicating landscape development plans through scenario visualization techniques [J]. Landscape Interfaces: Cultural Heritage in Changing Landscapes (1): 185 – 219.

Tuan Y-F, 1974. Topohilia: a study of environmental perception, attitudes and values [M]. New York: Columbia University Press.

Tveit M, Ode Å, Fry G, 2006. Key concepts in a framework for analysing visual landscape character [J]. Landscape research, 31 (3): 229 – 255.

Urry J, 1990. Leisure and travel in contemporary societies [M]. Los Angeles: Sage Publications.

Urry J, 2002. The tourist gaze. London, Thousands Oaks & New Delhi. Los Angeles: Sage Publications.

Van der Have R P, Rubalcaba L, 2016. Social innovation research: an emerging area of innovation studies? [J]. Research policy, 45 (9): 1923 – 1935.

Van der Heide C M, Heijman W, 2013. The economic value of landscapes (Vol. 26.) [M]. Abingdon: Routledge.

Vollet D, Candau J, Ginelli L, et al., 2008. Landscape elements: can they help in selling "Protected Designation of Origin" products? [J]. Landscape research, 33 (3): 365 – 384.

Wager J, 1995. Developing a strategy for the Angkor world heritage site [J]. Tourism management, 16 (7): 515 – 523.

Werthner H, Ricci F, 2004. E-commerce and tourism [J]. Communications of the ACM, 47 (12): 101 – 105.

Willemen L, Hein L, Mensvoort M E, et al., 2010. Space for people, plants, and livestock? Quantifying interactions among multiple landscape functions in a Dutch rural region [J]. Ecological indicators, 10 (01): 62 – 73.

Williams R, 1965. The Long Revolution (1961) [M]. Harmondsworth: Penguin.

Williams R, 1983. Culture and society, 1780—1950 [M]. Columbia: Columbia University Press.

Willson G B，McIntosh A J，2007. Heritage buildings and tourism：an experiential view [J]. Journal of heritage tourism，2 (2)：75 - 93.

Wood R E，2008. Survival of rural America：small victories and bitter harvests [M]. Kansas：University Press of Kansas.

Wood R E，2018. Tourism，culture and the sociology of development [M] //Tourism in South-East Asia. London：Routledge：48 - 70.

Xu S，2018. Introduction to the special focus column [J]. Built heritage，2 (1)：1 - 2.

Yang G，Ge Y，Xue H，et al.，2015. Using ecosystem service bundles to detect trade-offs and synergies across urban-rural complexes [J]. Landscape and urban planning，136：110 -121.

Yang L，Liu M，Lun F，2019. The impacts of farmers' livelihood capitals on planting decisions：a case study of Zhagana Agriculture-Forestry-Animal Husbandry Composite System [J]. Land use policy，86：208 - 217.

Yin X，Chen J，Li J，2019. Rural innovation system：revitalize the countryside for a sustainable development [J]. Journal of rural studies.

Yuliastuti N，Wahyono H，Syafrudin S，et al.，2017. Dimensions of community and local institutions' support：towards an eco-village Kelurahan in Indonesia [J]. Sustainability，9 (2)：245.

Zhang R，Smith L，2019. Bonding and dissonance：rethinking the interrelations among stakeholders in heritage tourism [J]. Tourism management，74：212 - 223.

Zhu Y，2015. Cultural effects of authenticity：contested heritage practices in China [J]. International journal of heritage studies，21 (6)：594 - 608.

Zonneveld I S，2000. Land ecology：an introduction to landscape ecology as a base for land evaluation，land management and conservation [M]. Beijing：Science Publishers.